T0220061

Verständliche Quantenmechanik

Detlef Dürr · Dustin Lazarovici

Verständliche Quantenmechanik

Drei mögliche Weltbilder der Quantenphysik

 Springer Spektrum

Detlef Dürr
Mathematisches Institut
Universität München
München
Deutschland

Dustin Lazarovici
Faculté des lettres
Section de philosophie
Université de Lausanne
Lausanne
Schweiz

Die Darstellung von manchen Formeln und Strukturelementen war in einigen elektronischen Ausgaben nicht korrekt, dies ist nun korrigiert. Wir bitten damit verbundene Unannehmlichkeiten zu entschuldigen und danken den Lesern für Hinweise.

ISBN 978-3-662-55887-4   ISBN 978-3-662-55888-1 (eBook)
https://doi.org/10.1007/978-3-662-55888-1

Die Deutsche Nationalbibliothek verzeichnet diese Publikation in der Deutschen Nationalbibliografie; detaillierte bibliografische Daten sind im Internet über http://dnb.d-nb.de abrufbar.

Springer Spektrum
© Springer-Verlag GmbH Deutschland 2018

Planung: Dr. Lisa Edelhäuser

Gedruckt auf säurefreiem und chlorfrei gebleichtem Papier

Springer Spektrum ist Teil von Springer Nature
Die eingetragene Gesellschaft ist Springer-Verlag GmbH Deutschland
Die Anschrift der Gesellschaft ist: Heidelberger Platz 3, 14197 Berlin, Germany

Vorwort

Ich halte dich aber auch zurück von dem Weg, über den die nichtswissenden Menschen irren, die Doppelköpfigen. Denn Machtlosigkeit lenkt in ihrer Brust den irrenden Verstand; sie treiben dahin, gleichermaßen taub wie blind, verblüfft, Völkerschaften, die nicht zu urteilen verstehen, denen das Sein und Nichtsein als dasselbe und auch wieder nicht als dasselbe gilt und für die es von allem eine sich verkehrende Bahn gibt.

– Parmenides, Fragment B 6[1]

Dieses Buch ist kein quantenmechanisches Kursbuch, denn davon gibt es genügend viele. Dies ist ein Buch über die Grundlagen der Quantenmechanik, das begleitend oder ergänzend zu einer Kursvorlesung oder einem Selbststudium gelesen werden kann.

Der eigentlich in uns Menschen schlummernde Wunsch, Einsicht in die Gesetze des Kosmos zu erlangen, hat uns bewegt, dieses Buch zu schreiben. Wenn man sich als junger Mensch entscheidet, Physik zu studieren, dann erwächst die Entscheidung häufig aus dieser sehnsüchtigen Neugier, zu verstehen, „was die Welt im Innersten zusammenhält". (Ja, das ist aus Goethes *Faust* übernommen, dem ging es ähnlich.)

Die Quantenmechanik hat aber eine besondere Stellung in der Lehre der physikalischen Theorien. Sie ist von sogenannten Interpretationen ihres mathematischen Formalismus' zugedeckt, die entweder kaum oder möglichst kurz abgehandelt werden, um schnell zum Kern der Sache kommen zu können, nämlich zu rechnen, was das Zeug hält.

Die sinnvollen und berechtigten Fragen, mit denen sich Studierende beim Lernen der Quantenmechanik oft herumquälen, werden dagegen kaum wahrgenommen. Sie sind von der Art: Was genau ist die Rolle der Wellenfunktion in der Theorie? Ist sie so real, wie wir physikalische Felder als real betrachten, zum Beispiel das elektromagnetische Feld? Oder ist sie eine mathematische Formulierung unserer Hilflosigkeit, das zu benennen, was in der mikroskopischen Welt tatsächlich der Fall ist, weil uns eine genaue Kenntnis des Mikrokosmos – und damit, wenn man es genau nimmt, auch des Makrokosmos – verwehrt bleibt?

Was genau besagt die Bornsche Regel, auch Bornsche statistische Interpretation der Wellenfunktion genannt – und wo kommt diese Regel her? Die hat ja

---

[1]Zitiert nach: Parmenides, *Über das Sein*. Reclam, 1981, S. 9. Übersetzung von Jaap Mansfeld, Nummerierung nach Diels/Kranz.

etwas mit Wahrscheinlichkeiten für die Ausgänge von Messexperimenten zu tun, die man im Labor tatsächlich nachprüfen kann. Aber was geschieht eigentlich in einem Messexperiment physikalisch? Wie „produziert" beispielsweise ein Elektron ein bestimmtes Messergebnis? Warum und nach welchem Gesetz bewegen sich die Zeiger einer Messapparatur und woraus bestehen die Zeiger überhaupt – alles nur Wellenfunktion, oder was?

Was bedeutet die Aussage, dass in der Quantenmechanik Messgrößen durch abstrakte Operatoren repräsentiert werden, sogenannte Oberservablen-Operatoren? Und was ist von all den vernichtenden Aussagen zu halten, dass sich eine „realistische" oder „deterministische" oder irgendwie „naivere" Beschreibung der Quantenphänomene als unmöglich beweisen lässt?

Was genau ist die Revolution, die mit der Quantenmechanik einhergeht? Ist Schrödingers Katze das Vermächtnis eines prinzipiell unverstehbaren Kosmos oder nur der Schelmenstreich eines genialen Physikers, der seinen Zeitgenossen eine Nase dreht?

Solche Fragen müssen klare Antworten haben und wir müssen diese Antworten kennen, damit wir zu einem Verständnis der Quantenphysik gelangen.

Manchmal wird Quantenmechanik noch im Sinne der alten Kopenhagener Deutung gelehrt, in der die Beschreibung des Kosmos aufgeteilt wird: Die makroskopische Welt ist klassisch, die atomare Welt quantenmechanisch. Die klassische Welt ist verständlich, die quantenmechanische nicht – das ist dogmatisch festgeschrieben. Beide Welten sind prinzipiell durch einen Schnitt, oft „Heisenberg-Schnitt" genannt, getrennt. Es gibt unzählige Abhandlungen darüber, wo genau der Schnitt zu lokalisieren ist, d. h. wo genau die Trennlinie zwischen der mikroskopischen (quantenmechanischen) und der makroskopischen (klassischen) Welt verläuft. In dieser Grauzone wird die Wellenfunktion, das bedeutende mathematische Objekt in der quantenmechanischen Beschreibung, selbst nebulös. Sie bescheibt einerseits einen Zustand, der „Messgrößen" – irgendwie – zufällig hervorbringt und der „Beobachter",[2] ein in der klassischen Welt angesiedeltes Subjekt, benutzt sie als Werkzeug, um die Wahrscheinlichkeiten für die Ausgänge von Messungen auszurechnen.

Wir werden über die Kopenhagener Deutung in diesem Buch nicht mehr viele Worte verlieren. Warum? Weil sie einfach keinen Sinn macht. Wie man das sieht? Daran, dass jedes Objekt in der Welt aus Atomen (und noch kleineren Einheiten) besteht, und Atome werden quantenmechanisch beschrieben. Also gibt es keine solche prinzipielle Aufteilung in klassische und quantenmechanische Welt. Es gibt nur eine quantenmechanische Welt, die aber oft (meistens) klassisch beschrieben werden kann. Wie das möglich ist, erklären wir. Wir können das prägnant auch so formulieren: Die Kopenhagener Deutung der Quantenmechanik ist gar keine Physik, sondern

---

[2] „Was genau ist ein Beobachter?" ist eine viel zu häufig diskutierte Frage. Kann eine Katze ein Beobachter sein, eine Fliege, eine Bachelor-Studentin oder gar ein Student? Mermin („Fixing the shifty split", *Physics Today*, 65, 2012) meint, dass es auf jeden Fall keine Maus sein kann.

eine Mischung aus mathematischem Formalismus, der erfolgreich Messstatistiken beschreibt, und psychologischer Kriegsführung wider ein besseres Verstehen.[3]

Folgendes Zitat aus den Anfangsjahren der Quantentheorie nehmen wir als wegweisend, die Sache besser zu machen:

> In the new, post-1925 quantum theory the 'anarchist' position became dominant and modern quantum physics, in its 'Copenhagen interpretation', became one of the main standard bearers of philosophical obscurantism. In the new theory Bohr's notorious 'complementarity principle' enthroned [weak] inconsistency as a basic ultimate feature of nature, and merged subjectivist positivism and antilogical dialectic and even ordinary language philosophy into one unholy alliance. After 1925 Bohr and his associates introduced a new and unprecedented lowering of critical standards for scientific theories. This led to a defeat of reason within modern physics and to an anarchist cult of incomprehensible chaos.[4] (Imre Lakatos in: I. Lakatos und A.E. Musgrave (Hg.), *Criticism and the Growth of Knowledge*. Cambridge University Press, 1970, S. 145.)

Etwas freundlicher war Erwin Schrödinger (1887–1961), wenige Monate vor seinem Tod, in einem Brief an seinen Freund Max Born. Eine wichtige Mahnung, uns nicht blind der Konformität zu ergeben und auf einer vermeintlichen Orthodoxie auszuruhen:

> Du Maxl, Du weißt, ich hab' Dich lieb und daran kann nichts etwas ändern. Aber ich habe das Bedürfnis, Dir einmal gründlich den Kopf zu waschen. Also halt her. Die Unverfrorenheit, mit der Du immer wieder versicherst, die Kopenhagener Auffassung sei praktisch allgemein angenommen, es versicherst, ohne Vorbehalt, sagen wir vor einem Kreis von Laien – who are completely at your merci – sie grenzt an das Bewundernswerte. Dabei weißt Du, daß Einstein davon unbefriedigt war („was mit Komplementarität gemeint ist, habe ich eigentlich nie verstanden" soll er einmal gesagt haben) – ebenso Louis de Broglie, ebenso ich, ebenso unser armer Max von Laue. Seit wann wird übrigens eine wissenschaftliche These durch Mehrheit entschieden? (Du könntest freilich erwidern: mindestens schon seit Newton.) Entschuldige, aber mir kommt es manchmal so vor, als hättet Ihr Leute die wiederholte emphatische Feststellung zur Stärkung Eurer eigenen Zuversicht nötig, so à la: Sieg-Heil-Sieg-Heil-Sieg ... Habt Ihr denn gar keine Angst vor dem Urteil der Geschichte? Seid Ihr so überzeugt, daß die Menschheit demnächst an ihrer eigenen Tollheit zu grunde geht? (Erwin Schrödinger, Brief an Max Born vom 10. Oktober 1960)

---

[3]Für eine hervorragende kritische Auseinandersetzung mit der Geschichte und den sogenannten Deutungen der Quantenmechanik, siehe J. Bricmont, *Making Sense of Quantum Mechanics*. Springer, 2016.

[4]In der neuen, Post-1925-Quantentheorie dominierte die anarchistische Position und moderne Quantenphysik – in ihrer Kopenhagener Deutung – wurde einer der Fahnenträger von philosophischem Obskurantismus. In der neuen Theorie krönte Bohrs berüchtigtes Komplementaritätsprinzip (schwache) Inkonsistenz als ein grundlegendes ultimatives Charaktermerkmal der Natur und vereinigte subjektiven Positivismus und antilogische Dialektik und sogar normale Sprachphilosophie in einer unheiligen Allianz. Nach 1925 führten Bohr und seine Mitstreiter eine neue und nie dagewesene Erniedrigung der kritischen Standards für wissenschaftliche Theorien ein. Das führte zu einer Niederlage der Vernunft in der modernen Physik und zu einem anarchistischen Kult von unverständlichem Chaos. [Übersetzung der Autoren]

Heutzutage wird die Kopenhagener Schule, mit ihrem gesamten philosophischen Ballast, nur noch von wenigen Physikern explizit vertreten. Was geblieben ist, ist die Neigung, die Unverstehbarkeit in der Quantenphysik zum Prinzip zu erklären. Viele Einführungen in die Theorie begnügen sich deshalb damit zu betonen, wie skurril und kontraintuitiv die Quantenmechanik sei. Damit wird den Lernenden sogleich suggeriert, dass sie den mathematischen Formalismus einstudieren, darüber hinaus aber besser nicht zu viele Fragen stellen sollten. Vielleicht wird sogar behauptet, dass ein rationales Verständnis der Welt, in objektiven Begriffen, in der Quantenphysik als schlicht unmöglich bewiesen wurde.

Die Prämisse dieses Buches ist dem Postulat der Unverstehbarkeit als Charakteristikum der Quantenphysik genau entgegengesetzt: Es gibt keinen Grund, an die quantenmechanische Beschreibung der Natur einen niedrigeren Standard an Klarheit, Präzision und Objektivität anzusetzen, als an die sogenannten klassischen Theorien. Ein rationales Verständnis der Quantenmechanik ist möglich, wenn man bereit ist, alte Vorurteile und Romantizismen über Bord zu werfen und über mehr als nur Messergebnisse zu sprechen.

Es gibt im Wesentlichen drei mögliche Zugänge zur Quantenmechanik, die den bekannten und empirisch erfolgreichen Messformalismus in eine präzise, fundamentale Theorie einbetten. John Stuart Bell (1928–1990) nannte sie „Quantentheorien ohne Beobachter", nicht weil Beobachter darin nicht vorkommen, sondern weil diese Theorien eine objektive Naturbeschreibung entwickeln, in der „Messungen" denselben Naturgesetzen unterliegen wie andere physikalische Prozesse.

Dazu gehört erstens die Bohmsche Mechanik (nach David Bohm (1917–1992)), die die statistischen Vorhersagen der Quantenmechanik aus einem mikroskopischen Bewegungsgesetz für Punktteilchen ableitet. Zweitens die GRW-Kollaps-Theorie (nach Ghirardi, Rimini und Weber), die die Schrödinger-Gleichung durch einen stochastischen Kollaps-Term ergänzt. Drittens die Viele-Welten-Theorie, die auf Hugh Everett (1930–1982) zurückgeht und aus der Schrödinger-Gleichung allein eine objektive Naturbeschreibung entwickeln möchte.

Der populären Sprechweise folgend, würde man sagen, dass es sich dabei um drei mögliche „Interpretationen" der Quantenmechanik handelt. Aber der Begriff der „Interpretation" ist unangemessen. Ein Gedicht wird intepretiert, wenn man der allegorischen Sprache ihren tieferen Sinn entlocken möchte. Aber physikalische Theorien werden nicht in Allegorien formuliert, sondern mit präzisen mathematischen Gesetzen, und diese werden nicht interpretiert, sondern analysiert. Das Ziel der Physik muss es also sein, Theorien zu formulieren, die so klar und präzise sind, dass jede Form von Interpretation – „Was wollte uns der Autor damit sagen?" – überflüssig ist.

Nur einige der wichtigen Mitteilungen dieses Buches lassen sich demnach allein in Worten ausdrücken. Am Endes des Tages braucht eine präzise Formulierung der Quantenmechanik auch präzise Mathematik. Unser Ziel ist es dabei aber nicht, den bekannten Formalismus in allen Facetten durchzuexerzieren oder weiter zu abstrahieren. Wir wollen ihn vielmehr neu einordnen, wo möglich, ihn erweitern, wo nötig, und erklären, wie sich die statistischen Vorhersagen der Quantenmechanik aus einer fundamentalen mikroskopischen Naturbeschreibung ergeben, die sogar deterministisch (d. h. ohne Zutun eines Zufalls) sein kann. Wir wollen dabei aber auch Mut machen: Wenn die Physik einmal klar vor Augen liegt, d. h. wenn klar ist, wie die Theorie unser Universum beschreibt, dann gehen die Mathematik und die Auflösung vieler scheinbarer Widersprüche leicht von der Hand.

Danksagung

Was ist der Sinn der Wissenschaften? Von den vielen guten Antworten, die man geben kann, schätzen wir eine besonders: das Universum und unsere Rolle als Menschengemeinschaft darin zu verstehen. Man kann darüber zurückgezogen für sich allein reflektieren. Dann fehlen jedoch der Widerspruch sowie die wertvollen Gedanken anderer, die einem helfen, die eigenen Gedanken kritisch zu hinterfragen, und man läuft möglicherweise einem Hirngespinst hinterher. Man kann sich im Gegensatz dazu auch mit dem breiten Fluss des Wissenschaftsbetriebes treiben lassen, im Vertrauen darauf, dass der Weg der vielen schon richtig sein wird. Es gibt jedoch genügend Beispiele in der Geschichte der Menschheit, die damit fehlgingen.

Wir fühlen uns darum weder dem einen noch dem anderen zugetan. So haben sich unsere eigenen Gedanken in Diskussionen mit vielen kritischen Freunden und Kollegen verändert und geschärft, und das Buch spiegelt unser jetziges Verständnis als Resultat eines langen und manchmal sehr streithaften Austausches wider. Manche Kapitel in diesem Buch sind sehr deutlich an Schriften von und mit Freunden und Kollegen angelehnt, und wir erlauben uns die namentlich zu nennen, wobei allen anderen gesagt sei, dass wir sie nicht vergessen haben und uns nur die Prosa dazu zwingt, uns kurzzufassen. Dazu gehören zweifellos alle Studierenden, Doktorandinnen und Doktoranden, die in den Vorlesungen und in ihrer eigenen Forschung sich fragend und zweifelnd an uns gewandt haben und uns zwangen, die Sachen besser zu sagen. Gerade von ihnen haben wir viel gelernt.

Wir bedanken uns namentlich bei David Albert, Jeff Barrett, Angelo Bassi, Christian Beck, Jean Bricmont, Dirk Deckert, Michael Esfeld, Anne Froemel, GianCarlo Ghirardi, Shelly Goldstein, Günter Hinrichs, Mario Hubert, Reinhard Lang, Matthias Lienert, Tim und Vishnya Maudlin, Martin Kolb, Peter Pickl, Paula Reichert, Ward Struyve, Stefan Teufel, Roderich Tumulka, Lev Vaidman, Harald Weinfurter und Nino Zanghì.

Wir bedanken uns auch bei unserer Editorin Frau Dr. Lisa Edelhäuser vom Springer Spektrum Verlag für ihre Bereitschaft, uns bei unserer kritischen Auseinandersetzung mit der Quantenphysik zu begleiten. Unser Dank geht auch an den Projektleiter im Verlag, Herrn David Jüngst, der den Herstellungsprozess dieses Buches mit dankenswertem Einsatz und großem Sachverständnis begleitet hat.

Landsberg im Juni 2017   Detlef Dürr und Dustin Lazarovici

Inhaltsverzeichnis

Grundlegendes zur Quantenmechanik

1

> *Die Philosophie ist geschrieben in jenem großen Buche, das*
> *immer vor unseren Augen liegt (ich meine das Universum); aber*
> *man kann es nicht verstehen, wenn man nicht zuerst die Sprache*
> *lernt und die Zeichen kennt, in denen es geschrieben ist. Diese*
> *Sprache ist Mathematik, und die Zeichen sind Dreiecke, Kreise*
> *und andere geometrische Figuren, ohne die es dem Menschen*
> *unmöglich ist, ein einziges Wort davon zu verstehen; ohne diese*
> *irrt man in einem dunklen Labyrinth herum.*
> – Galileo Galilei, *Il Saggiatore*[1]

Wir erinnern hier an einige (mathematische) Grundlagen der Quantenmechanik, über die es keinen Disput gibt, weil es sich hauptsächlich um Mathematik handelt. Diese Grundlagen sind für alle quantenmechanischen Theorien (die oft unglücklicher- oder besser fälschlicherweise auch Interpretationen genannt werden) gleichermaßen relevant. Unsere Auswahl ist zudem durch den Rückgriff auf sie in späteren Kapiteln bestimmt. Wenn man die Problematik der Quantenmechanik und ihre Lösungsansätze in drei Kernsätzen zusammengefasst sehen möchte, dann lese man die Anmerkungen 1.1, 1.2 und 1.4. Sie bilden die Grundpfeiler einer hundertjährigen Debatte. Aber zuvor besprechen wir kurz einen nichtmathematischen Begriff, dessen Auslassung in Wahrheit ganz alleine die Basis für die Debatte bildet.

1.1 Ontologie

Es gibt Bücher in Hülle und Fülle über die Bedeutung der Quantenmechanik. Begriffe wie *mystisch*, *unverstehbar*, *quantenlogisch*, *Information*, *Kollaps* und

---

[1]G. Galilei, *Il Saggiatore*, Capitolo VI. 1623. [Übersetzung der Autoren].

© Springer-Verlag GmbH Deutschland 2018
D. Dürr, D. Lazarovici, *Verständliche Quantenmechanik*,
https://doi.org/10.1007/978-3-662-55888-1_1

Beobachter sind ständige Begleiter der Theorie. Ein Begriff jedoch kommt so gut wie gar nicht vor: *Ontologie*. Die Ontologie[2] bezeichnet das, worüber die physikalische Theorie ist. Weil in der sogenannten klassischen Physik von vornherein klar ist, worüber die physikalische Theorie ist – wie z. B. Newtonsche Mechanik über die Bewegung von Punktteilchen –, brauchte man nicht noch ein griechisches Wort, um das Offenbare philosophisch zu überhöhen. Wenn man aber die Verwirrung um die Quantentheorie verstehen möchte, kommt man um den Begriff nicht herum. Der Grund ist einfach: Es ist unklar, worüber Quantentheorie ist. Jede sogenannte Interpretation der Quantenmechanik entwickelt ihre eigene Vorstellung darüber, wovon die Theorie eigentlich handelt. John Stuart Bell, der in diesem Buch noch häufiger genannt werden wird, schuf den Begriff der *beables* – eine Wortschöpfung, die sich aus „to be" (sein) und „able" (möglich) ableitet. *Beable* steht im Gegensatz zu „observable", der Observablen oder beobachtbaren Größe. Eine Beobachtung oder Messung ist nämlich selbst ein komplexer physikalischer Prozess. Unsere Messapparate und Sinnesorgane sind komplexe physikalische Systeme, die physikalischen Gesetzen unterliegen und mit den gemessenen oder beobachteten Objekten in Wechselwirkung treten. Es ist deshalb Unsinn, die Beobachtungsgrößen in einer Theorie als grundlegend zu denken.[3] Mit dem Begriff der *beables* wollte Bell deutlich machen, dass eine präzise physikalische Theorie von dem handeln sollte, was in der Welt ist, was Gegenstand unserer Beobachtungen ist bzw. sie verursacht. Im mathematischen Formalismus einer physikalischen Theorie muss es deshalb irgendwelche Variablen geben, die sich auf physikalische Objekte draußen in der Welt beziehen. Das können Teilchen sein, Felder oder Strings oder die *GRW-flashes* (die wir noch besprechen werden) – was auch immer die Theorie als elementare Bausteine der Materie postuliert. Diese elementaren Objekte sind die *beables* oder eben die Ontologie. Wenn die Ontologie der Theorie unklar ist, dann ist auch unklar, was die Theorie über die Welt zu sagen hat.

Wir sehen dort einen Tisch. Warum? Weil dort ein Tisch steht. Aber der Tisch selbst ist keine fundamentale ontologische Größe, weil physikalische Theorien nicht über Tische als elementare Objekte handeln. Wohl aber gibt es die atomistische Theorie der Materie und der Tisch besteht demnach aus Atomen. Eine Theorie über Atome ist denkbar und darin sind die Atome dann die ontologischen Größen, oder *beables*. Die Theorie erlaubt uns dann, die physikalischen Eigenschaften des Tisches aus dem Verhalten der Atome (möglicherweise in ihrer Wechselwirkung mit Feldern) zu verstehen: seine Farbe, sein Gewicht, seine Festigkeit, seine Wärmeleitfähigkeit usw. Natürlich wissen wir längst, dass Atome gar nicht elementar sind. Sie bestehen selbst aus kleineren Bausteinen und in der dafür zuständigen Theorie bilden diese elementareren Größen die Ontologie. Die Ontologie steht auch für das physikalisch „Reale" in unserer Welt und es ist ein schmerzlicher Prozess zu erkennen, dass das Reale im Sinne der Physik wandelbar ist; es wandelt sich mit der immer besser werdenden Theorie.

---

[2] Aus dem Altgriechischen für das „Seiende".

[3] Vergleiche das Zitat von Einstein am Anfang von Kap. 8.

Wir werden den Begriff der Ontologie ab und zu verwenden. Es wird aus dem Zusammenhang klar, warum er angebracht ist. Um Quantentheorie zu verstehen, braucht man ihn, denn das Dilemma der orthodoxen Quantentheorie ist in einem einfachen Dogma festgeschrieben: Quantentheorie darf nicht über Ontologie sein. Worüber dann? Darüber gibt es eben die vielen Bücher. Wir zeigen in den folgenden Kapiteln, dass sich das Dilemma leicht beheben lässt, indem man der Quantenmechanik eine klare Ontologie zugrunde legt. Palmström im Gedicht von Christian Morgenstern schloss messerscharf, dass nicht sein kann, was nicht sein darf. Und in der Tat gab und gibt es viele Versuche, aus dem „nicht dürfen" ein „nicht können" zu machen. Auch darüber werden wir sprechen.

1.2 Wellenfunktion und Bornsche statistische Hypothese

Ein zentrales Element der Quantenmechanik ist die Wellenfunktion eines N-Teilchen-Systems (das ist die allgemein akzeptierte Sprechweise auch in Quantentheorien, in denen Teilchen als Entitäten gar nicht vorkommen):

$$\psi : \mathbb{R}^{3N} \times \mathbb{R} \to \mathbb{C}, \quad \psi(\mathbf{q}_1, \ldots, \mathbf{q}_N, t). \tag{1.1}$$

Die Zeitentwicklung der Wellenfunktion mit potentieller Wechselwirkung V gehorcht der Schrödinger-Gleichung, wobei wir $q = (\mathbf{q}_1, \ldots, \mathbf{q}_N) \in \mathbb{R}^{3N}$ schreiben

$$i\hbar \frac{\partial}{\partial t} \psi(q, t) = -\sum_{k=1}^{N} \frac{\hbar^2}{2m} \Delta_k \psi(q, t) + V(q)\psi(q, t), \tag{1.2}$$

mit dem Laplace-Operator $\Delta_k = \frac{\partial^2}{\partial \mathbf{q}_k^2}$. Es herrscht Unstimmigkeit darüber, ob auch für beliebig große Systeme, z. B. Messapparaturen in einem Labor, ja, für das Labor selbst und am Ende für das ganze Universum Wellenfunktionen existieren. Die Unstimmigkeiten besprechen wir im Kapitel „Messproblem". Der Ursprung der Unstimmigkeit ist jedoch schon hier zu nennen, weil er die gesamte Quantenmechanik durchzieht:

Anmerkung 1.1 Die Schrödinger-Gleichung ist eine lineare Gleichung. Das bedeutet: Die Summe von Vielfachen von Lösungen der Gleichung ist ebenfalls eine Lösung der Gleichung. Man sagt auch: Lösungen können superponiert werden.

Neben der Schrödinger-Gleichung ist eine zweite Gleichung von Bedeutung, die Max Born (1882–1970) (eigentlich erst nach einer Korrektur durch Schrödinger[4]) zur akzeptierten Interpretation der Wellenfunktion als Wahrscheinlichkeitsamplitude gemacht hat. Im üblichen Sprachgebrauch besagt die Bornsche statistische

---

[4]Born hatte zunächst als Wahrscheinlichkeitsdichte $|\psi|$ angedacht.

Deutung, die wir oft auch als Bornsche statistische Hypothese oder Bornsche Regel
bezeichnen:

Anmerkung 1.2 Bornsche statistische Hypothese: Wenn ein System die Wellen-
funktion ψ hat, sind die gemessenen Orte der Teilchen gemäß $\rho = \psi^*\psi = |\psi|^2$
verteilt. Hierin ist ψ^* die zu ψ konjugiert komplexe Funktion.

Das bedeutet: Ist $A \subset \mathbb{R}^{3N}$ eine (messbare[5]) Teilmenge des Konfigurationsraumes, dann ist die Wahrscheinlichkeit, die Systemkonfiguration Q in A zu
finden,

$$\mathbb{P}^\psi(Q \in A) = \int_A |\psi|^2(\mathbf{q}_1, \dots, \mathbf{q}_N)\, d^3q_1 \dots d^3q_N. \tag{1.3}$$

Wir merken an, dass die Bornsche Deutung die Wahrscheinlichkeit in der Quanten-
mechanik begründet, die dann in ganz verschiedenen Formen zutage tritt. Üblicher-
weise wird diese Gleichung in Lehrbüchern hergeleitet, indem man $\frac{\partial|\psi|^2}{\partial t}$ mit der
Schrödinger-Gleichung ausrechnet. Das sollte man zur Übung einmal durchführen.
Man beachte dabei:

1. Produktregel.
2. ψ^* erfüllt die komplex konjugierte Form von (1.2).
3. Das Potential V ist reell, deswegen fällt es am Ende heraus.

Man kommt damit auf eine *Kontinuitätsgleichung*, die sogenannte Quantenfluss-
gleichung

$$\frac{\partial|\psi|^2}{\partial t} = -\nabla \cdot j^\psi \tag{1.4}$$

mit $\nabla = (\nabla_1, \dots, \nabla_N)$, $\nabla_k = \frac{\partial}{\partial \mathbf{q}_k}$ und dem *Quantenfluss* $j^\psi = (\mathbf{j}_1^\psi, \dots, \mathbf{j}_N^\psi)$, der durch

$$\mathbf{j}_k^\psi = \frac{\hbar}{2im}(\psi^*\nabla_k\psi - \psi\nabla_k\psi^*) = \frac{\hbar}{m}\text{Im}\,\psi^*\nabla_k\psi \tag{1.5}$$

gegeben ist. Hierbei bezeichnet Im den Imaginärteil. Das übliche Argument für
$\rho = |\psi|^2$ geht dann so weiter: Man integriere (1.4) über den gesamten Konfigurationsraum $\Gamma = \mathbb{R}^{3N}$, dann forme man auf der rechten Seite mit dem Gaußschen
Satz das Volumenintegral in ein Oberflächenintegral um, wobei der Quantenfluss
über eine unendlich ferne Oberfläche $\partial\Gamma$ integriert wird, und da ist der Fluss null:

$$\frac{d}{dt}\int_\Gamma \rho\, d^{3N}q = \int_\Gamma \partial_t\rho\, d^{3N}q = -\int_\Gamma \nabla \cdot j^\psi\, d^{3N}q = \int_{\partial\Gamma} j^\psi \cdot d\sigma = 0 \tag{1.6}$$

[5]Im Sinne der mathematischen Maßtheorie.

Deswegen ist das Integral über $|\psi|^2$ über den gesamten Raum zeitlich erhalten und man kann $|\psi|^2$ als Wahrscheinlichkeitsdichte nehmen, denn die Gesamtwahrscheinlichkeit, die Wahrscheinlichkeit des sicheren Ereignisses, kann sich in der Zeit nicht ändern. Sie ist eins und bleibt eins. Natürlich ist die Erhaltung des Maßes nur eine notwendige, aber keine hinreichende Bedingung, um $\rho = |\psi|^2$ als Wahrscheinlichkeitsverteilung zu setzen. In der Textbuch-Quantenmechanik hat die Gleichung deshalb den Status eines Postulates, dessen Setzung am Ende durch die Experimente gerechtfertigt wird. Eine tiefere Begründung der Bornschen Regel ist aber möglich, das besprechen wir insbesondere in Kap. 4.

1.3   Das Zerfließen eines Wellenpaketes

Ein wichtiges Phänomen der Schrödinger-Entwicklung ist das „Zerfließen" des Wellenpaketes. Eine erste Erklärung, oder besser die adäquate Erklärung, ist folgende: Die Wellenfunktion eines Teilchens der Masse m sollte man sich aus einer Überlagerung ebener Wellen vorstellen, das ist die Fourier-Zerlegung. Eine ebene Welle mit Wellenzahl $k = \frac{2\pi}{\lambda}$ (λ ist die Wellenlänge) bewegt sich in der Zeit wie

$$e^{i(\mathbf{k}\cdot\mathbf{x}-\frac{\hbar k^2 t}{2m})},$$

wie man sofort an der Schrödinger-Gleichung (mit Potential $V = 0$) verifizieren kann. Hierbei ist $\mathbf{k}$ der Wellenvektor mit Betrag $|\mathbf{k}| = k$. Die Überlagerung der ebenen Wellen mit einer Gewichtsfunktion $\hat{\psi}_0(\mathbf{k})$, der Fourier-Transformierten von $\psi(\mathbf{x}, 0)$, liefert

$$\psi(\mathbf{x}, t) = \int \hat{\psi}(\mathbf{k}) e^{i(\mathbf{k}\cdot\mathbf{x}-\frac{\hbar k^2 t}{2m})} \, \mathrm{d}^3 k \qquad (1.7)$$

und erlaubt die Zuordnung der Gruppengeschwindigkeit einer Wellengruppe um einen bestimmten $\mathbf{k}$-Wert als

$$\mathbf{v} = \frac{\hbar \mathbf{k}}{m}. \qquad (1.8)$$

Dafür differenziert man die Dispersionsrelation $\omega := \frac{\hbar k^2}{2m}$ nach $\mathbf{k}$ und setzt dann den $\mathbf{k}$-Wert ein, um den die Wellengruppe konzentriert ist. Die Beziehung (1.8) wurde schon lange vor der Schrödinger-Gleichung durch Louis de Broglie (1892–1987) als Verallgemeinerung von Einsteins T-Shirt-Formel für Photonen $E = h\nu$ auf „Materiewellen" gefunden: $\mathbf{p} = \hbar\mathbf{k}$ ist die Beziehung zwischen Wellenzahl und Impuls des Teilchens.

Je kleiner also die Wellenlänge, desto schneller bewegt sich die Welle. Das ist das eine. Zum anderen weiß man aus der Analysis-Vorlesung, dass je konzentrierter eine Funktion ist, desto mehr ebene Wellen mit höheren k-Werten in der

Fourier-Zerlegung der Funktion auftreten. Wenn man nun eine Wellenfunktion eines Teilchens betrachtet, die im Ort sehr gut lokalisiert ist, dann kennt man aufgrund der Bornschen Deutung sehr genau den Ort des Teilchens. Und je genauer man den Ort kennen möchte, desto besser muss die Wellenfunktion lokalisiert sein. Je besser jedoch die Wellenfunktion lokalisiert ist, desto mehr ebene Wellen mit immer höheren k-Werten setzen sie zusammen. Aber die Wellengruppen ebener Wellen haben alle verschiedene Geschwindigkeiten, d. h., im Laufe der Zeit (wenn die freie Schrödinger-Gleichung ($V = 0$) die Bewegung beherrscht) zerfließt die ursprüngliche Welle in verschieden schnell laufende ebene Wellenteile. Der Ort des Teilchens zur Zeit T wird also weit verstreut sein, weil die einzelnen Wellen verschieden weit gekommen sind. Die mathematische Ausarbeitung dieses Zerfließens sollte von jedem Studierenden der Physik einmal durchgeführt werden. Sie ist ähnlich fundamental wie die Ableitung des Quantenflusses.

Zunächst lese man das Integral in (1.7) als Fourier-Rücktransformation des Produktes der Funktionen $e^{-i\frac{\hbar k^2 t}{2m}}$ und $\hat{\psi}_0(\mathbf{k})$. Aus der Analysis wissen wir: Das Produkt zweier Funktionen wird unter Fourier-Transformation zu einer *Faltung*:

$$\widehat{f \cdot g}(\mathbf{k}) = \hat{f} * \hat{g}(\mathbf{k}) := \frac{1}{(2\pi)^{3/2}} \int \hat{f}(\mathbf{k} - \mathbf{k}')\hat{g}(\mathbf{k}')\,d^3k'$$

Das Gleiche gilt entsprechend für die Rücktransformation. Eine erste Rechenaufgabe, die man zu meistern hat, ist diese Faltung zu bestimmen. Man bestimmt die Fourier-Transformierte der ersten Funktion, die wie eine Gauß-Funktion aussieht, aber durch den Faktor i doch etwas anders ist, was aber am Resultat nichts ändert. Nur die rigorose Rechnung ist aufwändiger und benutzt etwas Funktionentheorie. Man erhält als Ergebnis

$$\psi(\mathbf{x}, t) = \int \frac{1}{\left(2\pi\, i\frac{\hbar}{m}t\right)^{3/2}} \exp\left(i\frac{(\mathbf{x} - \mathbf{y})^2}{2\frac{\hbar}{m}t}\right) \psi_0(\mathbf{y})\,d^3y, \qquad (1.9)$$

eine wichtige Darstellung der Wellenfunktionsentwicklung für die Anfangswellenfunktion ψ_0. Aus der erhalten wir durch Ausquadrieren des Exponenten

$$\psi(\mathbf{x}, t) = \frac{1}{\left(it\frac{\hbar}{m}\right)^{3/2}} \exp\left(i\frac{\mathbf{x}^2}{2\frac{\hbar}{m}t}\right) \int \frac{1}{(2\pi)^{3/2}} \exp\left(-i\frac{\mathbf{x}\cdot\mathbf{y}}{\frac{\hbar}{m}t}\right) \exp\left(i\frac{\mathbf{y}^2}{2\frac{\hbar}{m}t}\right) \psi_0(\mathbf{y})\,d^3y$$

$$= \frac{1}{\left(it\frac{\hbar}{m}\right)^{3/2}} \exp\left(i\frac{\mathbf{x}^2}{2\frac{\hbar}{m}t}\right) \hat{\psi}_0\left(\frac{\mathbf{x}m}{t\hbar}\right) \qquad (1.10)$$

$$+ \frac{1}{\left(it\frac{\hbar}{m}\right)^{3/2}} \int \frac{1}{(2\pi)^{3/2}} \left(\exp\left(i\frac{\mathbf{y}^2}{2\frac{\hbar}{m}t}\right) - 1\right) \exp\left(-i\frac{\mathbf{x}\cdot\mathbf{y}}{\frac{\hbar}{m}t}\right) \psi_0(\mathbf{y})\,d^3y.$$

Nun beachte man zuerst, dass der zweite Summand nach (1.10) mit $t \to \infty$ gegen null geht,[6] denn

$$\lim_{t \to \infty} \left[\exp\left(i\frac{\mathbf{y}^2}{2\frac{\hbar}{m}t} \right) - 1 \right] = 0.$$

Das bedeutet, dass für große Zeiten die Wellenfunktion durch (1.10) gegeben ist:

$$\psi(\mathbf{x}, t) \approx \frac{1}{\left(it\frac{\hbar}{m} \right)^{3/2}} \exp\left(i\frac{\mathbf{x}^2}{2\frac{\hbar}{m}t} \right) \hat{\psi}_0\left(\frac{\mathbf{x}m}{t\hbar} \right) \qquad (1.11)$$

Wie ist das zu lesen? Für große Zeiten t ist die Wellenfunktion an Orten $\mathbf{x}$ zu finden, die durch die Wellenvektoren $\mathbf{k} = \frac{\mathbf{x}m}{t\hbar} \in \text{supp } \hat{\psi}_0$ erreicht werden können, wobei supp $\hat{\psi}_0$ die Menge der Werte ist, für die $\hat{\psi}_0 \neq 0$ gilt. supp kommt vom englischen „support", auf Deutsch „Träger" der Funktion. Der supp $\hat{\psi}_0$ reguliert also, welche ebenen Wellen in ψ_0 enthalten sind, die dann gemäß der De-Broglie-Beziehung für den Impuls $m\mathbf{v} = \hbar\mathbf{k}$ unterschiedlich schnell auseinanderlaufen.

Wir finden zudem, dass der Impuls $\hbar\mathbf{k}$ über die Wahrscheinlichkeitsdichte $\left| \hat{\psi}_0(\mathbf{k}) \right|^2$ verteilt ist. Das sieht man wie folgt: Angenommen $\psi_0(\mathbf{x})$ ist um $\mathbf{x} = 0$ konzentriert. Die Teilchen, die zur Zeit $t \gg 0$ den Ort $\mathbf{X}(t)$ erreicht haben, haben sich demnach ungefähr mit dem Durchschnittsimpuls $\hbar\mathbf{k} = \frac{m}{t}\mathbf{X}(t)$ bewegt. Für die Impulsverteilung gilt deshalb (mit einer beliebigen, messbaren Teilmenge $A \subseteq \mathbb{R}^3$):

$$\mathbb{P}^{\psi}\left(\hbar\mathbf{k} \in \hbar A \right) \approx \mathbb{P}^{\psi}\left(\mathbf{X}(t) \in \frac{t\hbar}{m}A \right) \approx \left(\frac{m}{t\hbar} \right)^3 \int_{\frac{t\hbar}{m}A} \left| \hat{\psi}_0\left(\frac{\mathbf{x}m}{t\hbar} \right) \right|^2 d^3x$$

$$= \int_A |\hat{\psi}_0(\mathbf{k})|^2 \, d^3k,$$

wobei wir im letzten Schritt einfach $\mathbf{k} := \frac{\mathbf{x}m}{t\hbar}$ substituiert haben. Man beachte, wie alles aus der Bornschen Regel für die Ortsverteilung folgt. Und insbesondere beachte man, dass wir hier von einem Durchschnittsimpuls sprechen, d. h., wir wissen, das Teilchen ist zur Zeit $t = 0$ hier und zu einer viel späteren Zeit dort. Dann nehmen wir die Distanz zwischen den Orten dividiert durch die Zeitdifferenz. Es ist diese Größe, die bei einer „Impulsmessung" gemessen wird. Der Erwartungswert des Impulses $\mathbf{P} = \hbar\mathbf{k}$ ist nun

$$\mathbb{E}^{\psi}(\mathbf{P}) = \int_{\mathbb{R}^3} \hbar\mathbf{k} \left| \hat{\psi}_0(\mathbf{k}) \right|^2 d^3k. \qquad (1.12)$$

---

[6]Genau genommen braucht man hier den Lebesgueschen Satz der dominierten Konvergenz, weil eine Vertauschung von Integration und Limesbildung vorliegt, aber die Rigorosität bringt keine neuen Einsichten und wir lassen sie mal außer Acht.

Das können wir auch schreiben als

$$\mathbb{E}^{\psi}(\mathbf{P}) = \int_{\mathbb{R}^3} \hat{\psi}_0^*(k)\, \hbar\mathbf{k}\, \hat{\psi}_0(\mathbf{k})\, \mathrm{d}^3 k.$$

In der Quantenmechanik-Vorlesung lernt man, dass die „Impuls-Observable im Ortsraum" $\frac{\hbar}{\mathrm{i}}\nabla$ ist, was man aus (1.12) leicht erklären kann:

$$\hbar\mathbf{k}\, \hat{\psi}_0(\mathbf{k}) = \hbar\mathbf{k} \int \psi_0(\mathbf{x})\mathrm{e}^{-\mathrm{i}\mathbf{k}\cdot\mathbf{x}}\, \mathrm{d}^3 x$$

$$= \hbar \int \psi_0(\mathbf{x})\, \mathrm{i}\nabla\, \mathrm{e}^{-\mathrm{i}\mathbf{k}\cdot\mathbf{x}}\, \mathrm{d}^3 x \quad \text{mit partieller Integration kommt}$$

$$= \hbar \int (-\mathrm{i}\nabla\psi_0(\mathbf{x}))\, \mathrm{e}^{-\mathrm{i}\mathbf{k}\cdot\mathbf{x}}\, \mathrm{d}^3 x \quad \text{und mit Fourier-Transformation}$$

$$= \left(\widehat{\frac{\hbar}{\mathrm{i}}\nabla\psi_0(\mathbf{x})}\right).$$

Dann bekommen wir mit der Plancherel-Identität für (1.12)

$$\mathbb{E}^{\psi}(\mathbf{P}) = \int_{\mathbb{R}^3} \psi_0^*(\mathbf{x})\frac{\hbar}{\mathrm{i}}\nabla\psi_0(\mathbf{x})\, \mathrm{d}^3 x.$$

Und so kommt man dazu, den *Impuls-Operator* $\hat{\mathbf{P}} = \frac{\hbar}{\mathrm{i}}\nabla$ einzuführen. Im „Ortsraum" ist er ein Gradient und im „Impulsraum" ein Multiplikationsoperator.

Anmerkung 1.3 (Perspektive zur Heisenbergschen Unschärferelation) Das Zerfließen des Wellenpaketes ist also ein reines Wellenphänomen, welches im Zusammenspiel mit der Bornschen statistischen Hypothese der Wellenfunktion zu einer empirischen Wahrheit führt, die berechtigterweise als eine der bedeutenden Innovationen der Quantenmechanik angesehen wird: Eine räumlich konzentrierte Wellenfunktion fließt in der Zeit stark auseinander. Ersteres beinhaltet gemäß Born eine genaue Kenntnis des Orts, Letzteres bedeutet eine große Spreizung der möglichen Endorte, deren Verteilung wir mit dem Impuls in Verbindung gebracht haben. Die genaue Schranke zwischen Orts- und Impulsmessungen ist Aussage der Heisenbergschen Unschärferelation. Diese wird leider oft mit einem Zusatz versehen, der vollkommen übers Ziel hinausschießt. Es wird nämlich gesagt, dass die Unschärferelation nicht nur die Unmöglichkeit von simultaner, beliebig genauer Impuls- und Ortsmessung beinhaltet, sondern insbesondere beweist, dass es in der Quantenmechanik keine Teilchen, die sich auf Trajektorien bewegen, geben kann. Viele Dinge müssen verstanden werden, um die Heisenbergsche Unschärferelation zu würdigen. Vielfach wird auf die Kommutator-Relation zwischen „Orts- und Impuls-Observable" hingewiesen, aus der die Unschärferelation folgt. Da wäre zuerst zu klären, was die Rolle der Observablen in der Theorie eigentlich ist. Das machen wir viel später in Kap. 7. Zudem haben wir im vorhergehenden Abschnitt gesehen,

dass alles nur aus dem Verhalten der Schrödingerschen Wellenfunktion folgt, ge-
paart mit der Bornschen Deutung. Also ist Letztere der eigentliche Grund für die
Unschärferelation, und das ruft nach einer Erklärung der Bornschen Deutung. Das
geht jedoch nur in sogenannten Quantentheorien ohne Beobachter wie z. B. der
Bohmschen Mechanik. Dort werden wir die Bornsche Deutung erklären und begründen. Zuletzt müssen wir verstehen, warum die Unschärferelation nichts mit der
Existenz oder Nichtexistenz von Teilchenbahnen zu tun hat. Das sieht man am besten, wenn man sie aus einer Theorie mit Teilchen auf Bahnen ableitet. Das machen
wir in Abschn. 4.3.

1.4   Kein Mysterium: Das Doppelspalt-Experiment

Richard P. Feynman (1918–1988), einer der großen Physiker des letzten Jahrhunderts, begann seine Vorlesung über das Doppelspalt-Experiment wie folgt:

> In diesem Kapitel werden wir sogleich das Grundelement dieses mysteriösen Verhaltens in
> seiner seltsamsten Form in Angriff nehmen. Zur Untersuchung wählen wir ein Phänomen
> aus, das auf klassische Art zu erklären *absolut* unmöglich ist, und das in sich den Kern
> der Quantenmechanik birgt. In Wirklichkeit enthält es das *einzige* Geheimnis. Wir können
> das Geheimnis nicht aufdecken, indem wir „erklären", wie es funktioniert. Wir können
> nur *berichten*, wie es funktioniert, und indem wir dies tun, erörtern wir die grundlegenden
> Eigentümlichkeiten der ganzen Quantenmechanik. (R.P. Feynman, R.B. Leighton und M.
> Sands. *Feynman-Vorlesungen über Physik*, Band 3, Oldenbourg Verlag, 2001, S. 17–18.)

Nun könnte man sagen: Wenn sogar Feynman das Doppelspalt-Experiment als
Mysterium empfand, dann muss man sich nicht schämen, wenn es einem ebenso
geht. Das ist eine mögliche Sichtweise. Eine andere Sichtweise lautet: Wenn die
Standard-Quantenmechanik nach mittlerweile fast einem Jahrhundert nicht in der
Lage ist, ein so grundlegendes Phänomen zu erklären – im eigentlichen Sinne
von „erklären" –, dann kann mit der Theorie etwas nicht in Ordnung sein. Die
Quantentheorien, die wir in diesem Buch besprechen werden, haben jedenfalls den
Anspruch, das Doppelspalt-Experiment und andere Quantenphänomene wirklich
zu erklären, in dem Sinne, dass sie die Phänomene nicht nur korrekt „berich-
ten", sondern ein vollständiges Bild davon liefern, wie die Phänomene zustande
kommen. Aber bleiben wir erstmal beim Feynman-Zitat. Feynman sagt, dass es
absolut unmöglich sei, das Doppelspalt-Experiment „auf klassische Art" zu erklären. Das ist offenbar richtig, wenn „klassisch" hier die Gesetze der Newtonschen
Mechanik meint. Neben der Heisenbergschen Unschärferelation wird das Doppelspalt-Experiment aber gerne als Beweis zitiert, dass die „klassische Logik" in
der Quantenmechanik ihre Gültigkeit verloren hat. Oder, dass das Experiment mit
Teilchenbahnen nicht denkbar ist. Beide Ansichten sind falsch. Die möglichen Teilchenbahnen zeigen wir in Kap. 8 und man betrachte schon mal, um die Situation
zu verstehen, die dortige Abb. 8.2, wobei man sich die Bahnen wegdenken kann.
Wichtig sind nur die Endpunkte der Bahnen; die vertreten nämlich die typischen

Schwärzungen auf dem Schirm, die das berühmt gewordene „Interferenzmuster"
ergeben. Jetzt gehen wir aber nur auf die Logik ein.

Eigentlich ist es seltsam, dass solche Begrifflichkeiten wie „Quantenlogik" und
„klassische Logik" überhaupt wissenschaftliche Karriere machen konnten, vor allem weil das Doppelspalt-Experiment nichts mit alledem zu tun hat. Die übliche
Analyse des berühmten Doppelspalt-Experimentes geht so: Es werden zwei (nahe)
Spalte durch einen Teilchenstrahl auf einen Fotoschirm abgebildet, und man erhält als Schwärzung ein Interferenzmuster. Genauer: Bei sehr geringer Intensität des
Strahles – nur ein Teilchen ist jeweils unterwegs[7] – entsteht das Interferenzmuster
aus ganz lokalisierten, zufällig verteilten Einzelschwärzungen erst langsam mit der
Zeit.[8] Das ist vielleicht die wichtigste Mitteilung überhaupt: Das Interferenzmuster
entsteht nach und nach, Welle nach Welle, es ist nichts anderes als eine empirische Häufung von Auftreffpunkten. Dies, einmal verstanden, eröffnet gleich einen
ganzen Fragenkatalog, aus dem wir zwei besonders hervorheben:

1. *Wieso erhält man am Schirm eine punktuelle Schwärzung, wenn doch eine Welle
   auftrifft?*
   Die Antwort gehört in die Kategorie des Messproblems der Quantenmechanik,
   welches wir in Kap. 2 besprechen.
2. *Wie ist die Zeitverteilung der Punkte? Erscheint jeder Punkt nach derselben Zeit
   am Schirm?*
   Die Antwort ist nein. Die Zeiten sind zufällig, deren Statistik wird durch den
   Quantenfluss (1.5) beschrieben, der auch für die Ortsverteilung zuständig ist.
   Das wird in aller Regel aus verschiedenen Gründen ignoriert. Der Hauptgrund,
   warum man dies relativ gefahrlos ignorieren kann, liegt an der asymptotischen
   Form der Welle (1.11), die dafür sorgt, dass die Flusslinien geradlinig werden. Man kann das wirkliche Wellenbild hinter dem Spalt für die Berechnung
   der Ortsauftreffpunkte praktisch durch ein stationäres (also zeitlich unveränder-
   liches) Wellenbild ersetzen. Die genaue Analyse ist mathematisch aufwändig,
   sie wird zum Beispiel im Kapitel über Streutheorie in *Bohmian Mechanics, The
   Physics and Mathematics of Quantum Theory*[9] durchgeführt wird.

Aber nun zur Frage der Logik: Sei zuerst Spalt 1 verschlossen, dann kann das
Teilchen nur durch Spalt 2 gehen und wir verbinden mit diesem Experiment die
Aussage:

$$\text{Das Teilchen geht durch Spalt 2 und trifft bei } \mathbf{x} \text{ auf den Schirm.} \quad (1.13a)$$

$$\text{Die zugehörige Wahrscheinlichkeit ist } |\psi_2|^2(\mathbf{x}). \quad (1.13b)$$

---

[7]Idealisiert: Wenn jeden Tag ein Teilchen durch die Spalte geschickt wird...

[8]... kann das dann Jahre dauern.

[9]D. Dürr und S. Teufel, *Bohmian Mechanics. The Physics and Mathematics of Quantum Theory*.
Spinger, 2009.

Hierbei ist ψ_2 die Wellenfunktion, die aus dem Spalt 2 als Kugelwelle tritt. Und nochmal zur Warnung: Man beachte die Antwort zu Frage 2. oben. Die Wahrscheinlichkeit wird in Wahrheit durch den Quantenfluss bestimmt, aber praktisch ändert sich nichts, wenn wir $|\psi_2|^2$ zu einem festen Zeitpunkt betrachten. Gleiches gilt für die folgenden Wahrscheinlichkeiten.

Sei nun Spalt 2 geschlossen und Spalt 1 offen. Mit diesem Experiment verbindet man die Aussage:

> Das Teilchen geht durch Spalt 1 und trifft bei **x** auf den Schirm.   (1.14a)
>
> Die zugehörige Wahrscheinlichkeit ist $|\psi_1|^2(\mathbf{x})$.   (1.14b)

Das Experiment, bei dem beide Spalte offen sind, kann als folgendes Ereignis gelesen werden:

> Das Teilchen geht durch Spalt 1 oder Spalt 2 und trifft bei
>
> **x** auf den Schirm.   (1.15a)
>
> Die Wahrscheinlichkeit ist $|\psi_1(\mathbf{x}) + \psi_2(\mathbf{x})|^2$
>
> $= |\psi_1|^2(\mathbf{x}) + |\psi_2|^2(\mathbf{x}) + 2\mathrm{Re}\,\psi_1^*(\mathbf{x})\psi_2(\mathbf{x}) \neq |\psi_1|^2(\mathbf{x}) + |\psi_2|^2(\mathbf{x})$,   (1.15b)

mit Re als dem Realteil. Das „$\neq$" in (1.15b) kommt durch die Interferenz der Wellenfunktionsanteile ψ_1, ψ_2, die aus Spalt 1 und 2 treten. Eine Wasserwelle, die auf zwei Durchgangsspalte trifft, liefert mit ihren Huygenschen Kugelwellen, die an den Spalten hervortreten, das gleiche Interferenzmuster, das im vorliegenden Fall durch den Term $2\mathrm{Re}\,\psi_1^*(\mathbf{x})\psi_2(\mathbf{x})$ bestimmt wird.

Das ist nun schlimm! Denn (1.13a) und (1.14a) sind ja die Alternativen in (1.15a), und da müssen sich doch logischerweise die Wahrscheinlichkeiten addieren! Tun sie aber nicht. Also schließt man, dass die klassische Logik versagt. Oder dass das Teilchenbild Unsinn ist. Am liebsten beides.

Nur wenn

$$\mathrm{Re}\,\psi_1^*\psi_2 = 0 \qquad (1.16)$$

wäre, läge *Dekohärenz* (also verschwindende Interferenz) vor, dann lägen wir sprachlich (logisch) richtig, denn dann würden sich die Wahrscheinlichkeiten (1.13b) und (1.14b) summieren.

Aber in Wahrheit ist dies alles eine Aufregung um nichts. Man muss nur die physikalische Situation ernst nehmen und sagen:

> Spalt 1 (2) ist geschlossen, das Teilchen geht durch Spalt 2 (1) und trifft
>
> bei **x** auf den Schirm.

Das ist, was jeweils physikalisch in den ersten beiden Experimenten vorliegt, und das sind *nicht* die Alternativen von (1.15a), was faktisch offenbar ist, weil in diesem Fall beide Spalte geöffnet sind. Diese Verschiedenheit in der physikalischen Situation sollte man unbedingt zuerst zur Kenntnis nehmen. Dann kann man weiter gehen und einsehen, dass der Behauptung, dass sich die Wahrscheinlichkeiten der ersten beiden Experimente „logischerweise" addieren müssten, die Annahme zugrunde liegt, dass das Verhalten der Teilchen, die durch Spalt 1 gehen, nicht davon abhängen kann, ob Spalt 2 offen oder geschlossen ist (und umgekehrt). Diese Annahme ist erstens nicht gerechtfertigt und zweitens in der Quantenmechanik offenbar falsch: Wenn beide Spalte geöffnet sind, dann interferiert die Welle, die durch beide Spalte tritt, mit sich selbst. Die entstehende Wellenform ist sicher für die Form der Häufung von Schwärzungen verantwortlich. Bleibt allein die Frage: Woher kommen die punktuellen Schwärzungen?

1.5   Die Wichtigkeit des Konfigurationsraumes

Wir kommen nach der Linearität (Anmerkung 1.1) und dem Bornschen statistischen Gesetz (Anmerkung 1.2) zur dritten Grundlage der Quantenmechanik. Dazu müssen noch einmal zum Anfang zurückkehren, zur Wellenfunktion eines N-Teilchen-Systems (vgl. (1.1)). Die Wellenfunktion $\psi(\mathbf{q}_1, \dots, \mathbf{q}_N)$ ist, egal wie abstrakt oder umständlich man denken möchte, zuallererst eine Funktion auf dem Konfigurationsraum von den N Teilchen, auch wenn man den Begriff des Teilchens nicht ernst meint und er nur Ausdruck eines losen Sprachgebrauchs ist. Eine Konfiguration ist die Kollektion von N Ortsvariablen $\mathbf{q}_i \in \mathbb{R}^3$, also $q = (\mathbf{q}_1, \mathbf{q}_2, \dots, \mathbf{q}_N)$ und die Menge aller möglichen Konfigurationen heißt Konfigurationsraum $\mathbb{R}^{3N}$.

Anmerkung 1.4   Die Wellenfunktion eines N-Teilchen-Systems ist auf dem Konfigurationsraum $\mathbb{R}^{3N}$ definiert.

Das bedeutet vor allem, dass N Teilchen stets eine *gemeinsame* Wellenfunktion haben. Nur im speziellen Fall, wenn diese Wellenfunktion in ein Produkt zerfällt, $\psi(\mathbf{q}_1, \mathbf{q}_2, \dots, \mathbf{q}_N) = \varphi_1(\mathbf{q}_1)\varphi_2(\mathbf{q}_2)\cdots\varphi_N(\mathbf{q}_N)$, kann man sagen, dass die Wellenfunktion des Gesamtsystems durch N unabhängige Wellenfunktionen, eine für jedes Teilchen, gegeben ist. (Einen solchen Zustand nennt man auch *separabel*.) Im Allgemeinen ist $\psi(\mathbf{q}_1, \dots, \mathbf{q}_N)$ aber *kein* Produkt, man spricht dann von einer quantenmechanischen *Verschränkung*.

Die Schwierigkeit, im Konfigurationsraum zu denken, besteht vor allem darin, dass er für große Teilchenzahlen extrem hochdimensional und deshalb unanschaulich wird. Aber nur wenn man den Konfigurationsraum ernst nimmt, kann man Quantenmechanik verstehen. Wir werden in den späteren Kapiteln ständig darauf zurückgreifen, wollen aber schon an dieser Stelle die Bedeutung des Konfigurationsraumes hervorheben und folgendes Bild in unsere Gedankenwelt bringen. Unsere Erfahrungswelt ist räumlich im dreidimensionalen Raum angesiedelt,[10] d. h., Körper wie Messapparate und deren Zeiger nehmen einen räumlichen Bereich ein.

---

[10]Man lernt in der Quantentheorie oft, dass es von großer philosophischer Bedeutung ist, dass man im Hilbert-Raum, dem Raum der Wellenfunktionen, beliebige Basen auswählen kann, in denen man die Wellenfunktion dann in Koordinaten ausdrücken kann. So gibt es eine Ortsbasis, eine

Aber die Körper selbst bestehen aus Atomen (die selbst aus kleineren Objekten bestehen, aber das tut jetzt nichts zur Sache) und es ist deren räumliche Anordnung, deren *Konfiguration*, die dem Körper Gestalt gibt. Das bedeutet, dass das Gebiet im Konfigurationsraum den Körper in seiner Lage und Ausrichtung im Raum bestimmt. Was man verstehen muss, ist, dass verschiedene räumliche Lagen eines Körpers durch disjunkte Gebiete im Konfigurationsraum beschrieben werden. Wenn es sich um makroskopische Körper handelt (die Anzahl der Atome ist von der Größenordnung der Avogadro-Konstanten), wie etwa Zeiger an einem Messapparat, dann sind makroskopisch unterschiedliche Lagen (Zeiger zeigt nach links oder nach rechts) durch makroskopisch disjunkte Teilmengen des Konfigurationsraumes gegeben (siehe Abb. 1.1). Jene Konfigurationen, die einen Zeiger beschreiben, der nach links zeigt, liegen in einem ganz anderen Gebiet des Konfigurationsraumes als jene, die einen Zeiger beschreiben, der nach rechts zeigt. Und die beiden Gebiete unterscheiden sich nicht nur in wenigen Koordinaten (Freiheitsgraden) sondern in sehr sehr vielen (Größenordnung $\sim 10^{24}$) – deshalb der Begriff „makroskopisch disjunkt".

Die zu den Körpern gehörigen Wellenfunktionen sind nun Funktionen auf dem Konfigurationsraum, und nach der Bornschen Regel – weil wir Zeiger oder andere makroskopische Objekte deutlich sehen können – sind deren Wellenfunktionen im Wesentlichen nur auf den die Körper definierenden Gebieten von null verschieden. Die Menge von Punkten, in denen eine Funktion ungleich null ist,

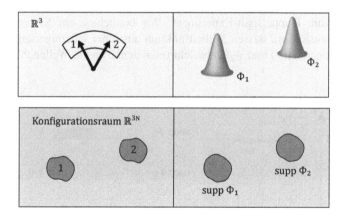

Abb. 1.1 Verschiedene makroskopische Objekte (hier zwei physikalische Zeiger bestehend aus N Atomen – N hat die Größenordnung der Avrogadoschen Zahl – werden im Konfigurationsraum $\mathbb{R}^{3N}$ durch disjunkte Gebiete vertreten (links). Die Wellenfunktion eines jeden Zeigers ist wegen der Bornschen Deutung der Wellenfunktion auf dem entsprechenden Gebiet konzentriert (rechts)

Impulsbasis, eine Energiebasis und was immer man möchte, und keine der Basen ist ausgezeichnet. Das ist mathematisch wahr. Aber jeder Mensch, auch jemand, der Quantenphysik betreibt, lebt und stirbt im Ortsraum, zumindest körperlich. Man soll sich nicht grämen, wenn man das Gefühl hat, dass man Wellenfunktionen in der Ortsdarstellung als informativ empfindet.

haben wir oben *Träger* (oder engl. *support*) der Funktion genannt. Also haben die Wellenfunktionen, die etwa verschiedene Zeigerstellungen beschreiben, im Wesentlichen makroskopisch disjunkte Träger (siehe Abb. 1.1).

Der Konfigurationsraum eines einzelnen Teilchens ist der physikalische Raum $\mathbb{R}^3$. Der reicht aus, um das Doppelspalt-Experiment, wie wir es besprochen haben, zu verstehen. Aber oft kommt in dem Zusammenhang die Frage auf: „Wenn man nicht die Spalte einzeln verschließt, sondern eine Messapparatur anbringt, die geeignet ist zu messen, durch welchen Spalt das Teilchen geht, was passiert dann?" Die Antwort lautet: Das Interferenzmuster verschwindet, es findet Dekohärenz statt. Damit verwandt ist auch das Phänomen, dass das Interferenzmuster schwächer wird oder sogar ganz verschwindet, wenn sehr große Moleküle durch den Doppelspalt geschickt werden. Sogenannte *Schrödinger cat states* sind Wellenfunktionen von sehr großen Teilchenkonglomeraten (sagen wir 10^{10} Teilchen, also keine wirkliche Katze), die man noch durch einen Doppelspalt schicken möchte, um das Interferenzmuster zu sehen.

Das Verschwinden der Interferenz erklärt sich aus der Abb. 1.2, was wir jetzt schnell besprechen, denn wir greifen die Argumentation in den folgenden Kapiteln immer wieder ganz ausführlich auf. Eine Messapparatur (symbolisiert durch Zeiger) ist ein makroskopisches System und eine Messung beinhaltet eine Wechselwirkung zwischen dem zu messenden System (etwa dem Teilchen im Doppelspalt-Experiment) und dem Apparat. Für die Entwicklung der Wellenfunktion des Gesamtsystems ist die Schrödinger-Gleichung (1.2) zuständig.

Im Folgenden überlassen wir den Lernenden den Transfer von der abstrakten Darstellung zum Doppelspalt-Experiment. Wir betrachten ein System (Koordinaten $\mathbf{x}$, Dimension m), dessen Wellenfunktion aus einer Überlagerung von zwei Wellenfunktionen $\psi_1(\mathbf{x})$ und $\psi_2(\mathbf{x})$ besteht (man denke an die Wellenanteile, die in

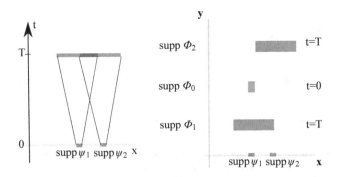

Abb. 1.2 Links: Eine Superposition von zwei anfänglich örtlich separierten Wellenfunktionen eines Systems ($\mathbf{x}$), die sich in der Zeit verbreitern und deren Träger sich zur Zeit T überlagern. Im Bereich der Überlagerung findet Interferenz statt. Rechts im Konfigurationsraum von Apparat ($\mathbf{y}$) und System: die Ankopplung eines Apparates mit Zeiger-Wellenfunktionen Φ_0 (Zeigernullstellung) und $\Phi_{1,2}$ (Anzeigen). Die makroskopischen Wellenfunktionen haben disjunkte Träger, die auch in der Zeitentwicklung disjunkt bleiben. Die Verbreiterung der System-Wellenfunktionsteile führt zu keiner Überlagerung der Träger. Interferenz ist nicht möglich

jedem Spalt als Huygensche Kugelwellen loslaufen), und eine Wechselwirkung mit einem Apparat (Koordinaten $\mathbf{y}$, Dimension n), vertreten durch die Zeigernullstellung $\Phi_0(\mathbf{y})$, und den beiden möglichen Anzeige-Stellungen $\Phi_1(\mathbf{y})$ und $\Phi_2(\mathbf{y})$ derart, dass die Schrödingersche Entwicklung[11]

$$\psi_i \Phi_0 \overset{t \longrightarrow T}{\longrightarrow} \psi_i \Phi_i \qquad i = 1, 2 \tag{1.17}$$

ergibt (T soll hier die Messdauer repräsentieren). Das heißt, die Zeigerstellungen korrelieren jeweils mit den Wellenfunktionen ψ_1 bzw. ψ_2, die Zeiger „zeigen entweder ψ_1 oder ψ_2 an" (z. B. ob das Teilchen am oberen oder unteren Spalt registriert wurde). Wenn nun anfänglich die System-Wellenfunktion $\psi = \psi_1 + \psi_2$ ist (Normierungskonstanten lassen wir außer Acht), ergibt sich wegen der Linearität der Schrödinger-Gleichung (Anmerkung 1.1) aus (1.17)

$$\psi \Phi_0 \overset{t \longrightarrow T}{\longrightarrow} \psi_1 \Phi_1 + \psi_2 \Phi_2. \tag{1.18}$$

Nun betrachte man das dazugehörige Bild 1.2 der Träger der Wellenfunktionen im Konfigurationsraum! Dann versteht man alles. Man muss das Bild aber durchdenken, um es zu verinnerlichen, und im Konfigurationsraum zu denken ist nicht einfach. Fazit ist jedenfalls, dass die (Apparat + System)-Wellenfunktionsanteile nach der Messung disjunkte Träger haben und im Konfigurationsraum aneinander vorbeilaufen, ohne zu überlappen. Deswegen verschwinden die Interferenzterme und es entsteht Dekohärenz. Das erklärt wohlgemerkt *nicht*, warum wir immer nur eine der beiden Zeigerstellungen sehen (dies ist das Messproblem), aber es erklärt das Verschwinden des Interferenzmusters am Schirm.[12]

Warum passiert etwas Ähnliches, nämlich Verringerung der Interferenzschärfe, wenn im Doppelspalt-Experiment große Moleküle benutzt werden? Weil ein großes Molekül leichter mit der umgebenden Welt (mit der Luft, mit elektromagnetischen Wellen usw.) in Wechselwirkung tritt. Man kann auch salopp sagen: Die Umgebung „misst" (wie ein Apparat) den Ort des Moleküls. Das heißt, ständig findet Wechselwirkung statt, manchmal sehr eingreifend, manchmal weniger, bei makroskopischen Objekten wie Zeiger oder Katzen sehr eingreifend, sodass die Interferenz von Superpositionen von makroskopischen Wellenfunktionen praktisch unmöglich ist, weil sich die Wellenanteile fortwährend mit den Wellenfunktionen der Umgebung verschränken. Eine sich ständig verstärkende Dekohärenz greift um

---

[11]Indem wir mit einer „Produktfunktion" $\Psi(\mathbf{q}) = \Psi(\mathbf{x}, \mathbf{y}) = \psi_i(\mathbf{x})\Phi_0(\mathbf{y})$ starten, entsprechen wir der Vorstellung der physikalischen Unabhängigkeit des Systems und der Apparate vor Beginn der Wechselwirkung. Die Schrödinger-Gleichung (1.2) für eine Produktwellenfunktion zerfällt in zwei unabhängige Schrödinger-Gleichungen für jeden Faktor, wenn die Wechselwirkung $V(\mathbf{x}, \mathbf{y}) \approx 0$ ist. Aber Vorsicht: Wenn $V(\mathbf{x}, \mathbf{y}) \approx 0$ ist, also eine dynamische Unabhängigkeit von der Schrödinger-Gleichung aus gegeben ist, bedeutet das nicht, dass die einzelnen Systeme unabhängig sind, denn die Wellenfunktion braucht keine Produktstruktur zu haben.

[12]Merke dazu: nicht jede Superposition führt zu Interferenz. Eine Superposition kann *kohärent* oder *dekohärent* sein.

sich. Nun verstehen wir, warum wir in unserer Erfahrungswelt der groben Sinne, d. h. in unserer klassischen Physik, die naturgemäß zuerst als Naturbeschreibung erschien, keine Interferenz vorfinden, sodass wir etwa unser Gegenüber plötzlich wie eine Figur eines Romans von Edgar Allan Poe zerfließen sehen. Makroskopisch getrennte Wellenanteile einer Superposition laufen (im Konfigurationsraum) aneinander vorbei, sie treffen sich nicht. Würde sich eine Experimentatorin aufmachen, ein wahrlich makroskopisches Interferenzexperiment durchzuführen (ein echtes Katzen-Experiment), dann ist ihre Aufgabe so komplex wie diese: Man kehre von jedem Gasmolekül in einem Raum zur gleichen Zeit alle Geschwindigkeiten um. Diese Analogie ist treffend, denn es geht um die präzise Kontrolle von grob 10^{24} Freiheitsgraden. In der Quantenmechanik großer Systeme sind das die zufälligen Phasen in der makroskopischen Welle, in der klassischen Mechanik die Geschwindigkeiten der Teilchen. Man kann auch sagen: Dekohärenz ist im thermodynamischen Sinne ein *irreversibler Prozess*. Weil nun sogenannte makroskopische Wellenfunktionsteile nicht mehr interferieren können und wir immer nur einen der makroskopischen Teile „sehen", kann man den berühmten Kollaps der Wellenfunktion einführen, d. h. so tun, als würde der Zweig der Wellenfunktion, den wir nicht mehr sehen, einfach verschwinden. Ein wenig Vogel-Strauß-Physik. Wir besprechen das näher in Kap. 2.

1.6   Der klassische Limes

Eigentlich ist dieser so häufig benutzte Begriff unsinnig. Limiten sind Teil der mathematischen Argumentation und haben in der Physik eigentlich nichts verloren. Was genau ist mit dem klassischen Limes gemeint? Der Begriff bezeichnet die physikalischen Situationen, die sich besser durch klassische Physik beschreiben lassen als mit der Quantenmechanik. Offenbar haben wir ein Bedürfnis, dies zu klären, denn immerhin leben wir mit klassischer Physik immens gut und haben eher Mühe, quantenmechanische Effekte zu sehen. Dennoch ist allgemein akzeptiert, dass die Quantenmechanik fundamentaler als die klassische Mechanik ist, letztere also als eine Art „Grenzfall" in der neuen Theorie enthalten sein sollte.

Zunächst eine Bemerkung dazu. Manchmal hört oder liest man, dass der klassische Limes durch das Nullwerden des Planckschen Wirkungsquantums, $\hbar \to 0$, zustande kommt. Zum Beispiel: Der Kommutator zwischen Orts- und Impuls-Operator geht mit $\hbar \to 0$ in die Poisson-Klammer von Ort und Impuls der klassischen Mechanik über. Warum ist die Aussage Unsinn? Weil $\hbar = 1,054571800 \cdot 10^{-27}$ *erg sec* ist, also einfach eine Konstante, die ungleich null ist. Was also ist gemeint? Vieles kann man meinen, am einfachsten wäre eine Aussage wie diese: In gewissen physikalischen Situationen ist für die dynamische Entwicklung des Systems eine physikalische Größe mit der Dimension einer Wirkung (*erg sec*) bestimmend, und der Bruch von $\hbar$ und dem Wert dieser Wirkung ist sehr klein. Wie klein? So klein, dass die Wellennatur, die den quantenmechanischen Objekten zugrunde liegt, nicht in Erscheinung tritt. Kurz gesagt: Interferenzeffekte sind unterdrückt.

Eine zweite Bemerkung dazu. Klassische Physik handelt von Objekten, die im physikalischen Raum angesiedelt sind, wie z. B. Punktteilchen in der Newtonschen Physik. Die bewegen sich gemäß den Newtonschen Gesetzen, das ist die klassische Physik. Je nach Lehrmeinung der Quantentheorie (Kopenhagener Deutung z. B.) gibt es aber keine derart lokalisierten Objekte, und wenn die Quantentheorie fundamental ist, wie kann dann aus nichts etwas entstehen? Das ist mysteriös. Wie viel klarer wäre die Situation, wenn es bereits in der fundamentaleren Theorie solche lokalisierten Objekte geben würde, deren Bewegung in gewissen physikalischen Situationen (die sich z. B. durch das Verhältnis einer systemimmanenten Wirkung und $\hbar$ charakterisieren lassen) wie die klassischen Bahnen von Materie aussehen. Da sind wir wieder bei der Wichtigkeit einer *Ontologie*.

Leider hört oder liest man aber noch oft, dass die Einführung von lokalisierten Objekten in die Quantenmechanik, wie die *flashes* der GRW-Theorie oder die Teilchen der Bohmschen Mechanik, eine Rückkehr zur klassischen Physik bedeuten würde. Also wird klassische Physik als Synonym für eine Physik von lokalisierten Objekten genommen. Das ist unberechtigt, wie die Theorien in den folgenden Kapiteln zeigen.

1.6.1   Bewegung von konzentrierten Wellenpaketen

Eine für das Wiederfinden der klassischen Mechanik in der Quantenmechanik wesentliche Bedingung ist, gemäß der Bornschen statistischen Hypothese, eine gut lokalisierte Wellenfunktion zu haben, denn klassische Objekte scheinen immer gut lokalisiert zu sein: Der Tisch wackelt bestenfalls, weil der Boden uneben ist, er ist nicht verschwommen oder gar in einer Superposition von Tisch hier und Tisch da. Wenn man ihn bewegt, bewegt er sich entlang einer Newtonschen Trajektorie. Deswegen ist es, ganz egal welche Theorie man am Ende bevorzugt, notwendig zu verstehen, wie sich gut lokalisierte Wellenfunktionen bewegen. Wenn wir nämlich in den späteren Kapiteln die Kollaps-Modelle und die Bohmsche Mechanik besprechen, dann greift weiterhin die Bornsche statistische Hypothese, die dann besagt, dass sich die lokalisierten fundamentalen Größen wie z. B. die GRW-*flashes* oder Teilchenorte der Bohmschen Mechanik in ihrer zeitlichen Entwicklung typischerweise so verhalten wie die um ihren „Mittelpunkt" lokalisierte Wellenfunktion.

Nun gibt aber es Wellenfunktionen (die meisten sogar), die ganz und gar nicht lokalisiert sind und sich in jeglicher Hinsicht einer klassischen Physik widersetzen, so z. B. (1.18). Über solche sprechen wir ganz ausführlich in Kap. 2. Um mit denen zurechtzukommen, muss man die Lösungen des Messproblems ernst nehmen. Wenn man das tut, lösen sich die verbleibenden Probleme einfach auf. Dazu gehört auch, was wir im Abschn. 1.3 gerade gezeigt haben, nämlich dass jedes Wellenpaket mit der Zeit zerfließt. Wie schnell es zerfließt, hängt von den Parametern, wie zum Beispiel der Masse ab, d. h., es gibt (von der Masse abhängige) Zeitskalen, auf denen das anfängliche lokalisierte Wellenpaket noch gut lokalisiert bleibt. Aber die Verbreiterung findet statt, solange sich das Wellenpaket isoliert in der Welt bewegt. Was sagt man dazu? Nun, die Wellenpakete sind ja nie ganz isoliert vom Rest der Welt. Es gibt Wechselwirkungen mit der umgebenden Luft oder mit dem Licht und wir haben im vorigen Abschnitt festgestellt, dass Wechselwirkungen wie Messungen wirken können: die Wichtigkeit des Konfigurationsraumes! Das heißt, die Umgebung „schaut ständig nach, wo das Teilchen ist", und sie „kollabiert" dabei die Wellenfunktion immer nur auf den Teil, in dem sie das Teilchen findet. Aber das ist ja nur Gerede. Was genau soll dieser „Kollaps" bedeuten? Und wenn die Umgebung das Teilchen misst, wer oder was misst eigentlich die Umgebung? De facto kommen wir wieder in die Situation des Kap. 2 und müssen die möglichen Lösungen des Messproblems verstehen. Da führt kein Weg dran vorbei.

Jetzt aber kümmert es uns nicht, wie lange eine anfänglich konzentrierte Wellenfunktion konzentriert bleibt, wir folgen ihr einfach, solange es geht. Wir modellieren die Bewegung der Wellenfunktion in einem äußeren Potential V, d. h., die Wellenfunktion $\psi(\mathbf{x})$ entwickelt sich gemäß der Schrödinger-Gleichung (1.2)

$$i\hbar \frac{\partial \psi}{\partial t}(\mathbf{x}, t) = -\frac{\hbar^2}{2m} \Delta \psi(\mathbf{x}, t) + V(\mathbf{x})\psi(\mathbf{x}, t) =: H\psi, \qquad (1.19)$$

wobei das Symbol H, der *Hamiltonian*, für den Operator rechts steht. Die Bornsche statistische Hypothese besagt, dass sich der Erwartungswert des Ortes gemäß

$$\langle \mathbf{X} \rangle(t) = \int \mathbf{x} |\psi(\mathbf{x}, t)|^2 \, \mathrm{d}^3 x, \qquad (1.20)$$

entwickelt. Die Ableitung nach der Zeit erhalten wir aus (1.4)

$$\frac{\mathrm{d}}{\mathrm{d}t} \langle \mathbf{X} \rangle(t) = \int \mathbf{x} \frac{\partial}{\partial t} |\psi(\mathbf{x}, t)|^2 \, \mathrm{d}^3 x$$

$$= -\int \mathbf{x} \nabla \cdot \mathbf{j}(\mathbf{x}, t) \mathrm{d}^3 x$$

$$= \int \mathbf{j}(\mathbf{x}, t) \, \mathrm{d}^3 x, \qquad (1.21)$$

mit partieller Integration (und Nullsetzen der Randterme). In der klassischen, d. h. Newtonschen Physik spielt die Beschleunigung im Bewegungsgesetz die wesentliche Rolle. Deswegen bilden wir $\mathrm{d}^2 \langle \mathbf{X} \rangle / \mathrm{d}t^2$. Wir brauchen also (siehe (1.5)):

$$\frac{\partial}{\partial t} \mathbf{j} = -\frac{i\hbar}{2m} \frac{\partial}{\partial t} \left(\psi^* \nabla \psi - \psi \nabla \psi^* \right)$$

Nun erfüllt ψ^* die konjugiert komplexe Schrödinger-Gleichung (1.19), und mit der Setzung von H kommt

$$\frac{\partial}{\partial t} \mathbf{j} = \frac{1}{2m} \left((H\psi^*)\nabla\psi - \psi^*\nabla(H\psi) + (H\psi)\nabla\psi^* - \psi\nabla(H\psi^*) \right).$$

Nun ist

$$\frac{d^2}{dt^2}\langle \mathbf{X}\rangle(t) = \int \left(\frac{\partial}{\partial t}\mathbf{j}(\mathbf{x}, t)\right) d^3x,$$

und wie man leicht sieht (partielle Integration), gilt für Wellenfunktionen ψ, φ

$$\int \psi^* H\varphi \, d^3x = \int (H\psi^*)\varphi \, d^3x$$

(das ist die Selbstadjungiertheit von H), sodass

$$\begin{aligned}
\frac{d^2}{dt^2}\langle \mathbf{X}\rangle(t) &= \frac{1}{2m}\int \psi^* H\nabla\psi - \psi^*\nabla(H\psi) + \psi H\nabla\psi^* - \psi\nabla(H\psi^*) \, d^3x \\
&\overset{(1.19)}{=} \frac{1}{2m}\int \psi^* V\nabla\psi - \psi^*\nabla(V\psi) + \psi V\nabla\psi^* - \psi\nabla(V\psi^*) \, d^3x \\
&= \frac{1}{2m}\int \left(-(\nabla V)\psi^*\psi - (\nabla V)\psi\psi^*\right) \, d^3x \\
&= \frac{1}{m}\langle -\nabla V(\mathbf{X})\rangle(t).
\end{aligned}$$

Erstaunlich, nicht? Wir bekommen die Newtonschen Gleichungen „im Mittel" – das ist eine Version des berühmten *Ehrenfest-Theorems*:

$$m\langle \ddot{\mathbf{X}}\rangle(t) = \langle -\nabla V(\mathbf{X})\rangle(t) \tag{1.22}$$

Wir hätten den klassischen Grenzfall – und ebenso die Identifikation des Parameters m als Newtonsche Masse –, wenn nun noch

$$\langle -\nabla V(\mathbf{X})\rangle(t) \approx -\nabla V(\langle \mathbf{X}\rangle(t)) \tag{1.23}$$

wäre. Das gilt, wenn $\psi(\mathbf{x}, t)$ eine sehr konzentrierte Funktion ist, was wir ja annehmen wollen, denn dann ist die Schwankung um den Mittelwert sehr klein. Wäre das nicht so, wäre die Vertauschung von Erwartungswertbildung und Funktionsvorschrift in (1.23) nicht zu rechtfertigen.

Eine letzte Bemerkung, oder besser Warnung: Wir hatten vorhin gesagt, dass der Verbreiterung der Wellenfunktion die Wechselwirkung mit der Umgebung entgegensteht, die dafür sorgt, dass man immer ein konzentriertes Wellenpaket hat. Aber wieso ist dann immer noch die Schrödinger-Gleichung relevant, die ja nur für das isolierte System Gültigkeit hat? Sie hat keine Gültigkeit mehr, oder besser, ihre näherungsweise Gültigkeit muss man begründen, und analysieren, ob obige Rechnung dann noch wertvoll ist. Das machen wir hier nicht und verweisen auf *Bohmian Mechanics. The Physics and Mathematics of Quantum Theory*.[13]

---

[13] D. Dürr und S. Teufel, *Bohmian Mechanics. The Physics and Mathematics of Quantum Theory*. Springer, 2009.

1.7   Spin und Stern-Gerlach-Experiment

Als eine weitere Innovation der Quantenmechanik gilt der „Spin", der aufgrund seines Namens oft an ein sich fortwährend drehendes Objekt denken lässt. Letzteres ist nicht angemessen. Dennoch: Es ist leicht zu sagen, was der Spin ist, aber es ist nicht so leicht zu sagen, wie man den Spin eines (z. B.) Elektrons begründet. Die „nichtklassische Zweiwertigkeit" (Wolfgang Pauli (1900–1958)) des Spin-1/2-Teilchens (Elektron) ist wirklich etwas Neues, etwas Quantenmechanisches. Im Experiment erfährt ein, durch einen Stern-Gerlach-Magneten (stark inhomogenes Magnetfeld) fliegendes Elektron im (idealisierten) Experiment eine Ablenkung wie ein magnetischer Dipol, der sich parallel („Spin-(+1/2)") oder antiparallel („Spin-(−1/2)") zum Gradienten des Feldes einstellt (siehe Abb. 10.1 für ein Experiment mit Stern-Gerlach-Apparaturen). Eine in „z-Richtung" aufgestellte Stern-Gerlach-Apparatur präpariert auf diese Weise „Spin-(+1/2)"-Teilchen bzw. „Spin-(−1/2)"-Teilchen in z-Richtung. Schickt man ein z-Spin-(+1/2)-Teilchen nun durch eine Stern-Gerlach-Apparatur, die orthogonal zur z-Richtung (und orthogonal zur Flugrichtung des Teilchens) orientiert ist, sagen wir in y-Richtung, dann wird daraus mit Wahrscheinlichkeit 1/2 ein y-Spin-(+1/2)- bzw. ein y-Spin-(−1/2)-Teilchen. Wählt man eine beliebige andere Richtung, werden nur die Wahrscheinlichkeiten für die Aufspaltungen beeinflusst, aber die Zweiwertigkeit bleibt. Das ist ein experimenteller Befund.

Die Wellenfunktion des Teilchens muss also diese Aufspaltung mitmachen, und die einfachste Art, das zu bewerkstelligen, ist es, der ψ-Funktion selbst zwei Freiheitsgrade zuzuordnen. ψ wird dadurch zu einer *Spinor-Wellenfunktion*:

$$\psi : \mathbb{R}^3 \to \mathbb{C}^2, \ \psi(\mathbf{x}) = \begin{pmatrix} \psi_1(\mathbf{x}) \\ \psi_2(\mathbf{x}) \end{pmatrix} \tag{1.24}$$

mit der Normierung

$$\int (\psi, \psi)(\mathbf{x}) \, d^3x = \int \begin{pmatrix} \psi_1^*(\mathbf{x}) \\ \psi_2^*(\mathbf{x}) \end{pmatrix} \cdot \begin{pmatrix} \psi_1(\mathbf{x}) \\ \psi_2(\mathbf{x}) \end{pmatrix} d^3x = \int \left(|\psi_1(\mathbf{x})|^2 + |\psi_2(\mathbf{x})|^2 \right) d^3x = 1.$$

Die Spinorwertigkeit der Wellenfunktion ist dann relevant, wenn man geladene Teilchen im elektromagnetischen Feld betrachtet, weil das Magnetfeld an die Spin-Freiheitsgrade koppelt. Die Schrödinger-Gleichung für ein Teilchen wird nun zur *Pauli-Gleichung*, wobei das „Potential" V eine hermitesche Matrix wird – und eine solche ist immer schreibbar als $V(\mathbf{x})E_2 + \mathbf{B}(\mathbf{x}) \cdot \boldsymbol{\sigma}$ mit $V(\mathbf{x}) \in \mathbb{R}$, $\mathbf{B}(\mathbf{x}) \in \mathbb{R}^3$, $\boldsymbol{\sigma} = (\sigma_x, \sigma_y, \sigma_z)$ und den Pauli-Matrizen

$$\sigma_x = \begin{pmatrix} 0 & 1 \\ 1 & 0 \end{pmatrix}, \quad \sigma_y = \begin{pmatrix} 0 & -i \\ i & 0 \end{pmatrix}, \quad \sigma_z = \begin{pmatrix} 1 & 0 \\ 0 & -1 \end{pmatrix}. \tag{1.25}$$

Die Pauli-Gleichung (sie entsteht auch als nichtrelativistischer Limes der relativistischen Dirac-Gleichung) für ein Teilchen in einem externen, elektromagnetischen Feld lautet nun:

$$i\,\hbar\,\partial_t\,\psi = \left(\frac{1}{2m}\left(-i\hbar\nabla - e\mathbf{A}\right)^2 + e\,V\right)\psi - \mu\,\boldsymbol{\sigma}\cdot\mathbf{B}\,\psi \tag{1.26}$$

Hierbei bezeichnet:

- $\psi(\mathbf{x}) = \begin{pmatrix}\psi_1(\mathbf{x})\\\psi_2(\mathbf{x})\end{pmatrix}$ die Spinor-Wellenfunktion.
- e einen Parameter, der mit der Ladung des Teilchens identifiziert wird.
- μ eine „Kopplungskonstante", den sogenannten gyromagnetischen Faktor.
- $\mathbf{A}$ das Vektorpotential.
- V das elektrostatische Potential.
- $\mathbf{B} = \nabla \times \mathbf{A}$ das Magnetfeld.

Bei der Normierung der Spinor-Wellenfunktion haben wir bereits das Skalarprodukt im Spinor-Raum benutzt:

$$(\psi,\psi)(\mathbf{x}) := \left(\psi_1^*(\mathbf{x}),\psi_2^*(\mathbf{x})\right)\begin{pmatrix}\psi_1(\mathbf{x})\\\psi_2(\mathbf{x})\end{pmatrix} = \sum_{i=1,2}\psi_i^*(\mathbf{x})\psi_i(\mathbf{x}) \tag{1.27}$$

Die Kontinuitätsgleichung (1.4) gilt dann (nach analoger Rechnung, wobei V real nun durch V hermitesch mit der gleichen Konsequenz ersetzt wird) für $\rho^\psi = (\psi,\psi)$. Im Folgenden genügt es, nur die Spin-Wechselwirkung über das Magnetfeld $\mathbf{B}$ zu betrachten.

1.7.1 Analyse des Stern-Gerlach-Experimentes

Wir besprechen in Kap. 10 Spin-Experimente im Sinne von Einstein, Podolsky, Rosen und Bohm (EPRB), die auf der Ablenkung von Spinor-Wellenfunktionen in einem inhomogenen Magnetfeld (Stern-Gerlach-Magnet) beruhen. Wir wollen uns deshalb heuristisch überlegen, wie diese Aufspaltung durch die Pauli-Gleichung vonstattengeht. Das Stern-Gerlach-Experiment führt man mit neutralen Atomen durch, die ein magnetisches Moment besitzen. Zum Beispiel würde bei Elektronen die Lorentz-Kraft, die in der Pauli-Gleichung durch die elektromagnetischen Potentiale A und V erfasst wird, die Aufspaltung durch das magnetische Moment verschleiern. Deswegen betrachten wir im Folgenden ein neutrales Teilchen und setzen in Gleichung (1.26) $e = 0$.

Wir betrachten eine Situation, in der das inhomogene Magnetfeld von der Form $\mathbf{B} = (B_x, B_y, bz)$ mit einer Konstanten $b \in \mathbb{R}$ ist, wobei $\mathrm{div}\mathbf{B} = 0$ gilt, aber B_x und B_y gegenüber bz vernachlässigbar sind. Die Anfangswellenfunktion des Spinteilchens sei

$$\Phi_0(\mathbf{x}) = \varphi_0(z)\psi_0(x,y)\left(\alpha\begin{pmatrix}1\\0\end{pmatrix} + \beta\begin{pmatrix}0\\1\end{pmatrix}\right) \tag{1.28}$$

mit $\binom{1}{0}$, $\binom{0}{1}$ als Eigenvektoren von σ_z zu den Eigenwerten[14] $1, -1$. (Nur um die Notation zu vereinfachen, haben wir hier die Ortswellenfunktionen für beide Spinoren
gleichgesetzt. Die folgende Rechnung benutzt das überhaupt nicht.) In dieser Situation entkoppeln die x, y-Bewegungen des Wellenpaketes von der z-Bewegung,
d. h., wir erhalten zwei Pauli-Gleichungen, von denen die x, y-Gleichung im Wesentlichen die normale Schrödinger-Gleichung ist, und nur in der Gleichung für z
spielen das Magnetfeld und der Spin eine Rolle. Weiter denken wir an eine Welle,
die sich, sagen wir, schnell in x-Richtung bewegt, und stellen uns vor, dass das
Magnetfeld nur eine kurze Ausdehnung in x-Richtung hat. Diese x-Abhängigkeit
haben wir in der Formel für das Magnetfeld unterschlagen in der Vorstellung,
dass sie nicht viel ausmachen soll. Auf jeden Fall wird dann die x-Bewegung des
Paketes die Zeitdauer bestimmen, die das Teilchen im inhomogenen (bezogen auf
die z-Richtung) Magnetfeld verbringt. Diese Zeit sei τ. Wir betrachten ab sofort
nur die z-Bewegung im Magnetfeld. Und zu guter Letzt vergessen wir auch die
Verbreiterung der Welle in dieser Richtung, die durch den Laplace-Anteil in der
Pauli-Gleichung entsteht. Wegen der Linearität haben wir uns nur auf die $\Phi^{(1)}(z) =$
$\varphi(z)\binom{1}{0}$, $\Phi^{(2)}(z) = \varphi(z)\binom{0}{1}$-Anteile zu konzentrieren. Dabei sei das Wellenpaket in
der Fourier-Darstellung

$$\varphi_0(z) = \int e^{ikz} f(k) dk, \ f(k) \text{ konzentriert um } k_0 = 0, \tag{1.29}$$

d. h., dass es keinen Anfangsimpuls in z-Richtung gibt. Damit haben wir das
Problem auf die Lösungen von

$$i\hbar \frac{\partial \Phi}{\partial t}(z, t) = -\mu \boldsymbol{\sigma} \cdot \mathbf{B} \, \Phi(z, t) \approx -\mu b z \, \sigma_z \Phi(z, t) \tag{1.30}$$

reduziert. Das heißt, für die einzelnen Spinor-Anteile gilt:

$$i\hbar \frac{\partial \Phi^{(n)}}{\partial t}(z, t) = (-1)^n \mu b z \, \Phi^{(n)}(z, t), \ n = 1, 2 \tag{1.31}$$

Nach einer Flugzeit $t > \tau$, also nach Verlassen des Magnetfeldes, ist dann

$$\Phi^{(n)}(z, t) = e^{-i(-1)^n \frac{\mu b \tau}{\hbar} z} \, \Phi_0^{(n)}(z). \tag{1.32}$$

Die z-Wellen des Wellenfunktionspaketes (1.29) propagieren nun wieder im freien
Raum mit Wellenzahlen $\tilde{k} = k - (-1)^n \frac{\mu b \tau}{\hbar}$ und als Lösung der dann zuständi-
gen freien Wellengleichung muss die Frequenz wie üblich $\omega(\tilde{k}) = \frac{\hbar^2 \tilde{k}^2}{2m}$ sein. Die
Gruppengeschwindigkeit dieser Welle ist dann (beachtend, dass $k_0 = 0$ ist)

$$\frac{\partial \omega(\tilde{k})}{\partial \tilde{k}}\bigg|_{k_0=0} = -(-1)^n \frac{\hbar \mu b \tau}{m}.$$

---

[14]Wir haben oben von Spin-1/2 geredet. Diese Maßzahl ist eine für unsere Belange unwichtige
Konvention und im Faktor μ enthalten.

Also läuft das Wellenpaket $\Phi^{(1)}$ in positive z-Richtung (in Richtung des Gradienten von **B**) (*Spin auf*) und $\Phi^{(2)}$ läuft in negative z-Richtung (*Spin runter*). Damit findet eine räumliche Trennung der Wellenpakete entlang der z-Achse statt. Nun wird mit der anfänglichen Wellenfunktion (1.28), die eine Superposition der beiden Pakete darstellt, diese Superposition bestehen bleiben, wir haben also (unter Vernachlässigung der x und y Freiheitsgrade)

$$\Phi(z) = \alpha\, \varphi^{(1)}(z)\begin{pmatrix}1\\0\end{pmatrix} + \beta\, \varphi^{(2)}(z)\begin{pmatrix}0\\1\end{pmatrix}, \tag{1.33}$$

wobei $\varphi^{(1)}$ oberhalb und $\varphi^{(2)}$ unterhalb der Einflugachse konzentriert ist. Gemäß der Bornschen Regel (1.2) (und beachtend, dass $\varphi^{(1)}$ und $\varphi^{(2)}$ normiert sind), können wir also schließen, dass wir das Teilchen mit Wahrscheinlichkeit $|\alpha|^2$ oben vorfinden, im Träger von $\varphi^{(1)}$ – dann sagen wir, das Teilchen habe „Spin auf" –, und mit Wahrscheinlichkeit $|\beta|^2$ unten, im Träger $\varphi^{(2)}$ – dann sagen wir, das Teilchen habe „Spin runter". Im Folgenden passen wir uns dem üblichen, anglisierten Sprachgebrauch an und sagen „Spin UP" bzw. „Spin DOWN".

Für eine allgemeine, normierte Spinor-Wellenfunktion

$$\begin{pmatrix}\psi_1(\mathbf{x})\\\psi_2(\mathbf{x})\end{pmatrix}$$

erhalten wir entsprechend „z-Spin UP" mit Wahrscheinlichkeit

$$\int \left| \begin{pmatrix}\psi_1(\mathbf{x})\\\psi_2(\mathbf{x})\end{pmatrix} \cdot \begin{pmatrix}1\\0\end{pmatrix} \right|^2 d^3x = \int |\psi_1|^2(\mathbf{x})\, d^3x$$

und „z-Spin DOWN" mit Wahrscheinlichkeit

$$\int \left| \begin{pmatrix}\psi_1(\mathbf{x})\\\psi_2(\mathbf{x})\end{pmatrix} \cdot \begin{pmatrix}0\\1\end{pmatrix} \right|^2 d^3x = \int |\psi_2|^2(\mathbf{x})\, d^3x.$$

Diese Schreibweise, in der wir links die Projektionen auf die Eigenvektoren von σ_z erkennen, lässt sich nun leicht auf beliebige Ausrichtungen des Stern-Gerlach-Magneten verallgemeinern. Ist der Stern-Gerlach-Magnet in Richtung **a** orientiert, stehen statt der Eigenvektoren von σ_z nunmehr die Eigenvektoren von $\mathbf{a} \cdot \boldsymbol{\sigma}$, die man häufig mit $|\uparrow_{\mathbf{a}}\rangle$ bzw. $|\downarrow_{\mathbf{a}}\rangle$ bezeichnet. Die Wahrscheinlichkeit für „**a**-Spin UP" bzw. „**a**-Spin DOWN" berechnet sich dann durch Projektion auf die entsprechenden Spin-Anteile, die wir als $|\langle\uparrow_{\mathbf{a}}|\psi\rangle|^2$ bzw. $|\langle\downarrow_{\mathbf{a}}|\psi\rangle|^2$ notieren.

1.8 Warum überhaupt Spinoren?

Warum nennen wir eine Wellenfunktion wie in (1.24) „Spinor-wertig" und nicht einfach „$\mathbb{C}^2$-wertig"? Weil nicht allein die Zweiwertigkeit entscheidend ist, sondern das *Transformationsverhalten* unter Symmetrietransformationen. Die Wellengleichungen (Schrödinger- oder Pauli-Gleichung) müssen die Symmetrien der Galileischen Raumzeit respektieren. Dazu gehören räumliche Drehungen und deshalb müssen wir angeben, wie sich die Wellenfunktion unter Drehungen der Koordinaten verhält.

Was genau bedeutet es, wenn man von Symmetrien der Galileischen Raumzeit spricht? Zum Beispiel kann man bildlich in Bezug auf Drehungen sagen, dass es keine ausgezeichnete Richtung im Raum gibt, und dass das physikalische Gesetz keine Richtung auszeichnen darf. Aber wie beschreibt man Drehung mathematisch? Da müssen wir an die Lineare-Algebra-Vorlesung erinnern! Der physikalische Raum ist dreidimensional und man denkt sofort mathematisch an $\mathbb{R}^3$ als darstellenden Vektorraum. Nun denkt man bei Drehung sofort an Drehung um einen Winkel, aber die geniale Entdeckung von Hermann Graßmann (1809–1877), der ja der Vater der modernen Linearen Algebra ist, besteht gerade darin, dass der Begriff des Vektors losgelöst von dem Begriff von Winkeln ist. Die kommen erst durch eine neue Struktur hinzu, nämlich mit dem Skalarprodukt. Das definiert Winkel und damit auch Drehungen. Kurzum, Drehungen sind im abstrakten mathematischen Sinn lineare Transformationen, die das euklidische Skalarprodukt und die Orientierung invariant lassen. Darstellende Matrizen im $\mathbb{R}^3$ sind orthogonal und speziell mit Determinante 1. Sie bilden eine Gruppe, die man mit $SO(3)$ bezeichnet.

Wir erinnern uns zunächst an das Konzept eines Vektorfeldes $\mathbf{F} : \mathbb{R}^3 \to \mathbb{R}^3$, das wir aus der klassischen Physik kennen. An jedem Punkt $\mathbf{x} \in \mathbb{R}^3$ hat der Vektor $\mathbf{F}(\mathbf{x}) = \begin{pmatrix} F_1(\mathbf{x}) \\ F_2(\mathbf{x}) \\ F_3(\mathbf{x}) \end{pmatrix}$ eine geometrische Bedeutung, nämlich einen Betrag und eine *Richtung*. Diese geometrische Bedeutung wird durch das Transformationsverhalten des Vektorfeldes manifestiert. Kurz gesagt: Wenn wir das Koordinatensystem drehen, müssen sich die Koordinatenvektoren an jedem Punkt mitdrehen.

Betrachten wir zum Beispiel die Newtonsche Bewegungsgleichung:

$$m\ddot{\mathbf{x}} = \mathbf{F}(\mathbf{x})$$

für ein Kraftfeld $\mathbf{F}$. Diese Gleichung sollte rotationsinvariant sein. Ist $\mathbf{x}(t), t \in \mathbb{R}$ eine Lösung der Newtonschen Gleichung, dann auch $\tilde{\mathbf{x}}(t) := R\mathbf{x}(t)$, wobei $R \in SO(3)$ eine dreidimensionale Drehmatrix ist. Wir können das (im Sinne einer *passiven* Transformation) so verstehen, dass $\tilde{\mathbf{x}}(t)$ physikalisch *dieselbe* Lösungstrajektorie ist, aber dargestellt in einem mit R gedrehten Koordinatensystem. Die Newtonsche Bewegungsgleichung liefert nun

$$m \frac{d^2}{dt^2} \tilde{\mathbf{x}}(t) = m R\ddot{\mathbf{x}} = R\,\mathbf{F}(\mathbf{x}) = R\,\mathbf{F}(R^{-1}\,\tilde{\mathbf{x}}) \overset{!}{=} \tilde{\mathbf{F}}(\tilde{\mathbf{x}}).$$

Transformieren sich also die Raumkoordinaten mit der Drehmatrix R, d. h. $\mathbf{x} \to \tilde{\mathbf{x}} = R\mathbf{x}$, so muss sich auch $\mathbf{F}(\mathbf{x})$ in jedem Punkt mit der Drehmatrix R transformieren, und zwar gemäß $\mathbf{F}(\cdot) \to \tilde{\mathbf{F}}(\cdot) = R\,\mathbf{F}(R^{-1}\,\cdot)$. Ein solches $\mathbf{F}$ nennt man dann ein Vektorfeld.

Die Drehmatrizen R sind Darstellungen der Drehgruppe auf dem Vektorraum $\mathbb{R}^3$. Um nun zu den $\mathbb{C}^2$-wertigen Spinoren zu kommen, schlagen wir erst eine kleine Brücke: Wir erinnern uns daran, dass die Ebene $\mathbb{R}^2$ isomorph zum Vektorraum $\mathbb{C}$ ist, und dass eine Drehung um den Winkel α in der Ebene, die durch eine orthogonale 2×2-Matrix dargestellt wird, in $\mathbb{C}$ durch eine Multiplikation mit $e^{i\alpha}$ dargestellt werden kann. Statt einer zweidimensionalen Darstellung (durch $SO(2)$, Gruppe der orthogonalen 2×2-Matrizen mit Determinante 1) der Drehungen der Ebene, kann man auch eine eindimensionale Darstellung (nämlich nur $e^{i\alpha}$, $\alpha \in [0, 2\pi)$) in $\mathbb{C}$ haben. Diese Darstellung nennt man die unitäre eindimensionale Gruppe $U(1)$.

Die Spinoren leisten nun etwas Ähnliches, wobei man etwas tiefer graben muss, um einen Zusammenhang zwischen $\mathbb{R}^3$ und $\mathbb{C}^2$ herzustellen. Der Zusammenhang hat sehr viel mit dem Körper der Quaternionen und dessen Isomorphie zu $\mathbb{R}^4$ zu tun, aber wenn man den Zusammenhang nicht kennt, macht das auch nichts. Man kann sich einfach davon überzeugen, dass Vektoren im $\mathbb{R}^3$ durch hermitesche Matrizen dargestellt werden können: zum Beispiel $\mathbf{x} = (x, y, z) \in \mathbb{R}^3$ durch

$$\mathbf{x} \cong x\sigma_1 + y\sigma_2 + z\sigma_3 = \begin{pmatrix} z & x - iy \\ x + iy & -z \end{pmatrix},$$

wo wir die Pauli-Matrizen $\sigma_1, \sigma_2, \sigma_3$ als Basis gewählt haben. Diese Darstellung ist offenbar eineindeutig. Wie stellen sich in dieser Darstellung nun Drehungen dar? Wir betrachten zum Beispiel eine Drehung um die z-Achse mit Winkel α:

$$\begin{pmatrix} x' \\ y' \\ z' \end{pmatrix} = \begin{pmatrix} \cos\alpha & -\sin\alpha & 0 \\ \sin\alpha & \cos\alpha & 0 \\ 0 & 0 & 1 \end{pmatrix} \begin{pmatrix} x \\ y \\ z \end{pmatrix}$$

Um diese Drehung auch an der Matrixdarstellung des Vektors $\mathbf{x}$ vorzunehmen, erinnern wir uns daran, dass Transformationen von Matrizen immer zweiseitig geschehen, d. h., es wird mit einer Transformationsmatrix von links und mit der transponierten Matrix von rechts multipliziert. Nun zur Frage, welche Transformationsmatrix man für die Drehung nehmen soll. Dazu beachte man, dass die euklidische Norm des Vektors $\mathbf{x}$ durch

$$\|\mathbf{x}\|^2 = \det \begin{pmatrix} z & x - iy \\ x + iy & -z \end{pmatrix} = x^2 + y^2 + z^2$$

gegeben ist. Die wird durch Drehung nicht verändert. Diese Tatsache und auch die spezielle Form der $\mathbf{x}$-Matrix selbst lassen vermuten, dass die Transformationsmatrix eine unitäre 2×2-Matrix $U(\alpha)$ sein sollte. Unitär bedeutet $U^+ = U^{-1}$. In der Tat ist es eine *spezielle* unitäre Matrix, d. h. eine mit Determinante 1. Die Menge dieser speziellen unitären 2×2-Matrizen bildet eine Gruppe, die man mit $SU(2)$ bezeichnet. Wir gehen nachher noch etwas auf den Zusammenhang zwischen $SO(3)$ und $SU(2)$ ein.

Nun wird die $\mathbf{x}$-Matrix aber mit U von links und U^+ von rechts multipliziert, deswegen kommt in jeder Matrix nur der halbe Winkel vor. Man rechnet leicht nach, dass sich mit der Matrix

$$\begin{pmatrix} e^{i\frac{\alpha}{2}} & 0 \\ 0 & e^{-i\frac{\alpha}{2}} \end{pmatrix}$$

tatsächlich der gedrehte Vektor ergibt:

$$\begin{pmatrix} z' & x'-iy' \\ x'+iy' & -z' \end{pmatrix} = \begin{pmatrix} e^{-i\frac{\alpha}{2}} & 0 \\ 0 & e^{i\frac{\alpha}{2}} \end{pmatrix} \begin{pmatrix} z & x-iy \\ x+iy & -z \end{pmatrix} \begin{pmatrix} e^{i\frac{\alpha}{2}} & 0 \\ 0 & e^{-i\frac{\alpha}{2}} \end{pmatrix}$$

Unser Ziel ist aber die Transformation des Spinors! Wie kommt man dazu? Ein Spinor ist in einem guten Sinne die Wurzel aus einem Vektor, d. h. das „Produkt" zweier Spinoren ergibt einen Vektor. Dazu schreiben wir die Matrix als Summe von dyadischen Produkten von $\mathbb{C}^2$-Vektoren, den Spinoren

$$\begin{pmatrix} z & x-iy \\ x+iy & -z \end{pmatrix} = s_1 s_2^+ + s_2 s_1^+,$$

wobei $s = \begin{pmatrix} a \\ b \end{pmatrix} \in \mathbb{C}^2$ und $s^+ = (a^* \; b^*)$ sind (der Stern bezeichnet die komplexe Konjugation). Ein Beispiel:

$$\begin{pmatrix} 0 & -iy \\ iy & 0 \end{pmatrix} = \begin{pmatrix} 0 \\ y \end{pmatrix}(i,0) + \begin{pmatrix} -i \\ 0 \end{pmatrix}(0,y)$$

Man versteht hieran sehr schön, warum wir einmal von links mit der Matrix und einmal von rechts mit der transponiert konjugierten Matrix multiplizieren sollen, um die Transformation des Vektors zu bekommen. Der Spinor s wird also nur von links mit U multipliziert.

Wir wenden nun diese Einsichten auf Spinor-Wellenfunktionen an und geben die allgemeine Transformation an. An jedem Punkt $\mathbf{x}$ hat $\psi(\mathbf{x})$ eine geometrische Bedeutung, eine „Richtung", und wir müssen angeben, wie sich $\psi(\mathbf{x})$ mitdreht, wenn wir das Koordinatensystem rotieren. Das geht wie folgt: Sei $R(\alpha, \mathbf{n})$ die dreidimensionale Drehmatrix zur Drehung um den Winkel α mit Drehachse $\mathbf{n} \in \mathbb{R}^3, \|\mathbf{n}\| = 1$. Die entsprechende komplexe Drehmatrix, d. h. die spezielle unitäre Matrix, die auf Spinoren wirkt, ist dann

$$D(\alpha, \mathbf{n}) := \exp\left[-i\frac{\alpha}{2}\mathbf{n} \cdot \boldsymbol{\sigma}\right], \tag{1.34}$$

wobei $\mathbf{n} \cdot \boldsymbol{\sigma} = n_1\sigma_1 + n_2\sigma_2 + n_3\sigma_3$ ist. Bei einer Koordinatentransformation $\mathbf{x} \to \tilde{\mathbf{x}} = R(\alpha, \mathbf{n})\mathbf{x}$ transformiert sich eine Spinor-Wellenfunktion also gemäß

$$\psi(\mathbf{x}) \to \tilde{\psi}(\tilde{\mathbf{x}}) = \exp\left[-i\frac{\alpha}{2}\mathbf{n} \cdot \boldsymbol{\sigma}\right]\psi(R^{-1}\tilde{\mathbf{x}}). \tag{1.35}$$

Ein solches ψ nennen wir dann ein Spinor-Feld, oder eben eine Spinor-Wellenfunktion. Die $\mathbb{C}^1$-wertige Wellenfunktion (1.1) erlaubt hingegen nur eine triviale Darstellung der Drehungen des $\mathbb{R}^3$, sie transformiert sich wie ein *Skalar*: $\tilde{\psi}(\tilde{\mathbf{x}}) = \psi(R^{-1}\tilde{\mathbf{x}}) = \psi(\mathbf{x})$.

Nun bemerken wir zunächst eine interessante Eigenschaft der Spinor-Darstellung: Eine Drehung um eine beliebige Achse um den Winkel 2π entspricht einer Multiplikation mit -1. Das ist am einfachsten für eine Drehung um die z-Achse nachzuprüfen, da $\sigma_z = \begin{pmatrix} 1 & 0 \\ 0 & -1 \end{pmatrix}$ diagonal ist, also

$$\exp\left[-\mathrm{i}\frac{2\pi}{2}\sigma_z\right] = \begin{pmatrix} \mathrm{e}^{-\mathrm{i}\pi} & 0 \\ 0 & \mathrm{e}^{\mathrm{i}\pi} \end{pmatrix} = \begin{pmatrix} -1 & 0 \\ 0 & -1 \end{pmatrix}.$$

Bei einer vollen Drehung um 360° ändert die Spinor-Wellenfunktion also ihr Vorzeichen (was empirisch keinen Unterschied macht, weil das Absolutquadrat gleich bleibt). Erst bei *zwei* vollen Drehungen entspricht die Symmetrie-Transformation (1.34) wieder der Identität. Das erscheint zunächst seltsam, aber wenn man daran denkt, dass erst das dyadische Produkt zweier Spinoren einen räumlichen Vektor darstellt, ist das gar nicht mehr seltsam. Ein damit zusammenhängender, tiefer liegender Grund hat mit dem wahren Zusammenhang zwischen $SU(2)$ und $SO(3)$ zu tun, den wir kurz besprechen wollen.

Wie schon erwähnt, bilden wie die dreidimensionalen Drehmatrizen auch die komplexen Drehmatrizen (1.34) eine Gruppe, nämlich die Gruppe $SU(2)$ der speziellen, unitären, komplexen 2×2-Matrizen (speziell weil sie Determinante 1 haben). Um dem Zusammenhang auf den Grund gehen zu können, muss man wissen, dass die Drehgruppe $SO(3)$ zugleich ein Kontinuum ist oder, in der mathematischen Sprache, eine Mannigfaltigkeit (und damit das, was man als Lie-Gruppe bezeichnet). Das kann man leicht wie folgt sehen: Jede Drehung ist durch eine Drehachse im Raum und einen Drehwinkel festgelegt. Eine mögliche Darstellung davon ist die Kugel $K_0(\pi) \subset \mathbb{R}^3$ mit Mittelpunkt 0 und Radius π. Man wähle vom Nullpunkt eine radiale Richtung, sagen wir in der oberen Hälfte, und trage auf dem Strahl die Länge $\alpha \leq \pi$ ab. Die Richtung steht für die Drehachse, α für den Drehwinkel. Die umgekehrte Richtung wird als $-\alpha$ gewertet.

Wie sind aber die Antipoden $\pi, -\pi$ zu lesen? Ein um die gewählte Achse um π gedrehter Vektor ist identisch mit dem um $-\pi$ gedrehten. Das bedeutet, dass die Antipoden identifiziert werden müssen. Identifizierungen liefern typischerweise topologische Hindernisse. Hier zum Beispiel ist der einfache Weg von einem Pol auf der Kugel zur gegenüberliegenden Antipode wegen der Identifizierung ein geschlossener Weg. Dieser Weg kann nicht, ohne zerrissen zu werden, zu einem Punkt deformiert werden. Man sagt, der Weg ist nicht *nullhomotop*. Wenn wir jedoch noch einen Weg vom ersten Pol zur Antipode anfügen, dann haben wir einen zweifach durchlaufenden geschlossenen Weg, und den kann man stetig zu einem Punkt zusammenziehen. Der ist nullhomotop. Wenn die Mannigfaltigkeit nicht nullhomotope Wege erlaubt, ist die Mannigfaltigkeit *nicht einfach zusammenhängend* (oder auch mehrfach zusammenhängend). Wir erklären das im Abschn. 4.4 mit der Abb. 4.3 etwas ausführlicher im Kontext identischer Teilchen.

Also ist die Mannigfaltigkeit $SO(3)$ nicht einfach zusammenhängend. Eine einfach zusammenhängende Mannigfaltigkeit, die man auf eine nicht einfach zusammenhängende projizieren kann, heißt (universelle) Überlagerung. Die universelle Überlagerung der $SO(3)$ ist nun gerade die Lie-Gruppe $SU(2)$ mit Elementen

$$U = \begin{pmatrix} a & b \\ -b* & a* \end{pmatrix}, \quad a = \alpha_1 + i\alpha_2, \quad b = \beta_1 + i\beta_2, \quad \alpha_1^2 + \alpha_2^2 + \beta_1^2 + \beta_2^2 = 1.$$

Die Determinantenbedingung besagt, dass die vier reellen Zahlen, die die Matrix bestimmen, auf der dreidimensionalen Einheitssphäre S^3 liegen. Das ist eine Kugeloberfläche und damit eine Mannigfaltigkeit. $SU(2)$ hat also die topologische Struktur der dreidimensionalen Sphäre S^3 und ist damit einfach zusammenhängend. Die Projektion von $SU(2)$ auf $SO(3)$ ist eine *zweifache* Überlagerung (sie hebt sozusagen die Identifikation der Antipoden auf der $SO(3)$-Mannigfaltigkeit wieder auf): Die $SU(2)$-Matrizen D und $-D$ entsprechen jeweils derselben Drehung im dreidimensionalen Raum.

Es ist eine mathematische Tatsache, dass Überlagerungsgruppen i.A. mehr Darstellungen (in Form von linearen Abbildungen auf Vektorräumen) ermöglichen, als die nicht einfach zusammenhängende Lie-Gruppe. $SO(3)$ besitzt keine (irreduzible) zweidimensionale komplexe Darstellung, $SU(2)$ hingegen schon. Die topologische Eigenschaft nicht einfach zusammenhängend zu sein, motiviert also die Suche nach einer größeren Symmetriegruppe und man stellt dann, vielleicht mit einiger Verwunderung, fest, dass diese größeren (und unter Umständen abstrakteren) Gruppen in der Physik tatsächlich eine Rolle spielen. Eine andere mögliche Sichtweise ist, dass die Wellenfunktion immer *projektiv* zu verstehen ist, also modulo einer konstanten Phase. Indem wir dann Darstellungen (beispielsweise der $SU(2)$ studieren, finden wir *projektive* Darstellungen der eigentlichen Symmetriegruppe $SO(3)$.

Wir können jetzt jedenfalls auch vestehen, warum der Name „Spin" (übersetzt „Dreh" oder „Drall") einigermaßen Sinn macht. Die Spin-Freiheitsgrade der Wellenfunktion entsprechen einer Darstellung der $SU(2)$, die eine Überlagerung der dreidimensionalen Drehgruppe ist. Mit dem berühmten Noether-Theorem kann man dann auch schließen, dass die Erhaltung des Gesamtspins in einem geschlossenen System mit der Rotationsinvarianz der Wellengleichung zusammenhängt. Es wäre aber wie gesagt falsch, deshalb bei einem „Teilchen mit Spin" an ein sich drehendes Objekt zu denken.

1.9   Hilbert-Raum und Observable

Für Wellenfunktionen, die die Bornsche statistische Interpretation erlauben, muss

$$\int_{\mathbb{R}^{3N}} |\psi|^2(q) \, d^{3N}q < \infty$$

sein. Aus technischen Gründen, die man in der Analysis lernt, fordert man die Integrierbarkeit im Sinne des Lebesgue-Integrals. Dann nämlich bildet die Menge dieser Wellenfunktion einen Hilbert-Raum

$$L^2(\mathbb{R}^n, \mathrm{d}^n q) := \{\psi : \mathbb{R}^n \to \mathbb{C} \mid \langle \psi | \psi \rangle := \int |\psi(q)|^2 \, \mathrm{d}^n q < \infty\}.$$

Ein Hilbert-Raum ist ein Banach-Raum, also ein normierter vollständiger Vektorraum, dessen Norm durch ein Skalarprodukt induziert wird. Hier ist

$$\langle \varphi | \psi \rangle := \int_{\mathbb{R}^n} \varphi^*(q) \psi(q) \, \mathrm{d}^n q$$

das Skalarprodukt, welches die L^2-Norm $\|\psi\| = \sqrt{\int |\psi(q)|^2 \mathrm{d}^n q}$ auf dem Hilbert-Raum induziert. Vollständigkeit bedeutet, dass, bezogen auf diese Norm, Cauchy Folgen im L^2-Raum konvergent sind.

All dies beruht auf der Konstruktion des Lebesgue-Maßes und des Lebesgue-Integrals und gehört in eine ordentliche Analysis-Ausbildung. L^2 hat eine abzählbare unendliche Basis, wobei hier ein anderer Basisbegriff benutzt wird als der aus der linearen Algebra. Hier ist nämlich typischerweise die Darstellung eines Elementes in einer Orthonormal-Basis ϕ_k, $k \in \mathbb{N}$ mit $\langle \phi_k | \phi_l \rangle = \delta_{kl}$ eine unendliche Reihe (konvergent im L^2-Sinne)

$$\varphi = \sum_k \langle \phi_k | \varphi \rangle \phi_k. \tag{1.36}$$

Dabei sind die Koordinaten

$$c_k = \langle \phi_k | \varphi \rangle$$

quadrat-summierbar, d. h.

$$\sum_k |c_k|^2 < \infty.$$

Die Konvergenz von (1.36) zeigt man übrigens mit der Cauchy-Eigenschaft – dafür benötigt man die Vollständigkeit.

Hat man einmal eine Orthonormal-Basis festgelegt, dann bildet die Menge der (abzählbar unendlichen) Koordinatenvektoren einen (ebenfalls vollständigen) Vektorraum, der mit l^2 bezeichnet wird. Dieser Raum wurde ursprünglich von David Hilbert (1862–1943) eingeführt und stand Pate für den allgemeinen Hilbert-Raum. Man ist gewohnt, an Vektoren in ihrer Koordinatendarstellung zu denken. Wenn man zum Bespiel fragt: „Was ist ein Vektor?", kommt oft die Antwort: $(x_1, \ldots, x_n)$. Genauso könnte man hier auf die Frage „Was ist eine typische Wellenfunktion?" antworten: $(c_1, \ldots, c_n, \ldots)$. Wie im endlich dimensionalen muss man auch hier immer dazu sagen, welche Orthonormal-Basis zugrunde liegt. Werner Heisenberg (1901–1976) hat zu Beginn der Quantenmechanik in seiner sogenannten Matrizenmechanik nur den Hilbert-Raum l^2 im Sinn gehabt und darauf Matrizen betrachtet, die dann unendlich viele Reihen und Spalten haben. Das sind mathematisch durchaus vernünftige Objekte, nämlich lineare Operatoren. Der Hilbert-Raum-Formalismus erklärt also die Äquivalenz zwischen der Heisenbergschen Matrizenmechanik und der Schrödingerschen Wellenmechanik.

Wie bei der Matrizenmechanik werden auch auf dem Hilbert-Raum L^2 lineare und speziell selbstadjungierte Operatoren (so etwas wie symmetrische Matrizen, wenn man sich mit mathematischer Rigorosität zurückhalten möchte) betrachtet, die die Observablen der Quantenmechanik darstellen. Zum Beispiel den Impuls-Operator, den wir unter (1.12) abgeleitet haben. Ebenso kann man den Orts-Operator $\hat{\mathbf{X}}$ eines Teilchens einführen. Der hat die gleiche Eigenschaft wie der Impuls-Operator (vgl. (1.12) und folgende), nämlich dass der Erwartungswert in einer „Messung des Orts-Operators" bei vorliegender Wellenfunktion als

$$\langle \psi | \hat{\mathbf{X}} \psi \rangle = \int_{\mathbb{R}^3} \mathbf{x}\, \psi^*(x)\psi(x)\, \mathrm{d}^3 x$$

berechnet werden kann. Ebenso gilt

$$\langle \psi | \hat{\mathbf{X}}^2 \psi \rangle = \int_{\mathbb{R}^3} \mathbf{x}^2\, \psi^*(x)\psi(x)\, \mathrm{d}^3 x.$$

Wenn wir das schon so sagen, sei an die Bewegungsgleichung (1.22) erinnert, die sich jetzt im Sinne der Operatoren (wir lassen einfach die Skalarproduktbildung mit der Wellenfunktion weg) wie folgt gestaltet:

$$m\frac{d^2\hat{\mathbf{X}}}{dt^2} = -\nabla V(\hat{\mathbf{X}}) \tag{1.37}$$

Den Operatoren und deren Bedeutung widmen wir das Kap. 7 („Der Messprozess und die Observable"). Oft ist insbesondere unter mathematisch interessierten Studierenden der Physik die Vorstellung verbreitet, dass die „Probleme der Quantenmechanik" alle durch saubere Mathematik gelöst werden können. Zum Beispiel sind ja der Orts-Operator und der Impuls-Operator unbeschränkte Operatoren, d. h., man kann sie nicht auf alle Elemente des L^2 anwenden. Wenn man das nun alles mathematisch sauber in den Griff bekommt, dann sei auch die Physik in Ordnung, so die Vorstellung. Nein, ist sie nicht. Die berühmte Debatte um die Quantenmechanik hat nichts mit unsauberer Mathematik zu tun.

Das Messproblem

Es ist schwierig zu glauben, dass diese Beschreibung
vollständig ist. Sie scheint die Welt völlig nebulös zu machen, es
sei denn, irgendjemand, etwa eine Maus, blickt auf sie.
– Albert Einstein, aus seiner letzten Princetoner Vorlesung
vom 14. April 1954[1]

Wenn wir auch nach 60 Jahren noch über Schrödingers Katze sprechen müssen, dann liegt das nur bedingt daran, dass Erwin Schrödinger für sein Paradoxon ein derart plastisches und eingängiges Bild gefunden hat. Entscheidender ist, dass Schrödinger den Finger genau in die Wunde gelegt hat. Er formuliert das sogenannte *Messproblem* der Quantenmechanik, und dieses Messproblem zeigt, warum die naive Lesart der Theorie nicht nur unbefriedigend, sondern ganz und gar unhaltbar ist. Jede präzise Formulierung der Quantenmechanik muss sich folglich daran messen lassen, ob und wie sie das Katzenparadoxon auflöst. Wir zitieren den berühmt gewordenen Abschnitt aus Schrödingers Artikel *Die gegenwärtige Situation in der Quantenmechanik*[2]:

> Man kann auch ganz burleske Fälle konstruieren. Eine Katze wird in eine Stahlkammer gesperrt, zusammen mit folgender Höllenmaschine (die man gegen den direkten Zugriff der Katze sichern muss): in einem Geigerschen Zählrohr befindet sich eine winzige Menge radioaktiver Substanz, so wenig, daß im Laufe einer Stunde vielleicht eines von den Atomen zerfällt, ebenso wahrscheinlich aber auch keines; geschieht es, so spricht das Zählrohr an und betätigt über ein Relais ein Hämmerchen, das ein Kölbchen mit Blausäure zertrümmert. Hat man dieses ganze System eine Stunde lang sich selbst überlassen, so wird man sich sagen, daß die Katze noch lebt, wenn inzwischen kein Atom zerfallen ist. Der erste

---

[1]Zitiert nach: W. Schröder und H.J. Treder, „Zu Einsteins letzter Vorlesung – Beobachtbarkeit, Realität und Vollständigkeit in Quanten- und Relativitätstheorie". *Archive for History of Exact Sciences*, 48(2), 1994.

[2]*Die Naturwissenschaften*, 23(48), 1935.

© Springer-Verlag GmbH Deutschland 2018
D. Dürr, D. Lazarovici, *Verständliche Quantenmechanik*,
https://doi.org/10.1007/978-3-662-55888-1_2

Atomzerfall würde sie vergiftet haben. Die Psi-Funktion des ganzen Systems würde das so
zum Ausdruck bringen, daß in ihr die lebende und die tote Katze (s.v.v.) zu gleichen Teilen
gemischt oder verschmiert sind. Das Typische an solchen Fällen ist, daß eine ursprünglich
auf den Atombereich beschränkte Unbestimmtheit sich in grobsinnliche Unbestimmtheit
umsetzt, die sich dann durch direkte Beobachtung entscheiden läßt. Das hindert uns, in
so naiver Weise ein „verwaschenes Modell" als Abbild der Wirklichkeit gelten zu lassen.
An sich enthielte es nichts Unklares oder Widerspruchsvolles. Es ist ein Unterschied zwischen einer verwackelten oder unscharf eingestellten Photographie und einer Aufnahme
von Wolken und Nebelschwaden.

Nun darf man ruhig zugeben, dass das erste Lesen der Zeilen einen nur verwirrt
zurücklässt, insbesondere wenn man gewohnt ist, hochmütig über Geschriebenes
hinwegzulesen, um schnell an die Information zu kommen. Aber selbst bei wieder-
holtem Lesen wird man sich nicht wirklich wohler fühlen. Schrödinger hilft einem
auch nicht dabei, den Punkt zu kriegen. Er sagt die Sachen genau richtig und genau
das, was zu sagen ist, aber er ist nicht freundlich mit dem Leser.

Nun ist er ein bekannter Mann, er kann es sich leisten, die Dinge zu sa-
gen, wie sie sind, und abzuwarten, bis er verstanden wird. Aber das ging schief.
Die Katzengeschichte ist zur Folklore geworden, aber die begleitenden unsinnig-
sten Diskussionen veränderten den Gehalt und die Genesis des Problems bis zur
Unkenntlichkeit. Schrödinger präsentierte sein Argument als eine *reductio ad ab-
surdum* der Behauptung, dass die Standard-Quantenmechanik eine vollständige
Naturbeschreibung darstellt: *„Das hindert uns, in so naiver Weise ein ‚verwaschenes
Modell' als Abbild der Wirklichkeit gelten zu lassen."* Heutzutage wird die Katze,
die zu gleichen Teilen tot und lebendig ist, gerne als Beispiel dafür präsentiert, wie
verrückt die Natur gemäß der modernen Quantenphysik *tatsächlich* ist, und nicht
selten schwingt dabei ein gewisser Stolz mit, dass wir Physiker in der Lage sind, uns
in einer derart verrückten Theorie zurechtzufinden. Irgendwo unterwegs ist offenbar
die Ernsthaftigkeit verloren gegangen, mit der man einstmals Physik betrieben hat.

Also nochmal langsam und von vorne. Das Problem mit der Quantenmechanik ist
dieses: Es gibt nur eine Gleichung und eine Größe, die die Theorie definieren – die
Schrödinger-Gleichung und die zugehörige Wellenfunktion –, und diese beschreiben nicht die Phänomene, wie wir sie wahrnehmen. Das kann man auf verschiedene
Arten sehen, zum Beispiel so:

Angenommen ein System ist durch eine Linearkombination von Wellenfunk-
tionen φ_1 und φ_2 beschrieben und ein Apparat kann durch Wechselwirkung mit dem
System („Messung") entweder „φ_1" oder „φ_2" anzeigen. Dieser Apparat muss sich
nun prinzipiell ebenfalls quantenmechanisch beschreiben lassen. (Dass eine solche
Beschreibung außerhalb unserer praktischen Möglichkeiten liegt, ist hier belang-
los. Wir begreifen den Messapparat als bestehend aus Atomen und Molekülen,
und wenn der Zustand all dieser Atome und Moleküle vollständig durch eine quantenmechanische Wellenfunktion beschrieben ist, dann liefert diese Wellenfunktion
auch eine vollständige Beschreibung des Apparates.) Das heißt, der Apparat hat Zustände Ψ_1 und Ψ_2 (Zeigerstellung „1" und „2", das sind also Wellenfunktionen, die
im Konfigurationsraum disjunkte Träger haben, also keinen Überlapp, vgl. Abb. 1.1
und 1.2) und eine Nullstellung Ψ_0, sodass

$$\varphi_i \Psi_0 \xrightarrow{\text{Schrödinger-Entwicklung}} \varphi_i \Psi_i. \qquad (2.1)$$

Die zeitliche Entwicklung ist aber linear, sodass (2.1) für die Systemwellenfunktion

$$\varphi = c_1 \varphi_1 + c_2 \varphi_2, \qquad c_1, c_2 \in \mathbb{C}, \qquad |c_1|^2 + |c_2|^2 = 1,$$

Folgendes ergibt:

$$\varphi \Psi_0 = (c_1 \varphi_1 + c_2 \varphi_2) \Psi_0 \xrightarrow{\text{Schrödinger-Entwicklung}} c_1 \varphi_1 \Psi_1 + c_2 \varphi_2 \Psi_2 \qquad (2.2)$$

Dies ist ein groteskes Ergebnis. Die Superposition

$$c_1 \varphi_1 \Psi_1 + c_2 \varphi_2 \Psi_2 \qquad (2.3)$$

beschreibt eine Verschränkung der Wellenfunktionen des Apparates, so als ob die Zeigerstellungen „1" und „2" zugleich da wären. In Schrödingers Katzen-Experiment würde φ_1 etwa das bereits zerfallene Atom beschreiben und φ_2 das noch nicht zerfallene Atom. (2.3) beschreibt dann einen Zustand mit einer toten Katze *und* einer lebendigen Katze.

Wenn wir also darauf bestehen, dass das Ergebnis der Messung entweder „1" oder „2" (aber nicht beides zugleich) ist, dann haben wir folgende Situation: Entweder ist die Wellenfunktion des Gesamtsystems nach der Messung nicht (2.3). Dann ist die Schrödinger-Gleichung nicht richtig, zumindest nicht immer. Oder die Wellenfunktion des Gesamtsystems ist tatsächlich (2.3), aber diese Wellenfunktion beschreibt den Zustand des Systems nicht vollständig. Dann fehlen nämlich genau jene Bestimmungsstücke, die den Unterschied machen zwischen einem Zeiger, der nach links zeigt, und einem Zeiger, der nach rechts zeigt – den Unterschied zwischen einer toten und einer lebendigen Katze.

Nun haben wir vielleicht gelernt, dass man die Wellenfunktion nicht in diesem Sinne ernst nehmen darf. Bedeutsam sei allein die statistische Interpretation gemäß der Bornschen Regel. Demnach ist das Ergebnis der Messung entweder „1" mit Wahrscheinlichkeit $|c_1|^2$ oder „2" mit Wahrscheinlichkeit $|c_2|^2$. Es ist dieses statistische Gesetz, das experimentell mit großer Präzision bestätigt wird. Aber der Verweis auf die Bornsche Regel allein ist keine Lösung des Messproblems, er führt vielmehr zum selben Dilemma. Die Schrödinger-Gleichung ist ja eine deterministische Gleichung. Gemäß dieser Gleichung ist die Wellenfunktion nach der Messung in jedem Fall (2.3). Wenn diese Wellenfunktion den Zustand des Systems vollständig beschreibt, dann liefert die eben beschriebene Messung auch immer das gleiche Ergebnis. Mit anderen Worten: Wenn die Wellenfunktion (2.3) den Zustand des Systems vollständig beschreibt, dann kann sie nicht einmal einen Messapparat beschreiben, dessen Zeiger nach links zeigt, und einmal einen Messapparat, dessen Zeiger nach rechts zeigt.

Wie ist die statistische Interpretation also zu verstehen? Entweder wir meinen: $|c_i|^2$ ist die Wahrscheinlichkeit, dass die Wellenfunktion von System + Apparat nach

der Messung die Form $\varphi_i \Psi_i$ hat. Dann kann die Schrödinger-Gleichung nicht immer
gültig sein, denn gemäß der Schrödinger-Gleichung ist die Wellenfunktion in jedem
Fall (2.3). Oder wir meinen: Die Wellenfunktion des Systems ist (2.3), aber diese
Wellenfunktion gibt uns nur die Wahrscheinlichkeitsverteilung für den *tatsächlichen* Zustand des Systems. Dann wird der tatsächliche Zustand des Systems aber
nicht (allein) durch die Wellenfunktion beschrieben, es fehlen also gerade jene Be-
stimmungsstücke, deren Wahrscheinlichkeitsverteilung durch das Bornsche Gesetz
gegeben sein soll. Das Dilemma ist somit dasselbe wie zuvor.

2.1   Die orthodoxe Antwort

Um trotz allem an der Vollständigkeit der quantenmechanischen Beschreibung
festzuhalten, führten Niels Bohr (1885–1962), Werner Heisenberg und John von
Neumann (1903–1957) ein zusätzliches Postulat in die Theorie ein. Beim Vorgang
der „Messung" oder „Beobachtung", so postulierten sie, wird die Schrödinger-
Zeitentwicklung außer Kraft gesetzt und durch eine zufällige Dynamik ersetzt,
die die Gesamtwellenfunktion (2.3) mit Wahrscheinlichkeit $|c_i|^2$ auf den Zu-
stand $\varphi_i \Psi_i$ reduziert. Aber diese neue Dynamik, die zum sogenannten *Kollaps
der Wellenfunktion* führt, soll nicht weiter beschreibbar sein. Im Gegensatz zur
Schrödinger-Entwicklung hat sie nicht die Form eines präzisen mathematischen
Gesetzes, sondern wird *ad hoc* eingeführt, als Eigenschaft des „Beobachters". Ja,
es ist genau diese Rolle, die der „Beobachter" zu übernehmen hat, weshalb er ins
Zentrum der Naturbeschreibung gerückt wird, als Subjekt, das durch den Vorgang
der „Beobachtung" den Realzustand des physikalischen Systems erst hervorbringt.
In diesem Sinne beschrieb Wolfgang Pauli den Kollaps als eine „außerhalb der
Naturgesetze stehende Schöpfung".[3]
    Es sind aber nicht einmal die esoterischen Einschläge der Kopenhagener Schule,
sondern schlicht und einfach die „unprofessionelle Vagheit" (Bell) die uns daran
hindert, das Kollaps-Postulat in der Formulierung einer präzisen physikalischen
Theorie zu akzeptieren. Denn wann genau gilt ein physikalischer Prozess als
„Messung" oder „Beobachtung"? Was genau unterscheidet einen „Beobachter"
von einem Zeiger eines Apparates oder der Anzeige eines Computers auf einem
Bildschirm?
    Noch einmal Bell aus dem überaus lesenswerten Artikel *Against measurement*[4]:

> Es könnte den Anschein haben, dass sich die Theorie ausschließlich mit „Ergebnissen von
> Messungen" beschäftigt, und nichts über irgendetwas anderes zu sagen hat. Was genau qua-
> lifiziert irgendwelche physikalischen Systeme, die Rolle des „Messenden" zu spielen? Hat

---

[3]Brief von Pauli an Born, zitiert nach K. von Meyenn (Hg.), *Wolfgang Pauli. Wissenschaftlicher
Briefwechsel mit Bohr, Einstein, Heisenberg u.a.* Band IV, Teil II: 1953–1954. 1999, S. 547.
[4]Originalartikel auf Englisch nachgedruckt in J.S. Bell, *Speakable and Unspeakable in Quantum
Mechanics*. 2. Auflage, Cambridge University Press, 2004.

die Wellenfunktion der Welt Tausende von Millionen von Jahren darauf gewartet, zu springen [kollabieren], bis ein einzelliges, lebendes Geschöpf erschien? Oder musste sie etwas
länger warten, auf ein besser qualifiziertes System... mit einem Doktortitel? Wenn die Theorie auf etwas anderes, als hochidealisierte Laboroperationen angewandt werden soll, sind
wir dann nicht gezwungen, zuzugeben, dass mehr oder weniger „messungsähnliche" Prozesse mehr oder weniger jederzeit, mehr oder weniger überall, stattfinden? Haben wir das
Springen dann nicht ständig? (J.S. Bell, „Wider die Messung". In: *Sechs mögliche Welten
der Quantenmechanik*, Oldenbourg Verlag, 2012, S. 244.)

Ironischerweise hat man jahrzehntelang mit größter Ernsthaftigkeit diskutiert, ob
schon die Katze genug Bewusstsein besitzt, um den Kollaps der Wellenfunktion aus-
zulösen, oder ob das Schicksal des Tieres erst besiegelt ist, wenn ein menschlicher
Beobachter in die Kiste schaut. Der eigentliche Grund, warum heutzutage kaum
noch jemand die alte Kopenhagener Schule vertritt, ist der, dass man die Quantenmechanik irgendwann doch als objektive Naturbeschreibung ernst nehmen wollte.
Spätestens nachdem die Kosmologie als wichtiger Teilbereich der Physik etabliert
war, sollte uns die Quantentheorie auch etwas über die Entstehung der Materie in
unserem Universum sagen, vielleicht sogar über die Entwicklung des Universums
an sich. So kurz nach dem Urknall, vor rund 13 Mrd. Jahren, konnte sich aber beim
besten Willen niemand finden lassen, der für die Rolle des Beobachters getaugt
hätte.

2.2 Lösungen des Messproblems

Wir haben gesehen, dass die orthodoxe Quantenmechanik keine ernst zu nehmende
Lösung des Messproblems bietet. Nun wollen wir diskutieren, was die ernst zu neh-
menden Lösungen sind. Ganz allgemein und präzise lässt sich, nach Maudlin,[5] das
Messproblem der Quantenmechanik folgendermaßen zusammenfassen: Es gibt drei
Prinzipien, die uns die naive Lesart der Theorie suggeriert, und diese drei Prinzipien
sind logisch unvereinbar, sie führen gemeinsam zu einem Widerspruch.

1) Der Zustand eines physikalischen Systems ist vollständig durch seine Wellenfunktion beschrieben.
2) Die Zeitentwicklung der Wellenfunktion folgt stets einer linearen (Schrödinger-)
   Gleichung.
3) Messungen liefern (normalerweise) eindeutige Ergebnisse.

Den resultierenden Widerspruch haben wir oben demonstriert, das war gerade
Schrödingers Katzenparadoxon, oder allgemeiner, die makroskopische Superposition als Ergebnis als Messsequenz (2.2). Die Aussagen 1), 2) und 3) sind also
logisch unvereinbar. Jede widerspruchsfreie Formulierung der Quantenmechanik
muss folglich mindestens eine dieser Aussagen verneinen.

---

[5]T. Maudlin, „Three Measurement Problems". *Topoi*, 14, 1995.

Die Verneinung von 1) führt uns zur Bohmschen Mechanik.
Wenn wir verneinen, dass die Wellenfunktion die vollständige Beschreibung eines
quantenmechanischen Systems liefert, dann müssen wir die fehlenden Bestimmungsstücke benennen, die aus einer unvollständigen Beschreibung eine vollständige machen. Wie wir später sehen werden, verpflichten uns die Quantenphänomene
hier zu einem radikalen Minimalismus. Es ist weder möglich noch wünschenswert
anzunehmen, dass alle Messgrößen („Observablen"), von denen die Quantenmechanik für gewöhnlich spricht, festgelegte Werte haben, die zur Zustandsbeschreibung
des Systems dazugehören. Wir müssen die Frage deshalb anders stellen: Wenn
Quantenmechanik nicht – oder nicht nur – über die Wellenfunktion handelt, worüber
ist Quantenmechanik dann?

Die Bohmsche Antwort ist die offensichtliche: Bohmsche Mechanik ist eine
Theorie über die Bewegung von Punktteilchen. Die Quanten-Observablen und deren
Statistik folgen dann aus einer statistischen Analyse dieser Teilchenbewegungen.
Die vollständige Zustandsbeschreibung eines physikalischen Systems ist somit gegeben durch die Wellenfunktion *und* die Orte der Teilchen, aus denen das System
besteht. Bei einem N-Teilchen-System ist dies ein Paar (ψ, Q), wobei $Q \in \mathbb{R}^{3N}$ die
Konfiguration der Teilchen im dreidimensionalen Raum beschreibt. Die Aufgabe
der Wellenfunktion ψ ist die einer „Führungswelle", die das Bewegungsgesetz für
die Teilchen definiert. Das Messproblem ist damit gelöst, weil ein System stets eine
eindeutige und wohldefinierte räumliche Konfiguration besitzt, gegeben durch die
Orte seiner konstituierenden Punktteilchen. Die Wellenfunktion des Systems mag
in einer Superposition (2.3) vorliegen, die tatsächliche Konfiguration Q beschreibt
aber entweder einen Zeiger, der nach links zeigt, oder einen Zeiger, der nach rechts
zeigt.

**Die Verneinung von 2) führt uns zu Kollaps-Theorien wie der
GRW-Theorie.**
Wenn wir an 1) und 3) festhalten wollen, dann ist das Messproblem der Quantenmechanik eine Folge der Linearität der Schrödinger-Gleichung. Für mikroskopische
Systeme ist das Superpositionsprinzip aber ein essenzieller Bestandteil unserer Erklärung von Quantenphänomenen – man denke nur an das Doppelspalt-Experiment.
Wie schaffen wir es also, das Superpositionsprinzip für mikroskopische Systeme
zu bewahren und zugleich makroskopische Superpositionen wie die von „lebendiger Katze" und „toter Katze" auszuschließen? Die passenden Konzepte sind in
der Standard-Quantenmechanik bereits vorhanden. Es gibt die Wellenfunktion, deren Zeitentwicklung einer präzisen, mathematischen Gleichung gehorcht, und es
gibt den Kollaps, der makroskopische Superpositionen aufhebt. Das Problem ist,
dass dieser Kollaps den Naturgesetzen entrückt zu sein scheint. Er wird *ad hoc* als
Postulat eingeführt und dieses Postulat bezieht sich auf vage Begriffe wie „Messung" oder „Beobachtung", die in einer fundamentalen Naturbeschreibung nichts
zu suchen haben.

In einer präzisen Quantentheorie muss also auch der Kollaps der Wellenfunktion durch ein präzises, mathematisches Gesetz beschrieben werden. Ghirardi,
Rimini und Weber waren die Ersten, die ein solches Gesetz vorgeschlagen haben. In ihrer *GRW-Theorie* wird die Schrödinger-Gleichung durch eine nichtlineare,

stochastische Gleichung ersetzt, in der die Möglichkeit des Kollabierens bereits enthalten ist. Diese Gleichung ist derart, dass jedes „Teilchen" eine gewisse Kollaps-Rate hat, die so niedrig ist, dass Superpositionen in Systemen mit wenigen Teilchen quasi beliebig lange erhalten bleiben. In einem makroskopischen System, das aus vielen Milliarden Milliarden Teilchen besteht, wird aber fast sicher schon nach Bruchteilen von Sekunden ein Kollaps ausgelöst, der etwaige Superpositionen zerstört. Insofern kann es tatsächlich eine „Messung" sein – also die Verschränkung mit einem makroskopischen System –, die den Kollaps auslöst, aber dieser Vorgang ist nun Teil der Theorie. Das Messproblem ist gelöst, weil makroskopische Superpositionen wie die von „toter Katze" und „lebendiger Katze" durch die nichtlineare Zeitentwicklung in extrem kurzer Zeit zerstört werden und somit praktisch nicht beobachtbar sind.

Die Verneinung von 3) führt uns zur Viele-Welten-Theorie.
Wenn wir an 1) und 2) festhalten, dann bleibt uns nichts anderes übrig, als die Existenz makroskopischer Superpositionen wie die von „toter Katze" und „lebendiger Katze" als Konsequenz der Quantentheorie zu akzeptieren. Die radikale Schlussfolgerung, die i.A. Hugh Everett III zugeschrieben wird, ist nun die, dass beides Realzustände sind. Aber würden wir dann nicht zwei Katzen beobachten? Oder eine Katze in einem absurden Zwitterzustand von „tot" und „lebendig"? Nein, würden wir nicht, denn die Superposition der Wellenfunktion macht nicht bei der Katze halt; auch der Experimentator selber, sein Labor, ja der ganze Rest des Universums würden durch eine Superposition von Wellenfunktionszweigen beschrieben werden und die Aufspaltung (2.3) mitmachen.

In letzter Konsequenz haben wir in dieser Naturbeschreibung deshalb zwei „Welten", entsprechend den beiden Zweigen der Wellenfunktion: In einer Welt ist das radioaktive Atom zerfallen, das Glas mit Blausäure zersprungen, die Katze tot und der Experimentator traurig. In der zweiten ist das Atom nicht zerfallen, die Blausäure nicht ausgetreten, die Katze wohlauf und der Experimentator nimmt das Tier wieder mit nach Hause. Da es, wegen Dekohärenz, praktisch unmöglich ist, dass die beiden Wellenzweige wieder überlagern, können die zwei Welten gleichermaßen als Teil der Wellenfunktion des Universums nebeneinander existieren, ohne dass Beobachter in der einen Welt etwas von der Existenz der anderen Welten mitbekommen.

Das Messproblem wird gelöst, indem man seine Konsequenzen akzeptiert und versucht, diese mit unserer Erfahrung in Einklang zu bringen: Messungen haben tatsächlich keine eindeutigen Ergebnisse, vielmehr sind *alle* möglichen Messergebnisse (Zeigerstellungen) in verschiedenen Welt-Zweigen realisiert. Aber weil letztlich alles und jeder diese Aufspaltung mitmacht, steht eine solche Sichtweise nicht notwendigerweise im Widerspruch zur Empirie.

2.3 Weitere Alternativen?

Große Teile dieses Buches werden sich im Folgenden damit beschäftigen, die drei oben genannten Theorien auszuarbeiten und zu zeigen, dass sie tatsächlich zu einem besseren und präziseren Verständnis der Quantenmechanik führen. Eine kurze, abschließende Einordnung findet dann im Nachwort statt. Physikalische Theorien sind nie alternativlos (um das Unwort des Jahres 2010 zu bemühen). Dennoch haben wir gesehen, dass sich die drei Quantentheorien – Bohmsche Mechanik, GRW und Viele-Welten – mit einer gewissen Folgerichtigkeit aus der Analyse des Messproblems ergeben.

Es ist denkbar, dass sich der Quantenformalismus auch auf andere Weise vervollständigen lässt als durch Teilchen und Teilchenbahnen, doch der Bohmsche Ansatz ist der natürlichste und bisher auch mit Abstand erfolgreichste.

Ebenso sind neben der ursprünglichen GRW-Theorie verschiedene andere Modifikationen der Schrödinger-Gleichung möglich, aber alle bekannten (und unter gewissen Annahmen auch alle möglichen) Ansätze sind ebenfalls stochastische Kollaps-Theorien, die sich konzeptuell an GRW anschließen.

Das Festhalten an den Aussagen 1) und 2) wiederum führt fast zwangsläufig zu einer Viele-Welten-Theorie. Allerdings gibt es hier verschiedene Ausarbeitungen, wie eine solche Theorie im Detail zu verstehen ist.

In der Literatur sind freilich noch unzählige andere „Interpretationen" der Quantenmechanik im Umlauf. Dies sind zum Teil eigenständige Formalismen, zum Teil auch bloß Versuche, das Messproblem wegzudiskutieren. All diese Vorschläge im Einzelnen zu besprechen, wäre wenig ergiebig und würde eine Beliebigkeit suggerieren, die so nicht gegeben ist. Die hier präsentierte Formulierung des Messproblems liefert aber ein gutes Schema, an dem sich die Leser orientieren können, um solche Vorschläge selbstständig einzuordnen.

Zum Beispiel versuchen manche „Dekohärenz-Theorien" an allen drei Aussagen 1), 2) und 3) festzuhalten. Man kann daraus unmittelbar schließen, dass sie keine konsistente Lösung des Messproblems anbieten. Diverse informationstheoretische Ansätze leugnen de facto Aussage 1), indem sie behaupten: Die Wellenfunktion beschreibt nicht den tatsächlichen Zustand des Systems, sondern lediglich unser unvollständiges Wissen darüber.[6] Dann sollte man aber fragen, wie denn der tatsächliche Zustand des Systems zu beschreiben ist, also was überhaupt die vorliegenden physikalischen Größen sind, über die wir Informationen haben oder nicht haben können. Wenn man darauf keine klare Antwort bekommt – was in der Regel nicht der Fall ist –, dann ist die entsprechende Theorie auch kein ernst zu nehmender Kandidat für eine fundamentale Naturbeschreibung.

Es wird auch immer Stimmen geben, die behaupten, dass es gar nicht die Aufgabe der Physik sei, eine objektive und kohärente Naturbeschreibung zu entwicklen, oder dass die Phänomene der Quantenmechanik eine solche Beschreibung schlicht unmöglich machen. Ersteres lässt sich nicht abschließend widerlegen, weil es sich dabei nicht um eine wissenschaftliche, sondern um eine wissenschaftsphilosophische Position handelt. Letztere Behauptung ist nachweislich falsch. Die hier diskutierten „Quantentheorien ohne Beobachter" sind der Gegenbeweis.

---

[6]Sie leugnen zusätzlich noch Aussage 2), indem sie behaupten, dass die Wellenfunktion kollabiert, wenn wir ein Messergebnis in Erfahrung bringen und damit plötzlich Information über das System gewinnen.

2.4   Messproblem und die Bornsche statistische Hypothese

Wir zeigen nun mit einer kurzen Rechnung die Anwendung der Bornschen statistischen Hypothese (1.2) und ihre Bedeutung in der Bohmschen Mechanik und der GRW-Theorie. Die Begründung der Bornschen Hypothese – eine wahrlich wichtige und subtile Frage – werden wir erst später besprechen. Unser Augenmerk hier gilt etwas anderem. Wir haben oben gesehen, dass sich das Messproblem auch in einer Unklarheit bezüglich der statistischen Hypothese äußert: Die Wahrscheinlichkeit *von was* wird durch die $|\psi|^2$-Verteilung bestimmt? Wir wollen uns nun vergewissern, dass eine präzise Formulierung der Quantenmechanik auch eine präzise Antwort auf diese Frage liefert, dass die Antwort aber, je nach Theorie, durchaus unterschiedlich ausfallen kann.

Wir machen also, zum oben beschriebenen Messprozess, eine einfache Rechnung. Der Konfigurationsraum des Gesamtsystems werde beschrieben durch Koordinaten $\mathbf{q} = (\mathbf{x}, \mathbf{y})$, wobei $\mathbf{x} \in \mathbb{R}^m$ die System- und $\mathbf{y} \in \mathbb{R}^n$ die Apparaturkoordinaten sind. Gemäß der Bornschen Regel gilt dann

$$\mathbb{P}(\text{Zeiger auf 1}) = \int_{\text{supp }\Psi_1} |c_1\varphi_1\Psi_1 + c_2\varphi_2\Psi_2|^2 \, \mathrm{d}^m x \mathrm{d}^n y \tag{2.4}$$

$$= |c_1|^2 \int_{\text{supp }\Psi_1} |\varphi_1\Psi_1|^2 \mathrm{d}^m x \mathrm{d}^n y$$

$$+ |c_2|^2 \int_{\text{supp }\Psi_1} |\varphi_2\Psi_2|^2 \mathrm{d}^m x \mathrm{d}^n y$$

$$+ 2\mathrm{Re}\left(c_1 c_2 \int_{\text{supp }\Psi_1} (\varphi_1\Psi_1)^* \varphi_2\Psi_2 \mathrm{d}^m x \mathrm{d}^n y\right) \tag{2.5}$$

$$\approx |c_1|^2 \int |\varphi_1\Psi_1|^2 \mathrm{d}^m x \mathrm{d}^n y = |c_1|^2. \tag{2.6}$$

Zu beachten ist, dass wegen der Disjunktheit der Träger der Zeiger-Wellenfunktionen der Realteil (2.5) null ist. Die Wahrscheinlichkeit, für das Ergebnis „1" ist also $|c_1|^2$ und die Wahrscheinlichkeit für das Ergebnis „1" ist $|c_2|^2$, ganz so, wie es auch die Vorschriften der Textbuch-Quantenmechanik nahelegen. Aber was genau haben wir hier eigentlich ausgerechnet?

Die Antwort der Bohmschen Mechanik entspricht exakt dem üblichen Sprachgebrauch: Die Bornsche Regel gibt uns die Wahrscheinlichkeitsverteilung für die Ortskonfiguration der Teilchen. $|c_1|^2$ ist also einfach die Wahrscheinlichkeit, dass der Zeiger des Apparates – bestehend aus sehr vielen Teilchen – nach dem Messvorgang nach links auf das Ergebnis „1" zeigt.

In der GRW-Theorie hat dieselbe Rechnung eine andere Bedeutung. Die Bornsche Regel gibt uns hier die Wahrscheinlichkeitsverteilung für das Zentrum des Kollaps-Prozesses. $|c_1|^2$ ist also zunächst einmal die Wahrscheinlichkeit, dass (2.3) auf eine Wellenfunktion kollabiert, die im Träger von Ψ_1 konzentriert ist, also auf Konfigurationen, die einem Zeiger entsprechen, der auf das Ergebnis „1" zeigt.

In der Viele-Welten-Theorie ist die Interpretation der Bornschen Regel schwierig. Es macht hier keinen Sinn zu sagen, $|c_1|^2$ sei die Wahrscheinlichkeit, dass das Messergebnis „1" eintritt, weil in jedem Fall, also mit absoluter Sicherheit, alle möglichen Messergebnisse eintreten. In Kap. 6 werden wir ausführlich auf diese Problematik eingehen. Eine gängige, wenn auch etwas verlegene Antwort, ist zunächst einmal, dass uns die Bornsche Regel die vernünftigsten subjektiven Wahrscheinlichkeiten liefert, mit denen wir uns selbst in den jeweiligen Welten verorten sollten. Sprich: bevor wir das Ergebnis kennen, sollten wir mit einer Glaubensstärke von $|c_1|^2$ davon ausgehen, dass wir uns in der Welt befinden, in welcher der Zeiger des Apparates nach links zeigt.

Zu guter letzt kann man auch fragen, wie die Bornsche Regel eigentlich in der orthodoxen (Kopenhagener) Quantenmechanik zu verstehen ist. Man könnte hier zum Beispiel sagen, dass obige Rechnung eine „Ortsmessung" der Zeigerstellung beschreibt. $|c_1|^2$ ist dann die Wahrscheinlichkeit, dass wir den Zeiger des Apparates auf die „1" zeigen sehen, sobald wir draufschauen, aber ausdrücklich *nicht* die Wahrscheinlichkeit, dass der Zeiger auf der „1" steht, unabhängig davon, ob jemand hinschaut. Man könnte alternativ auch leugnen, dass man die Rechnung überhaupt hinschreiben darf und darauf bestehen, dass die Messwerte von einem Observablen-Operator kommen müssen (etwa einem „Katzen-Lebendigkeits-Operator"). Und man könnte weiterhin versuchen zu leugnen, dass Katzen und Messapparate überhaupt eine Wellenfunktion haben, weil die dafür einfach zu groß sind. Wenn das alles nicht wirklich ernsthaft klingt, dann liegt es daran, dass es in der Tat nicht ernst zu nehmen ist, aber so wurde jahrzehntelang über Quantenmechanik gesprochen.

Ein Grundgedanke der orthodoxen Theorie war jedenfalls, dass man den Quantenzustand (die Wellenfunktion) über die Observablen (selbstadjungierte Operatoren) unmittelbar mit der Statistik von Messgrößen in Verbindung bringen wollte. Wir haben bereits angedeutet, warum das eine schlechte Idee. Eine Messung ist ja selbst ein komplexer physikalischer Vorgang. Erst eine Analyse der Theorie sagt uns, was die relevanten Beobachtungsgrößen sind und wie man diese im Experiment messen kann. Die Messgrößen als grundlegend anzunehmen und darauf eine Theorie aufzubauen kann nicht funktionieren, das führt ins Verderben bzw. zu den sogenannten „Quantenparadoxien", über die man sich bis heute unnötigerweise den Kopf zerbricht. In Kap. 7 werden wir besprechen, was die eigentlich Aufgabe der Observablen-Operatoren sind. Die ergeben sich nämlich ganz natürlich aus den präzisen Formulierungen der Quantenmechanik, sind aber auch nicht von wirklich grundlegender Bedeutung.

2.5   Dekohärenz

Für den folgenden Abschnitt betrachte man begleitend die Abb. 1.1 und 1.2. Bei unserer Betrachtung des Messprozesses haben wir, ganz nebenbei, ein wichtiges Konzept verwendet, das wir bereits in Kap. 1 angesprochen haben: die *Dekohärenz*. Dekohärenz bedeutet, dass verschiedene Wellenanteile eines quantenmechanischen

Systems – meist durch Verschränkung mit einer makroskopischen Umgebung – ihre Interferenzfähigkeit verlieren. Mit Blick auf Gl. (2.2) können wir das so verstehen, dass die makroskopischen Wellenfunktionen Ψ_1 und Ψ_2 wohlseparierte Träger auf dem Konfigurationsraum haben und aufgrund der großen Anzahl an Freiheitsgraden praktisch nicht mehr zur Überlagerung gebracht werden können.

Dekohärenz findet eigentlich immer und überall statt, wenn man nicht besondere Vorkehrungen trifft, um ein System von Störungen durch die Umgebung zu isolieren. Eine gewöhnliche quantenmechanische Messung muss das gemessene System aber quasi per Definition dekohärieren, wenn diese Messung aussagekräftig sein soll. Ein Messapparat ist ja ein physikalisches System, das nach Interaktion mit dem mikroskopischen System einen von n möglichen, makroskopisch wohlunterschiedenen Zuständen annimmt, die das jeweilige Messergebnis anzeigen. „Makroskopisch wohlunterschieden" bedeutet aber gerade, dass die entsprechenden Zustände verschiedenen, gut getrennten Gebieten des Konfigurationsraumes entsprechen. Einen strengen Beweis zu führen, dass die Interferenz der Zeigerwellen in absehbarer Zukunft ausgeschlossen ist, kann jedoch beliebig schwierig werden.

Häufig wird behauptet, dass Dekohärenz allein das Messproblem löst. Das ist falsch. Das Messproblem wird dabei missverstanden, nämlich als das Problem zu zeigen, dass die Wellenfunktionen in (2.3) tatsächlich im Wesentlichen disjunkte Träger haben, also dass der Übergang von (2.4) nach (2.6) ziemlich gut zu rechtfertigen ist.

Dass Dekohärenz nicht das Messproblem löst, sieht man bereits daran, dass Kohärenz – also die Interferenzfähigkeit der Wellenpakete – bei der Formulierung des Problems überhaupt keine Rolle spielt. Die Pointe von Schrödingers Katzenparadoxon ist, dass die Wellenfunktion einer lebendigen Katze und die Wellenfunktion einer toten Katze gleichermaßen vorliegen, also gleichermaßen „real" sind, *nicht* dass diese beiden Wellenfunktionen auf dem Konfigurationsraum überlagern und zur Interferenz gebracht werden können (Schrödinger war sich sehr wohl bewusst, dass das nicht möglich ist). Solange wir also daran festhalten, dass die Wellenfunktion die vollständige Beschreibung des Systems liefert, lautet das Ergebnis des Experimentes immernoch tote Katze UND lebendige Katze, nicht etwa tote Katze ODER lebendige Katze.

Bei der Diskussion von Interferenzphänomenen wird in der Literatur, anstelle der Wellenfunktion, meist der sogenannte *statistische Operator* (häufig auch: *Dichtematrix*) betrachtet, weil man in diesem Formalismus sowohl das *Gemisch*

$$\rho_G = |c_1|^2 \, |\varphi_1\rangle|\Psi_1\rangle\langle\Psi_1|\langle\varphi_1| + |c_2|^2 \, |\varphi_2\rangle|\Psi_2\rangle\langle\Psi_2|\langle\varphi_2|, \qquad (2.7)$$

als auch den *reinen Zustand*

$$\rho = |c_1\varphi_1\Psi_1 + c_2\varphi_2\Psi_2\rangle\langle c_1\psi_1\varphi_1 + c_2\Psi_2\varphi_2| \qquad (2.8)$$

repräsentieren kann. Das ergibt eine neue Sprechweise, aber keinerlei tieferen Einsichten. Dekohärenz, also die Trennung auf dem Konfigurations, zeigt sich nun darin, dass beim reinen Zustand (2.8) – der entspricht der Superposition (2.3) – die

Nichtdiagonalelemente $c_1 c_2 |\varphi_1 \Psi_1\rangle \langle \Psi_2 \varphi_2|$ und $c_1 c_2 |\varphi_2 \Psi_2\rangle \langle \Psi_1 \varphi_1|$ fast null werden. Formale Resultate zeigen dann, durch Herausmitteln der Umgebungs-Freiheitsgrade (partielle Spurbildung), die Konvergenz $\rho \rightarrow \rho_G$ im thermodynamischen Limes.[7]

Der Witz ist nun, dass ein statistischer Operator der Form (2.7) auch das ist, was ein Experimentator benutzen würde, um etwa eine Messreihe zu beschreiben, bei der er den Zustand des Systems nicht zuverlässig präparieren kann. Das präparierte System hat mit Wahrscheinlichkeit p_1 die Wellenfunktion φ_1 und mit Wahrscheinlichkeit p_2 die Wellenfunktion φ_2, aber er weiß im Einzelfall nicht, welche von beiden. Die Statistik der Messreihe lässt sich dann durch das „statistische Gemisch" $\rho_G = p_1 |\varphi_1\rangle\langle\varphi_1| + p_2 |\varphi_2\rangle\langle\varphi_2|$ beschreiben. Die Pseudo-Lösung des Messproblems besteht nun darin, zu behaupten, dass der Limes $\rho \rightarrow \rho_G$ dieselbe Ignoranz-Interpretation für die dekohärierte Superposition (2.8) rechtfertigt. Aber das ist nur ein Taschenspielertrick, denn auch ein thermodynamischer Limes macht aus einem UND kein ODER. Die Linearität der Schrödinger-Zeitentwicklung wird ja nicht angetastet, die Wellenanteile von „toter Katze" und „lebendiger Katze" sind noch immer gleichermaßen im Endzustand vorhanden, ganz egal, wie groß man die Umgebung macht und wie gut die beiden Wellenanteile voneinander getrennt sind.

Genau darauf bezieht sich Schrödinger, wenn er schreibt: „*Es ist ein Unterschied zwischen einer verwackelten oder unscharf eingestellten Photographie und einer Aufnahme von Wolken und Nebelschwaden.*"

2.6   Die Ontologie der Quantenmechanik

Wir haben nun die drei möglichen Lösungen des Messproblems besprochen: Bohmsche Mechanik, Kollaps-Theorien und die Viele-Welten-Interpretation. Am Ende des Tages möchten wir aber mehr haben, als einen logisch konsistenten Formalismus; wir möchten ein kohärentes und möglichst vollständiges Weltbild. Woraus besteht eigentlich Materie, wie eine Katze oder ein Messapparat? Was geht beim Doppelspalt-Experiment durch den Spalt und verursacht die punktuelle Schwärzung auf dem Schirm? Das ist die Frage nach der *Ontologie* der Quantenmechanik, die wir bereits am Anfang dieses Buches gestellt haben. Es ist sogar so: Wenn die Ontologie klar ist, also klar ist, über welche Dinge in der Natur die Theorie Aussagen macht, dann gibt es auch kein Messproblem.

In der Bohmschen Mechanik ist die Antwort offensichtlich: Bohmsche Mechanik ist eine Theorie über Teilchen als fundamentale Bausteine der Materie. Indem die Theorie beschreibt, wie sich die Teilchen bewegen, beschreibt sie die Konfiguration der Materie in Raum und Zeit und zeichnet damit ein objektives Bild, wie die Welt gemäß der Theorie aussieht.

In der GRW-Kollaps-Theorie ist die Antwort weniger offensichtlich. Der Kollaps-Mechanismus lokalisiert die Wellenfunktion, etwa auf die Konfigurationen

---

[7]Siehe z. B. E. Joos, H.D. Zeh, C. Kiefer, D. Giulini, J. Kupsch und I.-O. Stamatescu, *Decoherence and the Appearence of a Classical World in Quantum Theory*. Springer, 2003.

eines Messapparates, dessen Zeiger nach links zeigt. Aber es gibt immernoch
einen Unterschied zwischen einem Messapparat im physikalischen Raum und der
Wellenfunktion eines Messapparates, die, mathematisch, auf dem hochdimensionalen Konfigurationsraum definiert ist. Nun ist aber möglich, auch die GRW-Theorie
mit einer Ontologie zu unterlegen, lokalisierten Objekten im physikalischen Raum,
deren Konfiguration durch die (kollabierte) Wellenfunktion bestimmt wird und aus
denen Messapparate und Katzen und Tische und Stühle bestehen. Diese fundamentalen Objekte sind dann aber nicht mehr Teilchen, die sich auf kontinuierlichen
Bahnen bewegen, sondern etwa diskrete Materie-Blitze („*flashes*"), die bei einem
Kollaps-Ereignis auftauchen, oder Materie-Felder („Massendichten"), die durch die
Wellenfunktion definiert werden. Das werden wir in Kap. 5 genauer besprechen.

Eine andere Sichtweise, die man in der Kollaps-Theorie und insbesondere der
Viele-Welten-Theorie vertreten kann, ist, dass die Naturbeschreibung allein aus der
Wellenfunktion folgen soll. Demnach bestünde die Ontologie der Quantenmechanik also aus der Wellenfunktion selbst (etwa begriffen als physikalisches Feld auf
$\mathbb{R}^{3N}$) und wir müssten verstehen, wie ein scheinbar so abstraktes Objekt unsere dreidimensionale Erfahrungswelt konstituieren soll. Auf diese Problematik gehen wir
ausführlich in Kap. 6 ein.

Zufall in der Physik

> *Ich bin sogar fest davon überzeugt, dass der grundsätzliche statistische Charakter der gegenwärtigen Quantentheorie einfach dem Umstande zuzuschreiben ist, dass diese mit einer unvollständigen Beschreibung der physikalischen Systeme operiert. [...] Die statistische Quantentheorie würde – im Falle des Gelingens [einer vollständigen Beschreibung] – im Rahmen der zukünftigen Physik eine einigermaßen analoge Stellung einnehmen wie die statistische Mechanik im Rahmen der klassischen Theorie.*
>
> – Albert Einstein, Bemerkungen zu den Arbeiten in *Albert Einstein als Philosoph und Naturforscher.*[1]

Alle Quantentheorien haben eines gemeinsam: Sie stimmen darin überein, dass in der Quantentheorie der Zufall beheimatet ist. Manchmal liest man, dass der quantenmechanische Zufall, oder gleichbedeutend die Wahrscheinlichkeit, intrinsisch sei, also nicht wegzudenken. Die quantenmechanische Wahrscheinlichkeit, synonym mit Zufall, wurzelt natürlich in der Bornschen statistischen Interpretation der Wellenfunktion (1.2). Man kann sie, wie es häufig gemacht wird, einfach als Axiom festlegen. Dann ist nichts mehr zu sagen, außer man ist mit dem Axiom nicht glücklich. Gründe, nicht glücklich zu sein, gibt es, denn normalerweise haben Axiome den Charakter von offenbarer Wahrheit. Aber Wahrscheinlichkeit ist schon allein vom Begriff her problematisch („Was genau ist Wahrscheinlichkeit?"), sodass ein Axiom, das auf diesem Begriff baut, nicht minder problematisch erscheinen kann. Überhaupt: Außer der sogenannten Kollaps-Theorie, die in der Tat einen intrinsischen Zufall enthält, ist die Viele-Welten-Theorie oder Bohmsche Mechanik offenbar deterministisch; die Schrödinger-Gleichung sowie – in der Bohmschen

---

[1] Aus: „Bemerkungen zu den in diesem Bande vereinigten Arbeiten". In P.A. Schilpp (Hg.), *Albert Einstein als Philosoph und Naturforscher.* Springer Fachmedien, 1983, S. 234.

© Springer-Verlag GmbH Deutschland 2018
D. Dürr, D. Lazarovici, *Verständliche Quantenmechanik,*
https://doi.org/10.1007/978-3-662-55888-1_3

Mechanik – die Bewegungsgleichung für die Teilchen enthalten keinen Zufall! Woher kommt der Zufall in solchen Theorien? Und was genau bedeutet eine statistische Hypothese, wie die Bornsche, überhaupt? Für welche Systeme ist sie gedacht und was bedeutet dieser Begriff „verteilt sein", wie er immer wieder auftaucht?

Nun stellen sich diese Fragen auch schon in der deterministischen klassischen Physik, und weil sie dort beantwortet wurden, begeben wir uns zunächst in die klassische Physik, um die Antwort, die im Wesentlichen von Ludwig Boltzmann (1844–1906) gegeben wurde, zu verstehen. Wir werden dann einsehen, und in späteren Kapiteln demonstrieren, dass sich die gleiche Argumentation auf die Quantentheorien übertragen lässt. So wie in der klassischen Physik der Zufall nur ein scheinbarer ist, ein typisches Phänomen in einem determinierten Ablauf der Welt, so ist auch der Zufall in der Quantentheorie (abgesehen von der Kollaps-Theorie) ein nur scheinbarer. Die Grundeinsicht ist, dass der etwas dunkle Begriff der Wahrscheinlichkeit durch den intuitiven, leicht zugänglichen Begriff der *Typizität* ersetzt werden sollte. Dann geht alles leicht von der Hand.

3.1   Typizität

Warum bekommt man beim („fairen") Münzwurf mit Wahrscheinlichkeit $1/2$ Kopf oder Zahl? Von den vielen möglichen und guten Antworten (meistens das Prinzip vom unzureichenden Grund: Es gibt eben nur zwei Seiten der Münze und jede ist gleichberechtigt...) ist eine wegweisend. Wir stimmen wohl alle darin überein, dass wenn man die Münze viele Male wirft, die relative Häufigkeit von Kopf oder Zahl sich jeweils dem Wert $1/2$ annähert. Warum aber ist das so? Warum gibt es diese Art von Gesetzmäßigkeit in einer sonst zufälligen Münzwurfreihe? Man nennt diese Gesetzmäßigkeit das *Gesetz der großen Zahlen*. Es war von jeher ein Unwohlsein damit verbunden, weil der Zufall ja das genaue Gegenteil des Gesetzmäßigen darstellt. Aber die neue Gesetzmäßigkeit ist nicht von der gewohnten Art, etwa wie die eines physikalischen Gesetzes. Es ist eine neue Gesetzmäßigkeit, nämlich eine, die nur *typischerweise* gilt. Das bedeutet, dass sie nicht notwendig zutrifft. Es könnte auch anders sein. Aber das Typische überzeugt durch überwältigende Zahlen. Was das bedeutet, zeigt folgendes Beispiel.

Eine Münzwurfreihe, sagen wir der Länge 1000 (d. h. man wirft die Münze 1000-mal, das ist die „große Zahl" im Gesetz der großen Zahlen) können wir als 0-1-Folgen der Länge 1000 ansehen: Kopf entspricht 0 und Zahl der 1. Die Antworten auf die folgenden Fragen sollte man noch einmal für sich selbst nachprüfen.

1. Wie viele 0-1-Folgen der Länge 1000 gibt es insgesamt? Die Antwort ist leicht zu finden: insgesamt 2^{1000}.
2. Wie viele Folgen der Länge $n = 1000$ haben genau k Nullen? Da muss man sich vielleicht etwas mehr anstrengen, aber mit etwas Schulwissen und Überlegung kommt man auf den Binomialkoeffizienten $\binom{n}{k}$ mit $n = 1000$, also $\binom{1000}{k}$.

Tab. 3.1 Absolute und relative Anzahl von 0-1-Folgen der Länge $n = 1000$ mit genau k Einsen. Man denke daran, dass $\binom{n}{k}$ um $n/2$ symmetrisch ist. Die angegebenen Werte sind Näherungen

k	100	200	300	400	450	480	500
$\binom{1000}{k} \approx$	10^{139}	10^{215}	10^{263}	10^{290}	10^{297}	10^{299}	10^{299}
$\binom{1000}{k}/2^{1000} \approx$	$\dfrac{1}{10^{161}}$	$\dfrac{1}{10^{85}}$	$\dfrac{1}{10^{37}}$	$\dfrac{1}{10^{11}}$	$\dfrac{1}{10^{4}}$	$\dfrac{1}{100}$	$\dfrac{1}{40}$

3. Wie groß sind diese Anzahlen für verschiedene k-Werte? Interessant sind hierbei die Verhältnisse von $k \approx 500$ (Gleichverteilung) zu deutlichen Ungleichverteilungen. Hierzu betrachte man die Tab. 3.1).

Allein der Unterschied von $\binom{1000}{300}$ zu $\binom{1000}{500}$ beträgt 36 Zehnerpotenzen! Wir haben es mit enorm großen Zahlen zu tun. Zum Vergleich: Das Alter des Universums beträgt nach unserer heutigen Einschätzung $4 \cdot 10^{17}$ sec. Wenn man also jede Sekunde eine Folge der Länge 1000 hergestellt hätte, hätte man erst $\sim 10^{17}$ Folgen! Die Anzahl der 0-1-Folgen, die ungefähr gleich viele Nullen wie Einsen haben, ist also *überwältigend viel größer* als die Anzahl der Folgen, bei denen sich die Anzahl der Einsen und Nullen deutlich unterscheidet. Erstere sind also schon fast alle. Das kann man auch gut an den relativen Anzahlen (relativ zur Gesamtanzahl) aus der unteren Zeile sehen. Folgen, die weniger als 450 Einsen bzw. Nullen haben, tragen zur Gesamtanzahl so gut wie nichts bei. Das (mathematisch beweisbare) Gesetz der großen Zahlen (und die große Zahl ist hier $n = 1000$) besagt für den Fall des Münzwurfes das Offenbare, nämlich dass typischerweise Gleichverteilung von 0 und 1 gilt. Nun ist $n = 1000$ nicht übermäßig groß. Man kann leicht an $n = 10^6$ denken oder an 10^{24} (siehe gleich), die ungefähre Anzahl von Molekülen in einem Mol. Die obige Tabelle würde für solche großen Zahlen explodieren.

Wir stellen fest: Die allermeisten Folgen, also die *typischen*, haben ungefähr gleich viele Nullen wie Einsen. Und wenn wir nun die Frage stellen, warum es nicht passiert, dass wir bei tausend Würfen fast nur „Kopf" werfen, dann sollten wir an die Tabelle denken und die einfache Antwort: *weil es untypisch ist!* Weil die allermeisten Folgen ungefähr gleich häufig Kopf wie Zahl zeigen. Man muss sich vielleicht an diese Einsicht, die allein über die großen Zahlen kommt, gewöhnen, aber die Gewöhnung zahlt sich aus, weil man damit der statistischen Analyse, wie sie Ludwig Boltzmann eingeführt hat, ganz nahe kommt. Hier ein Beispiel: Man teile den Hörsaal gedanklich in zwei Hälften. Der Hörsaal sei gut isoliert, die Türen geschlossen, dann ist die Luft (bestehend aus einer Unmenge an Molekülen, sagen wir der Einfachheit halber 10^{24}) im Raum homogen verteilt. Warum passiert es (praktisch) nie, dass sich die Luftmoleküle alle in der linken Hälfte des Saales versammeln? Möglich wäre das, keine Frage! Zur Antwort denke man an jedes Luftmolekül als Münze, und wenn es in der linken Hälfte ist, nenne man das 1, und wenn es in der rechten Hälfte ist, nenne man das 0. Dann beachte man, dass $10^{24} \gg 1000$ ist. Hier haben

wir es nun mit wirklich unfassbar großen Zahlen zu tun, und die Gleichverteilung
der Moleküle auf den Hörsaal steht wirklich außer Frage.

3.2   Kleine Ursache, große Wirkung

Das reine Abzählen, das wir gerade als wesentliche Begründung für unsere Erfahrungen mit dem Zufall ins Spiel gebracht haben, kann nicht ausreichen. Genügend
oft trainiert, gibt es sicher eine Person, die eine Münze ständig so wirft, dass meistens Kopf kommt. Deswegen ist ein prägnanteres Charakteristikum des Zufalls
beim Münzwurf der unvorhersehbare Ausgang bei jedem Wurf. In der 0-1-Folge
treten 0 und 1 irregulär auf – irregulär ja, aber so, dass die relative Häufigkeit von
0 oder 1 regulär, nämlich nahe dem Wert 1/2 sein wird. Woher kommt das Irre-
guläre? Die Antwort wissen wir: Man muss die Münze wirbeln lassen, was nichts
anderes bedeutet, als dass die Bestimmungstücke (anfängliche Lage, Impuls und
Drehimpuls) für die Flugbahn der Münze durch die Instabilität der Münzfluges
„verwischt" werden: Anfänglich nah aneinanderliegende Werte der Bestimmungs-
größen führen zu verschiedenen Endlagen der Münze, kleinste Veränderungen in
den Anfangsbedingungen können von „Endlage Kopf" zu „Endlage Zahl" führen.
Die Bewegung ist chaotisch, kleine Ursachen haben große Wirkung, und das fließt
ebenfalls in die Zufallserscheinung mit ein. Es ist moralisch sogar so: Je größer das
Chaos, desto stabiler die Regularität der relativen Häufigkeiten, desto deutlicher gilt
das Gesetz der großen Zahlen. Die Erscheinung ist auch als Unabhängigkeit bekannt, die Ausgänge der nacheinander ausgeführten Münzwürfe sind stochastisch
unabhängig. Wie geht das, wenn man den Münzwurf als physikalischen Prozess
ernst nimmt? Und wie kommt es zu den verschiedenen Anfangslagen, die durch die
Instabilität des Bewegungsablaufes dann so verstärkt werden, dass am Ende Unabhängigkeit entsteht? Damit kommt eine weitere Frage: Die Anfangsbedingungen
sind ja beliebige Anfangslagen und Drehimpulse, das sind Punkte in einem Kontinuum. Da kann man nicht mehr abzählen. Was ersetzt nun das Abzählen, was sagt
uns, was viel und was wenig ist? Die Antwort ist sofort zu geben: ein Maß auf dem
Kontinuum, ein Typizitätsmaß.

3.3   Vergröberungen und Typizitätsmaß

Es ist sinnvoll in der Diskussion des Zufalls alle „menschlichen Schwächen und
Eigenschaften" außen vor zu lassen und beim Münzwurf nicht mehr an eine wer-
fende Hand eines Menschen zu denken, sondern etwa an eine Münzwurfmaschine:
ein mechanisches Werk, ein Roboter, der eine Münze aufnimmt, sie wirft, Kopf
oder Zahl registriert, die Münze wieder nimmt, wirft, usw. Dann haben wir mit
Sicherheit eine rein physikalische Situation vorliegen, d. h. Abläufe, die einem Uhr-
werk gleichen. Besonders eindrucksvoll ist der Gedanke, dass eine solche Maschine,
die nur eine Münze hat, die Münze aufnimmt, wirft, zurücklegt, wieder aufnimmt

und so fort; wo ist denn da überhaupt noch Platz für den Zufall? Die Sache ist ganz und gar nicht einfach zu denken, und die Aufgabe dieses Kapitels ist es, zum Nachdenken darüber anzuregen. Die Maschine muss jedes Mal die Münze mit einer leicht veränderten Anfangsbedingung abwerfen, und zwar so, dass im Zusammenspiel mit der chaotischen Dynamik in irgendeiner Form das Gesetz der großen Zahlen entsteht. Die erste Frage, die wir nun aufgreifen wollen, ist: Wie sieht überhaupt die mathematische Beschreibung der stochastischen Unabhängigkeit in einem physikalischen System, wie die Münzwurfmaschine eines ist, aus?

Sei Ω also der physikalische Zustandsraum der Maschine mit Münze. Dann produziere die Münzwurfmaschine für jedes $\omega \in \Omega$ eine ganze Münzwurfreihe, die durch ω vollkommen festgelegt ist. Das bedeutet, es gibt Funktionen (*Vergröberungen*), die die einzelnen Würfe der Münzwurfreihe ausdrücken, und die die Anfangsbedingung $\omega \in \Omega$ auf die Werte 0 oder 1 („Zahl" bzw. „Kopf") abbilden. Um die Sache einfach zu halten, wählen wir beispielhaft $\Omega = [0, 1)$ und $\omega = x \in [0, 1)$, sodass wir nun auf Funktionen aus sind, die das Intervall $[0, 1)$ auf die Wertemenge $\{0, 1\}$ abbilden und natürlich die Eigenschaften des Münzwurfes tragen, deren Besonderheit eine ist, die wir alle akzeptieren, nämlich die stochastische Unabhängigkeit. Die ist fast synonym mit Zufall, zumindest im landläufigen Sinne. Die Vergröberung muss diese Unabhängigkeit zusammen mit einem natürlichen Maß produzieren. Die große Frage zu der Zeit, in der Wahrscheinlichkeitstheorie als mathematisch fundierte Theorie entwickelt wurde, war folgende: Gibt es solche Funktionen? Sind solche Funktionen mathematisch natürliche Objekte? Und was soll das Maß sein? Die Antwort ist zugleich einfach und subtil, denn es braucht eine gehörige Portion moderner Mathematik.

Wir stellen die Anfangsbedingung $x \in [0, 1)$ binär (auch Dualdarstellung genannt) dar, d. h., wir stellen die Zahl im Stellenwertsystem zur Basis 2 dar:

$$x = 0, x_1 x_2 x_3 \ldots \ldots, \quad x_k \in \{0, 1\}, \quad x = \sum_{k=1}^{\infty} x_k 2^{-k},$$

$x_k \in \{0, 1\}$ ist also die k-te Dualstelle von x. Wir betrachten die Abbildungen r_k, die x auf die k-te Dualstelle von x abbilden (vgl. dazu Abb. 3.1, die die Vorschrift eindeutig macht):

$$r_k : [0, 1) \longrightarrow \{0, 1\}$$
$$r_k(x) = x_k$$

Die Abbildungen heißen *Rademacher-Funktionen* zu Ehren von Hans Rademacher (1892–1969), der sie eingeführt hat. Sie bilden Teilmengen von $[0, 1)$ auf 0 bzw. 1 ab und sind damit *Vergröberungen*.

▶ **Definition 3.1** Die Menge $r_k^{-1}(\delta)$ ist die *Urbild-Menge* von δ, also die Menge der $x \in [0, 1)$, die auf den Wert δ abgebildet werden.

Als Modell des Münzwurfes denke man also an x als physikalische Anfangsbedingung und $r_k(x)$ als Endlage der Münze im k-ten Wurf, gegeben als Lösung der

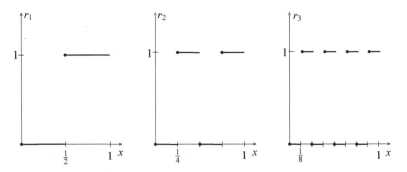

Abb. 3.1 Die Graphen der Rademacher-Funktionen r_k für $k = 1, 2, 3$. Man beachte, dass die Urbilder halb offene Intervalle sind

Bewegungsgleichungen. Die Rolle des (deterministischen) physikalischen Gesetzes übernimmt hier einfach die Dualentwicklung der Zahl.

Anmerkung 3.1 In der Literatur werden Vergröberungen „Zufallsgrößen" oder auch „Zufallsvariablen" genannt. Wir müssen anmerken, dass das eine schrecklich verwirrende Benennung ist („a horrible and misleading terminology"[2]), denn von Zufall reden wir hier ja gar nicht, wir reden von Vergröberungen, also Funktionen, die nichts anderes tun als zu vergröbern. Der Zusatz „Zufall" hat hier nichts zu suchen.

Der Wert von r_k sagt uns etwas über die k-te Dualstelle von x und damit natürlich auch etwas über x selbst: Wenn z. B. $r_1(x) = 1$ ist, dann muss $x \in [1/2, 1)$ sein, wenn $r_2(x) = 0$, dann muss $x \in [0, 1/4] \cup [1/2, 3/4)$ sein, usw. Aber mehr haben wir nicht: Kennt man den n-dimensionalen Vektor $(x_1, \ldots, x_n)$, kennt man zwar x besser, dennoch wissen wir daraus nichts über x_l für $l > n$.

Es liegt nahe, r_k mit dem k-ten Wurf einer Münzwurfreihe zu identifizieren, d. h. wenn x unsere Anfangsbedingung ist, ist $r_1(x)$ das Ergebnis des 1. Wurfes, $r_2(x)$ das des 2. Wurfes, etc. Die Menge der Anfangsbedingungen, für die

„im 1. Wurf Kopf und im 2. Wurf Zahl und im 4. Wurf Zahl"

kommt, ist dann der Schnitt von Urbild-Mengen

$$r_1^{-1}(1) \cap r_2^{-1}(0) \cap r_4^{-1}(0) = [1/2, 9/16) \cup [10/16, 11/16)$$

oder

„im 1. Wurf Kopf oder im 2. Wurf Zahl"

---

[2]M. Kac, *Statistical Independence in Probability, Analysis and Number Theory*. The Carus Mathematical Monographs, 1959, S. 22.

ist

$$r_1^{-1}(1) \cup r_2^{-1}(0) = [1/2, 3/4).$$

Erfüllen die Rademacher-Funktionen unsere Vorstellung von unabhängigen Würfen in einer Münzwurfreihe?

Vergröberungen, wie der Name passend sagt, sind keine Eins-zu-eins-Abbildungen, keine Bijektionen: Viele x-Werte werden durch ein r_k auf einen Bildwert abgebildet. Welche x-Werte genau, sagt uns das Urbild $r_k^{-1}(\delta)$, $\delta \in \{0, 1\}$. Etwa:

$$r_1^{-1}(0) := \{x \in [0, 1) : r_1(x) = 0\} = [0, 1/2)$$

Vergröberungen zerlegen ihren Definitionsbereich demnach in Zellen (im Englischen „coarse graining" genannt), was eine ganz wesentliche Eigenschaft ist. Und genau diese Einsicht führt uns zur Laplaceschen Bewertung der Bildwerte: Die Gewichtung der Bildwerte 0 bzw. 1 mit 1/2 kommt vom *Inhalt* ihrer Urbildzellen. Der uns geläufige *Inhalt eines Intervalls* $[a, b)$ ist seine Länge: $\lambda([a, b)) = b - a$, der *Inhalt eines Rechtecks* ist „Länge mal Breite". *Inhalt* ist synonym für „Volumen", und in der Theorie der Wahrscheinlichkeit wird der Inhalt „Maß" genannt. Alles das Gleiche. Das Maß wird das Abzählen im kontinuierlichen Fall ersetzen und als Typizitätsmaß bestimmend sein.

Wir sehen nun direkt aus Abb. 3.1 (und mit etwas Nachdenken über allgemeines k), dass der Inhalt eines jeden Werte-Urbildes der Rademacher-Funktionen

$$\lambda\left(r_k^{-1}(\delta)\right) = \lambda\left(\{x : r_k(x) = \delta\}\right) = \frac{1}{2}, \delta \in \{0, 1\}$$

ist. Und der ist genau der Wert der Wahrscheinlichkeit $\mathbb{P}$ auf dem Bildbereich, also die Wahrscheinlichkeit, die wir intuitiv sowieso ansetzen. Also ist für $\delta \in \{0, 1\}$

$$\mathbb{P}(\text{„}\delta \text{ im } k\text{-ten Wurf"}) := \lambda\left(r_k^{-1}(\delta)\right). \tag{3.1}$$

Vergröberungen übertragen also den Inhalt auf die entsprechenden Bildwerte. Mit dem Inhaltsbegriff können wir die Rademacher-Funktionen auf Unabhängigkeit untersuchen, die die ausgezeichnete Eigenschaft des Münzwurfes ist.

Wir betrachten der Einfachheit halber zunächst die Vergröberungen r_1, r_2. Dann gilt für den Inhalt folgende Produktstruktur:

$$\begin{aligned}
\mathbb{P}(\text{„}\delta_1 \text{ im 1. Wurf und } \delta_2 \text{ im 2. Wurf"}) &= \lambda\left(r_1^{-1}(\delta_1) \cap r_2^{-1}(\delta_2)\right) \\
&= \lambda\left(\{x : r_1(x) = \delta_1 \cap r_2(x) = \delta_2\}\right) \\
&= \frac{1}{4} = \left(\frac{1}{2}\right)^2 \\
&= \lambda\left(r_1^{-1}(\delta_1)\right) \lambda\left(r_2^{-1}(\delta_2)\right). \tag{3.2}
\end{aligned}$$

Die Rademacher-Vergröberungen r_1 und r_2 sind tatsächlich unabhängig.

Mit etwas Nachdenken wird man diese Eigenschaft der Rademacher-Funktionen sicherlich erwarten (wenn wir die erste Dualstelle kennen, sagt uns das nichts über zweite Dualstelle etc., das ist der naive Begriff von Unabhängigkeit); wenn man aber nicht zumindest ein bisschen erfreut ist über dieses Resultat und denkt, das sei völlig trivial, dann hat man den Punkt noch nicht begriffen.

Anmerkung 3.2 Wenn man unbedingt das Wort *Wahrscheinlichkeit* verwenden will, dann würde man sagen, dass die Wahrscheinlichkeit, dass r_1 den Wert δ_1 hat *und* r_2 den Wert δ_2, gleich dem Produkt der Einzelwahrscheinlichkeiten ist. Aber wir brauchen das Wort *Wahrscheinlichkeit* nicht zu verwenden. Die obige Produktstruktur der Inhalte von speziellen Mengen ist einfach ein mathematisches Faktum.

Nun allgemein: Sei $n_k \in \mathbb{N}$, $k = 1, 2, \ldots, n, \delta_{n_k} \in \{0, 1\}$, dann gilt

$$\lambda \left(\bigcap_{k=1}^{n} r_{n_k}^{-1}(\delta_{n_k}) \right) = \lambda \left(\bigcap_{k=1}^{n} \{x : r_{n_k}(x) = \delta_{n_k}\} \right)$$

$$= \left(\frac{1}{2} \right)^n = \prod_{k=1}^{n} \lambda(r_{n_k}^{-1}(\delta_{n_k})). \tag{3.3}$$

Das gibt uns nun das nötige Vertrauen, dass *stochastische Unabhängigkeit* nicht nur ein Wort ist, sondern eine natürliche mathematische Eigenschaft, und deswegen stellt diese Produktstruktur eine gute mathematische Definition der stochastischen Unabhängigkeit dar. Das gibt uns zudem Vertrauen, den Zufall in der Physik erfassen zu können.

Die Unabhängigkeit der Rademacher-Funktionen kann man *sehen*. Vergröberungen zerlegen ihren Definitionsbereich auf ganz spezielle Weise: Man betrachte in Ruhe Abb. 3.1 und überlege, wie die Urbild-Mengen von r_k für große k das Intervall $[0, 1)$ durchmischen und wie sich die Urbilder der verschiedenen Vergröberungen durchmischen, wie alles präzise abgestimmt ineinandergreift. Nur so, nur auf diese überaus komplizierte Art ist Unabhängigkeit denkbar. Dass dieses Ausgetüfteltsein im vorliegenden Falle auf eine so langweilige Art geschieht, mag nicht überraschen, alles andere ist kaum auszudenken. Hier sehen wir also Unabhängigkeit in ihrer klarsten Form: ineinander vermischte Urbilder, aber präzise abgestimmt. Das sind die Prototypen unabhängiger Ereignisse.

Allerdings sagen wir das hier etwas großzügig, denn perfekt wird das Durchmischen der r_k erst durch die richtige Wahl des Maßes, mit dem die Zellen vermessen werden. Dieser wesentliche Bestandteil stellt sich grafisch so offensichtlich dar, dass man das Maß leicht als Extrastruktur übersehen könnte. Der abstrakte Maß-Begriff, den man in der Maß- oder eben in der Wahrscheinlichkeitstheorie kennenlernt, lässt aber unzählige Möglichkeiten zu, die stark von der ursprünglichen Intuition „Inhalt = Intervalllänge" abstrahiert sind.

Als Beispiel können wir statt λ etwa folgendes Maß wählen: $\mu = \frac{4}{3} \cdot \lambda$ auf $[0, 3/4)$ und $\mu = 0$ auf $[3/4, 1)$. Also ist dann beispielsweise $\mu([0, 3/4)) = 1$ und $\mu([1/2, 1)) = \frac{4}{3}\lambda([1/2, 3/4)) = \frac{4}{3}(\frac{3}{4} - \frac{1}{2}) = \frac{1}{3}$. Nun bewerten wir die Urbilder der Rademacher-Funktionen mit diesem Inhalt. Und wir sehen, dass z. B.

$$\mu\left(r_1^{-1}(0) \cap r_2^{-1}(1)\right) = \mu\left(\{x : r_1(x) = 0\} \cap \{x : r_2(x) = 1\}\right)$$

$$= \mu([1/4, 1/2)) = \frac{4}{3} \cdot \lambda((1/4, 1/2]) = \frac{4}{3} \cdot \frac{1}{4} = \frac{1}{3}$$

$$\neq \mu\left(r_1^{-1}(0)\right) \cdot \mu\left(r_2^{-1}(1)\right)$$

$$= \frac{4}{3}\lambda([0, 1/2)) \cdot \frac{4}{3}\lambda([1/4, 1/2)) = \frac{2}{9}.$$

Da gibt es also keine Unabhängigkeit mehr.

Was ist das Spezielle, das den Inhalt λ auszeichnet und weswegen er allen anderen möglichen Inhalten μ vorgezogen wird? Seine offenbare Natürlichkeit. So etwas ist meistens als fundamentales Objekt unschlagbar. Aber dabei werden wir es nicht belassen und gleich anschließend eine wirklich gute Begründung, nämlich eine physikalische, nachliefern.

Der Begriff der *Unabhängigkeit* von Zufallsgrößen, wie er in jedem Lehrbuch der Wahrscheinlichkeitstheorie, ohne große Worte zu verlieren, definiert wird, dieser Begriff erhält seine mathematische Fundierung einzig und allein aus der speziellen Art und Weise der Durchmischung der Urbilder und der weiteren wesentlichen Zutat, dem Maß oder Inhalt. Die Rademacher-Funktionen sind mit dem natürlichen Inhalt der *Prototyp von unabhängigen Zufallsgrößen* und erst deren Findung machte die Wahrscheinlichkeit einer Mathematisierung würdig.

3.4 Das Gesetz der großen Zahlen

Die Tab. 3.1 sagt uns: *„Typischerweise ist die relative Häufigkeit von Kopf und Zahl ungefähr $\frac{1}{2}$."* Das Gesetz der großen Zahlen, wie es in der Tabelle direkt ablesbar ist, kommt also ohne großes Gerede aus, aber wo ist Chaos, wo Durchmischung, wo die Unabhängigkeit darin versteckt? Im Zählen von den Folgen! (Man denke darüber nach!) Aber wie ist das nun auf der fundamentalen Ebene, zum Beispiel im Modell der Rademacher-Funktionen? Wie kommt man da zu der Aussage? Auf der elementaren Ebene, einem Kontinuum, haben wir keine Abzählung mehr, auf die wir uns zurückziehen können. Stattdessen haben wir den Inhalt λ, der die Abzählung verallgemeinern muss. Statt „die allermeisten (laut *Abzählung*)" sagen wir nun: „die allermeisten", aber laut *Inhalt*. Und wie formulieren wir überhaupt genau, was wir aussagen wollen? Wir wollen die Typizität von relativen Häufigkeiten von 0 und 1 beschreiben, und der gesuchte Ausdruck ist die empirische Verteilung. Mit der Indikatorfunktion $\mathbb{1}_A(x)$, die 1 ist, falls $x \in A$, und 0 sonst, betrachten wir

▶ **Definition 3.2** Die Funktion

$$\rho_{\text{emp}}^n(\{\delta\}, x) := \frac{1}{n}\sum_{k=1}^{n}\mathbb{1}_{\{\delta\}}(r_k(x)), \ \delta \in \{0, 1\}, \ x \in [0, 1)$$

heißt *empirische Verteilung* für Rademacher-Funktionen.

Sie ist eine Vergröberung und im vorliegenden Fall eine Vergröberung von $[0, 1)$ und sie gibt die relative Häufigkeit an, mit der in den ersten n Binärstellen von x die Ziffer δ vorkommt.

Anmerkung 3.3   Das Wort „empirisch" könnte hier Verwirrung stiften, denn es gibt einerseits die empirische Verteilung, die wir im realen Experiment durch relative Häufigkeiten bestimmen, und andererseits den theoretischen Ausdruck, der mit der physikalischen Theorie eine Vorhersage für die Häufigkeiten liefert. In obiger Definition meinen wir die theoretische Größe, d. h., man sollte von theoretischer empirischer Verteilung sprechen, aber das sind dann doch zu viele Adjektive, die sich auch noch zu widersprechen scheinen. Kurz, der Ausdruck $\rho_{\mathrm{emp}}^{n}(\{\delta\}, x)$ beschreibt also die *empirische* Verteilung der Münzwurfergebnisse *innerhalb* unserer Theorie. Wir werden später in Theorem 3.3 damit ernst zur Sache gehen.

Wir wollen nun zeigen, dass typischerweise für große n die relative Häufigkeit für $\delta = 1$ bei $1/2$ liegt. Was bedeutet das? Es bedeutet, dass diese spezielle Vergröberung $\rho_{\mathrm{emp}}^{n}(\{\delta\}, x)$ das Intervall $[0, 1)$ in verschieden große Zellen einteilt, wobei die Zelle, deren Elemente auf den Wert $1/2$ abgebildet werden, inhaltsmäßig fast alles einnimmt. Dann gibt es noch kleinere Zellen, auf denen andere Werte angenommen werden, diese Ergebnisse sind *möglich*, aber sie fallen inhaltsmäßig nicht ins Gewicht. Das wollen wir mathematisch bestätigt wissen. Dazu betrachten wir die Abweichung der Vergröberung vom Wert $1/2$, also $\rho_{\mathrm{emp}}^{n}(\{\delta\}, x) - \frac{1}{2}$, und berechnen den Inhalt der zugehörigen Zellengröße. Das Resultat ist das bereits oft angesprochene *Gesetz vom Mittel*, das in der mathematischen Literatur *Gesetz der großen Zahlen* heißt.

Wir müssen also den Inhalt der folgenden Menge abschätzen:

$$\left\{ x \in [0, 1) : \left| \rho_{\mathrm{emp}}^{n}(\{\delta\}, x) - \frac{1}{2} \right| > \varepsilon \right\}, \, \varepsilon > 0$$

Zunächst schreiben wir den Inhalt auf ein Integral um. Allgemein ist

$$\lambda\left(\{x : |f(x)| > \epsilon\}\right) = \int_{0}^{1} \mathbb{1}_{\{x : |f(x)| > \epsilon\}}(x) \, dx. \tag{3.4}$$

Falls nun $|f(x)| > \epsilon$ ist, dann gilt natürlich $\left(\frac{|f(x)|}{\epsilon}\right)^{n} > 1$, für alle $n \in \mathbb{N}$. Damit ist (man erinnere sich nun an die Definition der Indikatorfunktion)

$$\mathbb{1}_{\{x : |f(x)| > \epsilon\}}(x) \leq \left(\frac{|f(x)|}{\epsilon}\right)^{n}.$$

Das bringen wir in (3.4) ein und bekommen

$$\lambda\left(\{x : |f(x)| > \epsilon\}\right) = \int_{0}^{1} \mathbb{1}_{\{x : |f(x)| > \epsilon\}}(x) \, dx \leq \int_{0}^{1} \left(\frac{|f(x)|}{\epsilon}\right)^{n} dx. \tag{3.5}$$

Für $n = 2$ ist das die berühmte *Chebyshevsche Ungleichung*. Im Allgemeinen heißt sie *Markovsche Ungleichung*. Die benutzen wir nun für $f(x) = \rho^n_{emp}(\{\delta\}, x) - \frac{1}{2}$. Um Arbeit zu sparen, bemerken wir, dass $\mathbb{1}_{\{1\}}(r_k(x)) = r_k(x)$, und weil das so ist, können wir uns an $\delta = 1$ festhalten und

$$\rho^n_{emp}(\{1\}, x) - \frac{1}{2} = \frac{1}{n} \sum_{k=1}^{n} \left(r_k(x) - \frac{1}{2} \right)$$

anschauen. Damit ist

$$\lambda\left(\left\{ x : \left| \rho^n_{emp}(\{1\}, x) - \frac{1}{2} \right| > \epsilon \right\} \right) \leq \frac{1}{\epsilon^2} \int_0^1 \left(\rho^n_{emp}(\{1\}, x) - \frac{1}{2} \right)^2 dx$$

$$= \frac{1}{n^2 \epsilon^2} \int_0^1 \left(\sum_{k=1}^{n} \left(r_k(x) - \frac{1}{2} \right) \right)^2 dx.$$

Ausmultiplizieren der Summe liefert eine Diagonalsumme mit n Termen und eine Summe über die Nichtdiagonalterme (das sind $n^2 - n = n(n-1) \approx n^2$ Terme), also für allgemeine Summanden a_k

$$\left(\sum_{k=1}^{n} a_k \right)^2 = \sum_{k=1}^{n} a_k^2 + \sum_{k \neq j=1}^{n} a_k a_j.$$

Für das Integral über die Nichtdiagonalterme benutzen wir, dass für *unabhängige* Vergröberungen, das Integral über das Produkt gleich dem Produkt der Integrale ist:

$$\sum_{k \neq l=1}^{n} \int_0^1 \left(r_k(x) - \frac{1}{2} \right) \left((r_l(x) - \frac{1}{2} \right) dx$$

$$= \sum_{k \neq l=1}^{n} \int_0^1 \left(r_k(x) - \frac{1}{2} \right) dx \int_0^1 \left(r_l(x) - \frac{1}{2} \right) dx = 0. \tag{3.6}$$

Man betrachte dazu die Graphen von r_k in Abb. 3.1. Übrig bleiben die Diagonalterme, wobei ebenfalls nichts zu rechnen ist, denn offenbar ist $(r_k - \frac{1}{2})^2 = \frac{1}{4}$, also

$$\sum_{k=1}^{n} \int_0^1 \left(r_k(x) - \frac{1}{2} \right)^2 dx = \frac{n}{4},$$

und damit haben wir

Theorem 3.1 (Gesetz der großen Zahlen für Rademacher-Funktionen) *Für alle $\varepsilon > 0$ gilt*

$$\lambda\left(\left\{ x \in [0, 1) : \left| \rho^n_{emp}(\{\delta\}, x) - \frac{1}{2} \right| > \varepsilon \right\} \right) \leq \frac{1}{4n\varepsilon^2}, \quad \delta \in \{0, 1\}, \tag{3.7}$$

wobei die rechte Seite offenbar mit wachsendem n (das sind die großen Zahlen)
beliebig klein wird.

In Worten:

- Die Menge der $x \in [0, 1)$, für welche die relativen Häufigkeiten von 1 und 0 in
  der Dualentwicklung nicht „ungefähr $\frac{1}{2}$ ist", hat verschwindend kleinen Inhalt.
- Oder: Die relativen Häufigkeiten der Dualziffern sind für die *allermeisten* x
  ungefähr $\frac{1}{2}$.
- Oder: Für *typische* x sind die relativen Häufigkeiten von 1 und 0 ungefähr $\frac{1}{2}$.
- Und übersetzt in die Sprache des Münzwurfes (wenn wir ein wenig spielerisch
  die Rademacher-Funktionen mit dem Münzwurf-Experiment in Verbindung
  bringen): Beim typischen Münzwurf kommt ungefähr gleich oft Kopf wie Zahl.

3.5   Typizität im Kontinuum

In den Begriff der Typizität ging im Eingangsbeispiel des Hörsaals nur Abzählen
ein, nämlich nur die Beantwortung der Frage, welche Charakteristika übermäßig
häufig sind und welche weniger häufig, d. h. welche typisch sind und welche nicht.
Aber die Moleküle im Hörsaal schwirren umher; deren Bewegung ist eigentlich
durch die Angabe von Ort und Geschwindigkeit festgelegt und beim Münzwurf
wird ja die Münze geworfen, also jeder Wurf ist durch die Anfangsbedingungen
wie Drehmoment und Impuls bestimmt. Diese Bestimmungsstücke sind in der Abzählung verborgen. Die Abzählung betrifft eine vergröberte Sichtweise des wahren
Geschehens. Das wahre Geschehen, der physikalische Ablauf, wird durch Punkte
eines Kontinuums bestimmt, zum Beispiel durch die Orte und Impulse aller Luftmoleküle. Wie kann man auf ein solches Kontinuum die Idee von Typizität anwenden?
Der vorherige Abschnitt gibt uns den mathematischen Rahmen, wie das geschehen kann: Die Abzählung wird durch ein Maß ersetzt, ein Typizitätsmaß. Das ist ein
Maß, man denke an das Lebesgue-Maß auf dem zugrunde liegenden physikalisch relevanten Raum, dem Phasenraum, wie Boltzmann ihn genannt hat. Die große Frage
(und das ist eine wirklich große Frage, über deren Antwort es keine Einigkeit zu geben scheint) ist nun diese: Wer oder was bestimmt, was das Typizitätsmaß sein soll?
Das Typizitätsmaß bestimmt, was typisch und was untypisch ist, und das sollte doch
in irgendeiner Form objektiv sein. Es ist ja für uns alle ein Faktum, dass der Hörsaal
gleichmäßig mit Luftmolekülen gefüllt ist *und nicht Studenten auf einer Seite des*
Raumes ersticken. Das hat ja nichts mit dem Gefühl einer jeden Einzelperson zu tun.
Deswegen erklären wir zuerst, wie in der von allen als deterministisch anerkann-
ten physikalischen Theorie, nämlich der Newtonschen Mechanik, das physikalische
Gesetz das Typizitätsmaß bestimmen kann. Allerdings gilt das, was wir hier zu sagen haben, (in angepasster Form) für *jede* physikalische Theorie. Die wird immer in
irgendeiner Form ein *dynamisches System* $(\Omega, \mathbb{P}, T_t)$ sein. Ein dynamisches System
besteht aus dem Phasenraum Ω, wie z. B. die Menge aller möglichen Orte und Impulse aller Gasmoleküle im Hörsaal. Darauf hat man eine Zeitentwicklung (t steht

für die Zeit) $T_t : \Omega \mapsto \Omega$, $t \in \mathbb{R}$, wie die zeitliche Entwicklung aller Moleküle. Und dann ein Maß $\mathbb{P}$, das sich unter der Zeitentwicklung nicht ändert. Das bedeutet: $\mathbb{P}$ ist *stationär* bzgl. T_t. Um die Bedeutung der Stationarität zu erfassen, betrachte man zunächst die allgemeine Situation eines Maßes $\mathbb{P}$ und einer Zeitentwicklung T_t auf Ω. Die induziert eine Veränderung des Maßes mit der Zeit, nämlich (man lasse pure Logik walten)

$$\mathbb{P}_t(A) := \mathbb{P}(T_t^{-1}(A)).$$

Hier wird nur gesagt, dass das zeitabhängige Maß einer Menge A das ursprüngliche Maß der ursprünglichen Menge $T_t^{-1}(A) = \{\omega | T_t\omega \in A\}$ ist. Nun kann man nach einem speziellen Maß suchen, nämlich nach einem *stationären* Maß. Das ist also ein Maß, das sich unter dem Transport mit T_t nicht ändert, also $\mathbb{P}_t(A) = \mathbb{P}(A)$ und damit $\mathbb{P}(A) = \mathbb{P}(T_t^{-1}(A))$ für alle A gilt. Das hat dann zur Folge, dass Typizität zu jeder Zeit mit demselben Maß definiert wird. Der Begriff der Typizität ist also zeitlos. Diese Eigenschaft ist für die physikalische Typizität von elementarer Bedeutung, ohne sie wäre eine statistische Physik nicht denkbar. Deswegen noch einmal: Das Maß $\mathbb{P}$ heißt bezüglich der Zeitentwicklung T_t stationär wenn für alle A und t

$$\mathbb{P}_t(A) := \mathbb{P}(T_t^{-1}(A)) = \mathbb{P}(A). \tag{3.8}$$

Die physikalische Theorie gibt zunächst nur den Phasenraum und die Zeitentwicklung darauf an. Wie aber findet man das stationäre Maß? Wir führen das am Beispiel der Newtonschen Mechanik vor.

3.5.1 Newtonsche Mechanik in der Hamiltonschen Formulierung

Das T_t der Newtonschen Mechanik ist durch die Newtonschen Gesetze gegeben: T_t beschreibt die Dynamik von Punktteilchen. Newtonsche Mechanik ist eine Theorie zweiter Ordnung, das heißt, die dynamischen Grundgleichungen für die Teilchenorte $q_i \in \mathbb{R}^3$ als Funktionen der Zeit sind Differentialgleichungen zweiter Ordnung:

$$m_i \frac{d^2 \mathbf{q}_i}{dt^2} = \mathbf{K}_i(\mathbf{q}_1, \dots, \mathbf{q}_N), \quad i = 1, \dots, N \tag{3.9}$$

mit den Parametern m_i, Massen genannt, und K als Gravitationskraft

$$\mathbf{K}_i(\mathbf{q}_1, \dots, \mathbf{q}_N) = \sum_{i \neq j} G m_i m_j \frac{\mathbf{q}_j - \mathbf{q}_i}{|\mathbf{q}_j - \mathbf{q}_i|^3}$$

und der Gravitationskonstanten G. Der Phasenraum der Newtonschen Mechanik eines N-Teilchen-Systems ist $\mathbb{R}^{6N}$, denn zur Angabe des Zustandes (die notwendigen Anfangsdaten zur eindeutigen Bestimmung der zeitlichen Entwicklung T_t) benötigt

man die Orte und Geschwindigkeit en aller Teilchen. Man kann die Differentialgleichung zweiter Ordnung auf dem Phasenraum $\mathbb{R}^{6N}$ zu einer Differentialgleichung
erster Ordnung reduzieren, und aus Bequemlichkeit führt man

$$(q,p) := (\mathbf{q}_1, \dots, \mathbf{q}_N, \mathbf{p}_1, \dots, \mathbf{p}_N), \quad \mathbf{p}_i = m_i \dot{\mathbf{q}}_i \left(:= m_i \frac{d\mathbf{q}_i}{dt} \right)$$

ein und nennt $\Omega = \mathbb{R}^{3N} \times \mathbb{R}^{3N}$ den *Phasenraum*[3] der Punkte (q, p). Aus (3.9) wird

$$\begin{aligned} \dot{q} &= m^{-1}p \\ \dot{p} &= K(q) = \left(\mathbf{K}_1(\mathbf{q}_1, \dots, \mathbf{q}_N), \dots, \mathbf{K}_N(\mathbf{q}_1, \dots, \mathbf{q}_N) \right), \end{aligned} \tag{3.10}$$

wobei m die Massenmatrix (eine Diagonalmatrix mit den m_i als Diagonalelementen)
ist.

Im Fall der Gravitation (und in vielen anderen Fällen) ist $K = -\nabla V$, also ein
Gradient eines Potentials. Damit wird (3.10) schreibbar als

$$\begin{aligned} \dot{q} &= \frac{\partial H}{\partial p}(q, p) \\ \dot{p} &= -\frac{\partial H}{\partial q}(q, p) \end{aligned} \tag{3.11}$$

mit der sogenannten Hamilton-Funktion[4]

$$H(q, p) = \frac{1}{2} \langle p, m^{-1}p \rangle + V(q) = \frac{1}{2} \sum_{i=1}^{N} \frac{\mathbf{p}_i^2}{m_i} + V(\mathbf{q}_1, \dots, \mathbf{q}_N). \tag{3.12}$$

Wir sollten die zur Newtonschen Mechanik äquivalente Hamiltonsche Formulierung (3.11) und (3.12) als eigenständige Formulierung der Mechanik, nämlich
als *Hamiltonsche Mechanik* annehmen.

Hamiltonsche Mechanik ist in einem handfesten Sinne unromantischer als
Newtonsche Mechanik, denn gegeben die Hamilton-Funktion (die man als das
fundamentale Gesetz ansehen kann) sieht die Mechanik nun so aus: Die Hamilton-
Funktion eines N-Teilchen-Systems $H(q, p)$ erzeugt auf dem Phasenraum Ω ein
Vektorfeld

---

[3]In der klassischen Physik hat sich nach Boltzmann eigentlich Γ als Symbol für den Phasenraum
eingebürgert. In der Wahrscheinlichkeitstheorie hat seinerzeit Andrei Nikolajewitsch Kolmogorow
stattdessen das Symbol Ω eingeführt.

[4]Diese wurde von William Rowan Hamilton (1805–1865) eingeführt und zu Ehren von Christiaan
Huygens (1629–1695) mit dem Symbol H notiert.

$$v^H(q,p) = \begin{pmatrix} \frac{\partial H}{\partial p}(q,p) \\ -\frac{\partial H}{\partial q}(q,p) \end{pmatrix} = \begin{pmatrix} \frac{\partial H}{\partial \mathbf{p}_1}(q,p) \\ \vdots \\ \frac{\partial H}{\partial \mathbf{p}_N}(q,p) \\ -\frac{\partial H}{\partial \mathbf{q}_1}(q,p) \\ \vdots \\ -\frac{\partial H}{\partial \mathbf{q}_N}(q,p) \end{pmatrix}.$$

Im rechten Vektor bedeutet $\frac{\partial H}{\partial \mathbf{q}_k}(q,p)$ die Bildung des Gradienten nach Vektor $\mathbf{q}_k$, also eine Ableitung nach drei Koordinaten. Analoges gilt für die Ableitung nach $\mathbf{p}_k$. Die Gleichungen aus (3.11) besagen nun: Die Integralkurven an dieses Vektorfeld (das Vektorfeld definiert die Tangenten der Integralkurven) ergeben die zeitliche Entwicklung der möglichen Zustände

$$(Q(t),P(t)) = (\mathbf{Q}_1(t),\dots,\mathbf{Q}_N(t),\mathbf{P}_1(t),\dots,\mathbf{P}_N(t)), \ t \in \mathbb{R}$$

des Systems, wobei das Tupel $(\mathbf{Q}_k(t),\mathbf{P}_k(t))$ den Ort und die Geschwindigkeit (eigentlich den Impuls) des k-ten Teilchens zur Zeit t darstellt. Wir haben also ein ziemlich unanschauliches Bild von Kurven (Systembahnen) in einem hochdimensionalen Raum. Wenn man bei den Teilchen an Gasmoleküle denkt, dann hat der Raum in etwa 10^{24} Dimensionen. Warum nannten wir das Bild unromantisch? In der Newtonschen Mechanik spricht man von Anziehung von Massen und davon, dass Massen mit Kräften aufeinander einwirken. Die Teilchen tragen also recht „menschliche" Züge. All das ist im Hamiltonschen Bild verschwunden. Da ist nur noch die Hamilton-Funktion, die ein Vektorfeld erzeugt.

Als *Hamiltonschen Fluss* $\left(T_t^H\right)_{t\in\mathbb{R}}$ auf Ω bezeichnen wir die Abbildungen von „Anfangswerten" (q,p) auf die Werte zur Zeit t entlang der Bahnen:

$$T_t^H : \Gamma \to \Gamma, \quad (q,p) \mapsto (q(t,(q,p)),p(t,(q,p))), \ t \in \mathbb{R}$$

mit $q(0,(q,p)) = q, p(0,(q,p)) = p$ und

$$\frac{\mathrm{d}T_t^H(\omega)}{\mathrm{d}t} = v^H\left(T_t^H(\omega)\right), \quad \omega = (q,p). \tag{3.13}$$

Um Hamiltonsche Mechanik als dynamisches System zu sehen, fehlt uns nur noch ein stationäres Maß $\mathbb{P}$.

3.5.2 Kontinuitätsgleichung und Typizitätsmaß

Wir unterdrücken den Index H an T_t und betrachten die Stationaritätsforderung (3.8) in der Form

$$\int f(T_t(\omega))\,\mathrm{d}\mathbb{P}(\omega) = \int f(\omega)\mathrm{d}\mathbb{P}(\omega). \tag{3.14}$$

Die ist mit $f = \mathbb{1}_A$

$$\mathbb{P}_t(A) := \mathbb{P}\,(T_{-t}(A)) = \mathbb{P}(A).$$

Nebenbei bemerke man, dass der Hamiltonsche Fluss invertierbar ist:

$$T_{-t}T_t = \mathrm{id}$$

Wie kann man (3.14) zur Findung von $\mathbb{P}$ verwerten? Mit dem Trick, dass man (3.14) in eine Differentialgleichung umschreibt. Dazu müssen wir allerdings annehmen, dass $\mathbb{P}$ eine Dichte hat, also $\mathbb{P}(\mathrm{d}\omega) = \rho(\omega)\mathrm{d}\omega$. Das ist eine plausible Annahme, immerhin ist $\Omega = \Gamma$ ein Kontinuum. Aus (3.14) wird dann zunächst

$$\int f(\omega)\rho(\omega,t)\mathrm{d}\omega := \int f\,(T_t(\omega))\,\rho(\omega)\mathrm{d}\omega = \int f(\omega)\rho(\omega)\mathrm{d}\omega. \qquad (3.15)$$

Links haben wir die *zeitabhängige Dichte* $\rho(\omega,t)$ definiert. Sie ergibt sich einfach durch Substitution $\omega \to T_t(\omega)$. Es ist die Dichte des mit T_t transportierten Maßes $\mathbb{P}_t$.

Wenn wir uns davon ein Bild machen wollen, dann denke man daran, dass jede Flusslinie des Hamiltonschen Flusses auf Ω eine Systembahn ist, also die zeitliche Entwicklung des N-Teilchen-Systems. Das Maß können wir als *kontinuierliche* Gewichtung der Systembahnen sehen, und der Fluss transportiert diese Gewichtung. Dadurch, dass die Bahnen auseinandergehen oder enger zusammenrücken (sie können sich nie schneiden, weil die Bahnen durch ein Vektorfeld definiert werden), wird die kontinuierliche Gewichtung in ihrer Form verändert. Diese Form wird durch $\rho(\omega,t)$ ausgedrückt.

Die Dichte $\rho(\omega,t)$ erfüllt eine Differentialgleichung, die man auch Transportgleichung, genauer *Kontinuitätsgleichung* nennt. Um zu dieser zu kommen, differenzieren wir die linke Seite und die Mitte von (3.15) nach t und erhalten mit der Kettenregel

$$\int f(\omega)\frac{\partial \rho(\omega,t)}{\partial t}\mathrm{d}\omega = \int \frac{\mathrm{d}T_t(\omega)}{\mathrm{d}t} \cdot \nabla f\,(T_t(\omega))\,\rho(\omega)\mathrm{d}\omega, \qquad (3.16)$$

wobei der Punkt für das Skalarprodukt in $\mathbb{R}^{6N}$ steht. Da gemäß (3.13)

$$\frac{\mathrm{d}T_t(\omega)}{\mathrm{d}t} = v\,(T_t(\omega)),$$

steht in (3.16) rechts

$$\int \rho(\omega)v\,(T_t(\omega)) \cdot \nabla f\,(T_t(\omega))\,\mathrm{d}\omega,$$

was gemäß der Definition von $\rho(\omega,t)$ in (3.15)

$$= \int \rho(\omega,t)v(\omega) \cdot \nabla f(\omega)\,\mathrm{d}\omega,$$

und partielle Integration liefert (wir können annehmen, dass f schnell abfallend gegen null bei Unendlich ist)

$$= -\int f(\omega)\mathrm{div}(v(\omega)\rho(\omega,t))\,\mathrm{d}\omega.$$

Also wird (3.16) zu

$$\int f(\omega)\frac{\partial\rho(\omega,t)}{\partial t}\,\mathrm{d}\omega = -\int f(\omega)\mathrm{div}(v(\omega)\rho(\omega,t))\mathrm{d}\omega.$$

Da f beliebig ist, lesen wir die Kontinuitätsgleichung ab:

$$\frac{\partial\rho(\omega,t)}{\partial t} = -\mathrm{div}(v(\omega)\rho(\omega,t)) \tag{3.17}$$

Anmerkung 3.4 Die Gleichung besagt, dass „keine Masse" (Masse im Sinn von Gewichtung) verloren geht: Integration von (3.17) über ein Volumen V im Phasenraum Γ bringt mit dem Gaußschen Satz

$$\frac{\partial}{\partial t}\int_V \rho(\omega,t)\mathrm{d}\omega = -\int_{\partial V}\rho(\omega,t)v(\omega)\cdot\mathrm{d}\sigma,$$

wobei rechts das Oberflächenintegral steht. Die Änderung der „Masse" im Phasenraumvolumen V kann also nur durch Aus- oder Einströmen durch den Rand ∂V von V geschehen. Die Gl. (3.17) lautet kurz

$$\frac{\partial\rho}{\partial t} + \mathrm{div}J = 0,$$

wobei $J := \rho v$ der „Strom" im Phasenraum ist.

Jetzt weiter mit der Stationaritätsforderung (3.15). Wir suchen eine stationäre (zeitunabhängige) Lösung $\rho(\omega,t) = \rho(\omega)$ der Kontinuitätsgleichung (3.17) für das Hamiltonsche Vektorfeld v^H. Mit der Produktregel erhält man

$$\frac{\partial\rho(\omega,t)}{\partial t} = -\mathrm{div}(v^H(\omega)\rho(\omega,t)) = -\rho(\omega,t)\mathrm{div}(v^H(\omega)) - \mathrm{grad}\,\rho(\omega,t)v^H(\omega).$$

Was ist $\mathrm{div}(v^H(\omega))$?

$$\mathrm{div}\,v^H = \left(\frac{\partial}{\partial q},\frac{\partial}{\partial p}\right)v^H = \begin{pmatrix}\frac{\partial}{\partial q}\\\frac{\partial}{\partial p}\end{pmatrix}\cdot\begin{pmatrix}\frac{\partial H}{\partial p}\\-\frac{\partial H}{\partial q}\end{pmatrix} = \frac{\partial^2 H}{\partial q\partial p} - \frac{\partial^2 H}{\partial p\partial q} = 0. \tag{3.18}$$

Diese Tatsache ist bekannt als *Liouvillescher Satz*.

Theorem 3.2 (Liouvillescher Satz)

$$\operatorname{div} v^H = 0.$$

Damit haben wir sofort eine stationäre ($\frac{\partial \rho(\omega,t)}{\partial t} = 0$) Lösung der Kontinuitätsgleichung für den Hamiltonschen Fluss, denn die verbleibende Gleichung

$$0 = -\operatorname{grad} \rho(\omega,t)\, v^H(\omega) = -\nabla \rho(\omega,t) \cdot v^H(\omega) \tag{3.19}$$

wird durch $\rho = $ konstant gelöst! Das bedeutet, dass das Lebesgue-Maß $d\omega = d^{3N}q\, d^{3N}p$ auf dem N-Teilchenphasenraum ein stationäres Maß ist. Nun, das sollte uns freuen. Gleich das erste physikalische Beispiel liefert das natürlichste Maß überhaupt – das Volumen! Der Hamiltonsche Fluss auf dem Phasenraum ist also, ganz handfest ausgedrückt, *volumenerhaltend*.

Bevor wir das weiter diskutieren, stellen wir die Frage, ob es noch mehr offenbare stationäre Maße gibt. Rechts in (3.19) steht

$$\begin{aligned}
v^H \cdot \nabla \rho &= \left(\frac{\partial H}{\partial p} \cdot \frac{\partial}{\partial q} - \frac{\partial H}{\partial q} \cdot \frac{\partial}{\partial p} \right) \rho \\
&= \left(\dot{q} \cdot \frac{\partial}{\partial q} - \dot{p} \cdot \frac{\partial}{\partial p} \right) \rho(q,p) \\
&= \frac{d}{dt} \rho(q(t), p(t)).
\end{aligned}$$

Und rechts steht die Veränderung der Funktion ρ entlang der Systembahnen. Wir suchen also Funktionen, die entlang der Bahnen konstant sind. Eine solche Funktion ist $H(q,p)$ selbst – das ist die Energieerhaltung (und die ist leicht zu zeigen). Damit bleibt auch jede Funktion $f(H(q,p))$ erhalten.

Eine in der statistischen Physik oft benutzte Wahl für das Maß ist die *kanonische Verteilung*

$$\rho = f(H) = \frac{e^{-\beta H}}{Z(\beta)}, \tag{3.20}$$

wobei β thermodynamisch als $\beta = \frac{1}{k_B T}$ mit k_B als Boltzmann-Konstante und T als Temperatur interpretiert wird. $Z(\beta)$ ist die Normierung.

Zurück zum Volumenmaß. Die Energieerhaltung zerlegt den Phasenraum Ω in Schalen konstanter Energie Ω_E:

$$\Omega_E = \{(q,p) : H(q,p) = E\} \quad \text{und} \quad \Omega = \bigcup_E \Omega_E$$

Wenn wir also ein isoliertes System im Kopf haben, also eines, das mit seiner Umgebung keinen Austausch irgendeiner Art hat, dann bewegt sich das System immer auf einem der Ω_E. Damit ist auch das folgende Maß $\mathbb{P}_E$ erhalten, welches formal durch die „Dichte"

$$\rho_E = \frac{1}{Z}\delta\left(H(q,p) - E\right) \tag{3.21}$$

gegeben ist. Dies ergibt mit dem Volumenelement $d^{3N}q\, d^{3N}p$ ein Inhaltsmaß auf der Energiefläche Ω_E, *mikrokanonisches Maß* genannt. Es ist grundlegender als das kanonische Maß, denn letzteres kann man für ein Teilsystem eines mikrokanonisch verteilten großen Systems ableiten. Was dieser Begriff „verteilt sein" bedeutet, klären wir im nächsten Absatz.

3.5.3 Statistische Hypothese und ihre Begründung

Das Hamiltonsche System (und damit die Newtonsche Mechanik) können wir also als dynamisches System $(\Omega_E, \mathbb{P}_E, T_t^H)$ schreiben. Dabei ist das *Typizitäts-maß* $\mathbb{P}_E$ durch Stationarität ausgezeichnet. Was bedeutet das nun? Wir haben die Newtonsche Mechanik eines N-Teilchen-Systems beschrieben. Dabei kann das System ein Teilsystem eines größeren Systems sein, entweder in Wechselwirkung mit seiner Umgebung (im Allgemeinen dargestellt durch ein äußeres Potential) oder isoliert von seiner Umgebung. Und gleichgültig, wie groß das System ist, wie viele Teilchen das System umfasst, es ist immer die gleiche Form des physikalischen Gesetzes, das angewandt wird: die Hamiltonsche Mechanik mit einer passenden Hamilton-Funktion. Die Hamiltonsche Formulierung der Mechanik (oder äquivalent die Newtonsche Formulierung) enthält weder eine Limitierung der Teilchenzahl, noch der räumlichen und zeitlichen Größe der Systeme. Das ist eine Eigenschaft aller bisher bekannten fundamentalen physikalischen Theorien. Sie enthalten weder ein Verfallsdatum noch Größenangaben, ab der die Theorie keine Gültigkeit mehr hat. Das heißt natürlich nicht, dass eine als fundamental angesehene Theorie nicht durch eine andere ersetzt werden kann. Beispielsweise geht die klassische Physik in der Quantenphysik auf und man sieht dann an der umfassenderen, neuen Theorie den Gültigkeitsbereich der alten (vergleiche Abschn. 1.6).

Was aber ist mit dem Maß $\mathbb{P}$? Kann man das auf das größtdenkbare System anwenden, nämlich auf das Universum selbst?

Wenn wir statistische Physik betreiben, dann meinen wir damit die statistische Beschreibung eines *Ensembles* von gleichartigen Teilsystemen unseres Universums. Ein solches Ensemble wird auch *Gesamtheit* genannt und wir können eine *statistische Hypothese* über dieses Ensemble aufstellen – eine Hypothese darüber, wie sich zum Beispiel die Häufigkeiten von relevanten Systemwerten darstellen. Die Hypothese beschreibt ein sogenanntes Gleichgewichtsverhalten. Dieser Begriff kommt aus der Thermodynamik und kann hier synonym für *typisches* Verhalten gelesen werden.

Viele, für die Wahrscheinlichkeit etwas mit Ensembles und empirischen Häufigkeiten zu tun hat, sind geneigt, an Ensembles von Universen und an empirische relative Häufigkeiten darin zu denken, um überhaupt Wahrscheinlichkeit anwenden zu können. Aber das ist blanker Unsinn. Wofür und für wen sollte das gut sein? Wir erleben nur ein einziges Universum! Es macht also keinen Sinn, eine statistische Hypothese über ein Ensemble von „parallel existierenden" Universen auszusprechen (nicht einmal in der Viele-Welten-Theorie, man vergleiche die Diskussion in Kap. 6).

Man formuliert eine statistische Hypothese üblicherweise für ein Teilsystem, aber man hat immer ein Ensemble von solchen gleichartigen Teilsystemen im Kopf. Das kann ein Ensemble von gleichartigen, räumlich getrennten Systemen sein oder ein zeitliches Ensemble dieses Systems, so wie wir es bei einem Münzwurf-Experiment denken können: viele Münzen auf einmal oder eine Münze viele Male hintereinander geworfen. Die statistische Hypothese geht dann über die *Verteilung* – also die relativen Häufigkeiten – von bestimmten Systemgrößen (etwa die Häufigkeit von „Kopf" und „Zahl") in einem typischen Ensemble.

Nun zurück zur Frage: Kann man das Maß $\mathbb{P} = \mathbb{P}_{H_U}$ auf dem Phasenraum des größtmöglichen Systems überhaupt – des Universums – denken? Ja man kann, am Ende muss man es sogar, aber man muss es als ein reines Typizitätsmaß begreifen und vom Begriff der Wahrscheinlichkeit trennen – ein Begriff, der etwas diffus ist und mit relativen Häufigkeiten oder Glaubensstärken verbunden werden kann. Man kann den Begriff der Wahrscheinlichkeit aber gefahrlos mit der statistischen Hypothese $\mathbb{P}_{H_T}$ für ein Teilsystem benutzen. (H_U steht hier für die Hamilton-Funktion des Universums, und H_T für diejenige des Teilsystems. Für ein isoliertes Teilsystem mit Energie $H_T = E$ wäre $\mathbb{P}_{H_T} = \mathbb{P}_E$.) Kurz gesagt: Ein *Wahrscheinlichkeitsmaß* beschreibt typische Verteilungen in einem Ensemble von Teilsystemen. Ein *Typizitätsmaß* auf dem Phasenraum des großen Systems (des Universums) definiert, was „typisch" bedeutet.

Wir müssen noch zwei Fragen beantworten. Erstens: Wie kommt man zu einer vernünftigen statistischen Hypothese für ein N-Teilchen-System – als Teilsystem des Universums – mit Hamilton-Funktion H? Als natürliche Wahl erscheint die, die durch das stationäre Maß gegeben ist. Und da haben wir mehrere Möglichkeiten. Wir können einfach das Lebesgue-Maß auf dem Phasenraum $\Omega = \mathbb{R}^{3N} \times \mathbb{R}^{3N}$ nehmen, aber wenn es sich um ein isoliertes System handelt, liegt (3.21) näher. Diese Wahl als statistische Hypothese heißt auch *mikrokanonische Gesamtheit*. Wenn also die Koordinaten (q, p) eines isolierten Teilsystems mit Hamilton-Funktion H und Gesamtenergie E gemäß $\mathbb{P}_E$ verteilt sind, spricht man von einer *mikrokanonischen Gesamtheit*. Damit verbindet man nun folgende Aussage als statistische Hypothese:

In einem Ensemble von gleichartigen isolierten Teilsystemen, alle mit Energie E,

ist die empirische Verteilung der Koordinaten (q, p) typischerweise durch $\mathbb{P}_E$ gegeben.   (3.22)

Das Typizitätsmaß $\mathbb{P}_{H_U}$ – ein mikrokanonisches Maß auf dem Phasenraum des Universums – hat hier die gleiche Form wie die (theoretische) empirische Verteilung – ein mikrokanonisches Maß auf dem Phasenraum des Teilsystems –, aber das ist nicht notwendig so. Wenn sich das Teilsystem in schwacher Wechselwirkung mit einer größeren Umgebung befindet und Energie (Wärme) ausgetauscht werden kann, und für die größere Umgebung das mikrokanonische Typizitätsmaß gültig ist, dann kann man die *kanonische Gesamtheit* (3.20) als statistische Hypothese nehmen. Ein wichtiger Spezialfall ist ein ideales Gas (Energie E, Teilchenzahl N, Temperatur $T = \frac{2}{3}\frac{E}{Nk_B}$). Darin können wir ein einzelnes Teilchen als Teilsystem mit Hamilton-Funktion $H = \frac{1}{2}\frac{\mathbf{p}^2}{m}$ ansehen und (3.20) ist dann die Maxwellsche Geschwindigkeitsverteilung. Damit verbindet man dann eine Aussage wie:

Für typische Konfigurationen eines idealen Gases mit Temperatur T (also im Gleichge-
wicht) sind die Teilchenimpulse ungefähr wie $\rho(\mathbf{p}) = Z^{-1}e^{-\frac{\mathbf{p}^2}{2mk_BT}}$ verteilt.

Das große System ist hier die gesamte Gasbox mit Typizitätsmaß $\mathbb{P}_E$ und ein Ensemble besteht aus $1 \ll M \ll N$ einzelnen Teilchen, über deren Impulse die Statistik geht.

Man kann auch die Möglichkeit betrachten, dass nicht nur Energie sondern auch Teilchen von der Umgebung in das Teilsystem gehen und umgekehrt, sodass auch die Teilchenzahlen fluktuieren, wobei die Teilchendichte konstant bleibt. Die entsprechende Verteilung heißt dann die *großkanonische Gesamtheit*. Beim idealen Gas wäre das eine Poisson-Verteilung mit einer Dichte ρ.

Die statistische Hypothese ist also ein mehr oder weniger natürlich erscheinender Ansatz, um statistische Aussagen in der Physik machen zu können. Aber eine Hypothese ist eine Hypothese und aller Natürlichkeit zum Trotz: Man muss die Hypothese begründen – am besten beweisen. Und das bringt uns zur nächsten Frage: Wie kann man eine statistische Hypothese beweisen? Man muss ein Gesetz der großen Zahlen für empirische Verteilungen zeigen. Und das bedeutet: Es muss gezeigt werden, dass in einem *typischen Universum*, d. h. in den allermeisten möglichen Universen gilt, dass die empirische Verteilung der Koordinaten (q, p) für ein Ensemble von (kleinen) Teilsystemen ungefähr gleich der Verteilung der statistischen Hypothese ist.

Und nun ist die Frage: typisch bezüglich welchen Maßes? Hier greift nun statt eines Hinweises auf Natürlichkeit eine viel tiefere Einsicht. *Das Typizitätsmaß für das Universum wird von dem physikalischen Gesetz bestimmt*, alles andere würde weitere Erklärungsnot erzeugen und weitere Begründungen nach sich ziehen. Jetzt erscheint die Forderung der Stationarität des Maßes in einem ganz neuen Licht. Der Fluss vertritt das physikalische Gesetz und die Forderung der Stationarität zeichnet ein besonderes Maß aus. Wir haben zwar verstanden, dass das stationäre Maß nicht eindeutig ist, aber das liegt eher an der Art des Gesetzes als an der Grundidee, denn in der Quantenmechanik werden wir ein eindeutiges Maß bekommen.

Um die statistische Hypothese zu begründen, müssen wir also das Teilsystem – besser, das Ensemble von Teilsystemen – als Teil des Universums ernst nehmen. Wenn ω die Phasenkonfiguration des Universums darstellt, dann enthält dieses ω die Konfigurationen der Teilsysteme, die das Ensemble bilden, also $\omega = (\omega_E, \omega_R)$, mit ω_E als Konfigurationen aller Ensemblesysteme und ω_R als Konfiguration des Restes. Das N-Teilchen-System (d. h. jedes der M gleichartigen Ensemblemitglieder) hat eine Konfiguration $\omega_{S_i}, i = 1, \dots, M$, die in ω_E enthalten ist. Jedes Teilsystem im Ensemble wird durch die Hamilton-Funktion H_T beschrieben. Sei $f_{\text{emp}}^M(\omega)$ ein empirisches Mittel für eine physikalische Größe f des Teilsystems, also

$$f_{\text{emp}}^M(\omega) = \frac{1}{M}\sum_{i=1}^{M} f(\omega_{S_i}).$$

Zum Beispiel kann

$$f(\omega_{S_i}) = \sum_{k=1}^{N} \frac{p_{S_i,k}^2}{2m_k}$$

die kinetische Energie des Systems i sein. Die Begründung der statistischen Hypothese (z. B. für die mikrokanonische Gesamtheit, d. h., wir setzen $H_T = E$ fest) würde man dann als Gesetz der großen Zahlen formulieren, und damit schließen wir den Kreis mit Theorem 3.1:

Theorem 3.3 (Begründung für das mikrokanonische Ensemble) *Für alle $\varepsilon > 0$ und $\delta > 0$ existiert eine Zahl M, sodass für alle $n \geq M$ gilt:*

$$\mathbb{P}_{H_U}\left(\left\{\omega : \left|f_{emp}^n(\omega) - \int_{\Omega_E^S} f(\omega_S)\, d\mathbb{P}_E(\omega_S)\right| > \varepsilon\right\}\right) < \delta$$

Das ist gerade die präzise mathematische Ausformulierung der statistischen Hypothese (3.22).

Anmerkung 3.5 (Über die Typizitätsbegründung) In Absatz 3.1 sprachen wir eingangs schon über die Besonderheit von Typizitätsaussagen und wir wollen dies hier noch einmal aufgreifen. Es ist normal, wenn man zunächst zweifelt, ob man ein solches Resultat wie in Theorem 3.3 als „Beweis" der statistischen Hypothese akzeptieren soll. Man ist ja daran gewöhnt, dass ein Beweis, im landläufigen Sinne, festschreibt, dass eine Aussage *notwendigerweise* gilt, nicht bloß *typischerweise*. Aber das ist hier einfach nicht drin. Kein Naturgesetz verbietet es, dass eine Münze *immer* auf „Kopf" landet oder dass sich alle Luftmoleküle in einem Raum mit derselben Geschwindigkeit bewegen. Das ist nicht *unmöglich*, es ist bloß *untypisch*. Vielleicht denkt man auch, man müsse zeigen, dass die statistische Hypothese für die *tatsächlichen* Anfangsbedingungen unseres Universums gilt. Aber auch das ist nicht drin, weil wir die mikroskopischen Anfangsbedingungen unseres Universums nie exakt kennen werden. Abgesehen davon: Was genau würde das erklären? Wenn wir beobachten, dass ungefähr die Hälfte aller geworfenen Münzen auf „Kopf" landet, bedeutet dies, dass die Anfangsbedingungen unseres Universums so sind, dass ungefähr die Hälfte aller geworfenen Münzen auf „Kopf" landet. Das ist quasi eine Tautologie. Der Erklärungswert kommt erst dann, wenn wir zeigen können, dass die statistische Gesetzmäßigkeit nicht nur für einige spezielle Anfangsbedingungen gilt, sondern für *fast alle*, also *typische* Anfangsbedingungen. Wie eingangs erwähnt, muss man sich vielleicht erst an diese Einsicht gewöhnen. Aber das Gewöhnen lohnt sich, weil fast alle makroskopischen Gesetzmäßigkeiten nur typische in diesem Sinne sind.

Es mag etwas sophistisch klingen, aber wir müssen anmerken, dass die Formulierung der Aussage wie in obigem Theorem nicht ganz zielgerichtet ist. Der Grund ist ziemlich hinterlistig: Es könnte sein, dass in typischen Universen gar keine interessanten Teilsysteme existieren und keine Ensembles, an denen relative Häufigkeiten gemessen werden können. In der klassischen Mechanik zumindest scheint ein typisches Universum (also ein Universum im Gleichgewicht) völlig langweilig zu sein – ein homogones, verdünntes Gas und weiter nichts. Wenn typische Universen derart sind, dann hat deren Menge großes Maß, wohingegen die Universen, in denen Teilsysteme der interessanten Art existieren, eine Menge mit kleinem Typizitätsmaß bilden, eben untypisch sind. Aber da in Theorem 3.3 nur solche Universen betrachtet werden, in denen die empirischen Häufigkeiten abgefragt werden, müssten wir das Typizitätsmaß auf die Menge einschränken, d. h. bedingen. Erst das bedingte Typizitätsmaß liefert eine starke Aussage.

Es ist bemerkenswert, dass dieses Theorem, oder ein ähnliches, nicht mit Standardbeispielen in den Physikbüchern steht. Wir erinnern jedoch an unsere kurze Bemerkung im Anschluss an (3.22) über das ideale Gas und die Maxwellsche Geschwindigkeitsverteilung. Das dort beschriebene Resultat kann man zu einer entsprechenden Aussage wie in Theorem 3.3 erweitern, das präzise Resultat beinhaltet allerdings einen thermodynamischen Limes unendlicher Teilchenzahl und ist deshalb *cum grano salis* zu nehmen.[5] Es ist aber auch klar, dass es i.A. sehr schwer ist, für ein komplizierteres Universum als ein ideales Gas einen Beweis zu führen. Aber das ist nicht der Hauptgrund, dass es nirgendwo steht. Der Hauptgrund ist, dass es gar nicht zu unseren Erfahrungen zu passen scheint. Wir erleben tagtäglich Verletzungen der statistischen Hypothese: Wir bringen Kaffeewasser zum Kochen, kühlen Wasser zu Eis, wir füllen Gas unter hohem Druck in Gasflaschen, ja wir Menschen selbst stellen eine Ansammlung von Molekülen dar, die untypisch ist. Im Großen und Ganzen erscheint fast alles untypisch. So untypisch sogar, dass man davon ausgehen könnte, dass unser Universum untypisch ist. Das hat mit dem Begriff der *Entropie* zu tun und mit der Begründung des thermodynamischen Zeitpfeils. Zur Besprechung dieses Problems verweisen wir auf *Einführung in die Wahrscheinlichkeitstheorie als Theorie der Typizität*.[6]

Das Besondere an der Quantenmechanik ist nun, dass das Theorem 3.3 dort in an die neue Theorie angepasster Form ganz allgemein gezeigt werden kann, wobei die theoretische Voraussage für empirische Verteilungen von Teilchenorten durch die berühmte Bornsche Verteilung gegeben wird. Diese wundersame Begebenheit besprechen wir im nächsten Kapitel.

---

[5]Siehe dazu die instruktive Ableitung und Rechnung in: D. Dürr, A. Froemel, M. Kolb, *Einführung in die Wahrscheinlichkeitstheorie als Theorie der Typizität*. Springer Spektrum, 2017.
[6]D. Dürr, A. Froemel, M. Kolb, *Einführung in die Wahrscheinlichkeitstheorie als Theorie der Typizität*. Springer Spektrum, 2017.

Bohmsche Mechanik

4

> *Aber im Jahr 1952 sah ich, wie das Unmögliche getan wurde.*
> *Es geschah in Artikeln von David Bohm. Bohm zeigte explizit,*
> *wie in die nichtrelativistische Wellenmechanik tatsächlich*
> *Parameter eingeführt werden können, mit deren Hilfe die*
> *indeterministische Beschreibung in eine deterministische*
> *umgewandelt werden konnte. Nach meiner Meinung noch*
> *wichtiger war, dass die Subjektivität der orthodoxen Version,*
> *der notwendige Bezug auf den „Beobachter", eliminiert werden*
> *konnte. Darüber hinaus war die grundlegende Idee bereits im*
> *Jahr 1927 von de Broglie vorgestellt worden, in seinem*
> *„Führungswellen"-Bild. Aber warum hatte Born mir nichts*
> *über diese „Führungswelle" gesagt? Wenn auch nur, um zu*
> *zeigen, was daran falsch ist? [...] Warum wird die*
> *Führungswelle in den Lehrbüchern ignoriert? Sollte sie nicht*
> *gelehrt werden – wenn auch nicht als einziger Weg, aber als*
> *Gegenmittel zur vorherrschenden Selbstzufriedenheit? Um zu*
> *zeigen, dass uns die Unbestimmtheit, die Subjektivität und der*
> *Indeterminismus nicht durch experimentelle Fakten*
> *aufgezwungen werden, sondern durch eine bewusste,*
> *theoretische Wahl?*
>
> – John S. Bell, *Über die unmögliche Führungswelle*[1]

Wie im Kap. 2 besprochen, gibt seit etwa Mitte des 20. Jahrhunderts viele neue Quantentheorien ohne Beobachter, und eine, die besonders gut ausgearbeitet ist, wollen wir jetzt besprechen: die Bohmsche Mechanik.

Gleich vorneweg: Die empirischen Vorhersagen der Bohmschen Mechanik entsprechen dem, was in der Standard-Quantenmechanik als Bornsche statistische Hypothese axiomatisch formuliert wird. Die Empirik der Bohmschen Mechanik

---

[1]Zitiert nach: J.S. Bell, *Sechs mögliche Welten der Quantenmechanik*, Oldenbourg Verlag, 2012, S. 180.

© Springer-Verlag GmbH Deutschland 2018
D. Dürr, D. Lazarovici, *Verständliche Quantenmechanik*,
https://doi.org/10.1007/978-3-662-55888-1_4

kommt allerdings aus einer Boltzmannschen Typizitätsanalyse, in der wir die Bornsche statistische Deutung der Wellenfunktion begründen können. Diese Begründung
kann als das Paradebeispiel für die Boltzmannsche Idee der statistischen Analyse einer deterministischen Theorie angesehen werden, wie wir sie im vorangegangenen
Kapitel besprochen haben. Darin erscheint der Zufall, wie schon in der klassischen
Physik, als nur *scheinbar*.

Bohmsche Mechanik ist demnach nicht einfach die „alte" Quantenmechanik, in
die Teilchenbahnen *ad hoc* als zusätzliche Variablen eingeführt werden. Sie ist vielmehr ein Vorschlag für eine fundamentale, mikroskopische Theorie, aus der sich der
Quantenformalismus als statistische Beschreibung herleiten lässt, ähnlich wie die
statistische Mechanik von Gasen aus der klassischen Mechanik von Punktteilchen.

Die Grundidee dieser Theorie wurde bereits von Louis de Broglie auf der
berühmten Solvay-Konferenz 1927 der damals tonangebenden Physikalischen Gesellschaft vorgestellt, traf dort aber auf Ablehnung. De Broglie schlug vor, dass
die Wellenfunktion, die zu der Zeit „irgendwie" Materie beschreiben sollte, eine
Führungswelle für Punktteilchen war, die die Bewegung der Teilchen choreogra-
fierte. Nur wenige Physiker, wie beispielsweise Hendrik Lorentz (1853–1928),
zeigten Sympathie für de Broglies Versuch, eine Theorie von Teilchenbahnen zu
entwickeln. Lorentz sagte in seinen einführenden Bemerkungen zur allgemeinen
Diskussion der Solvay-Konferenz:

> For me, an electron is a corpuscle that, at a given instant, is present at a definite point in
> space, and if I had the idea that at a following moment the corpuscle is present somewhere
> else, I must think of its trajectory, which is a line in space. [...] I imagine that, in the new
> theory, one still has electrons. It is of course possible that in the new theory, once it is well-
> developed, one will have to suppose that the electrons undergo transformations. I happily
> concede that the electron may dissolve into a cloud. But then I would try to discover on
> which occasion this transformation occurs. [...] I am ready to accept other theories, on con-
> dition that one is able to re-express them in terms of clear and distinct images.[2] (Zitiert nach
> G. Bacciagaluppi und A. Valentini, *Quantum Theory at the Crossroads: Reconsidering the
> 1927 Solvay Conference*. Cambridge University Press, 2009, S. 433.)

Dieser Wortbeitrag zeigt nicht nur Lorentz' Wunsch, wie de Broglie ein klares
Bild zu entwickeln, sondern stellt auch deutlich den Bohrschen Welle-Teilchen-
Dualismus infrage, der sich zu jener Zeit gerade als Lehrmeinung verfestigte. Er
dogmatisierte, dass ein Quantenobjekt wie ein Chamäleon sein Aussehen ändern

---

[2]Für mich ist ein Elektron ein Korpuskel, das zu einem gegebenen Zeitpunkt an einem bestimmten
Raumpunkt ist, und wenn ich die Vorstellung habe, dass das Korpuskel zu einem späteren Moment
woanders ist, dann muss ich an seine Trajektorie denken, die eine Linie im Raum darstellt. [...] Ich
stelle mir vor, dass man in der neuen Theorie noch Elektronen hat. Es ist natürlich möglich, dass
man in der neuen Theorie, wenn sie einmal vollständig ausgearbeitet ist, annehmen muss, dass sich
die Elektronen umwandeln können. Ich bin gerne bereit, zuzugestehen, dass das Elektron sich in
eine Wolke auflöst. Aber dann würde ich versuchen herauszufinden unter welchen Bedingungen
diese Umwandlung erfolgt. [...] Ich bin bereit, andere Theorien zu akzeptieren, aber unter der
Bedingung, dass man sie in klaren und deutlichen Bildern ausdrücken kann. [Übersetzung der
Autoren]

kann – mal erscheint es als Welle, mal als Teilchen –, und Lorentz fragt sich, wie denn dieser Wechsel vom einem zum anderen physikalisch vonstattengeht. In de Broglies Ansatz hingegen, hat man immer Welle *und* Teilchen.

Aber selbst Albert Einstein (1879–1955) und Erwin Schrödinger standen dem de Broglieschen Entwurf ablehnend gegenüber (was insbesondere Einsteins Grund für die Ablehnung war, besprechen wir im Kap. 10), obwohl beide auch die Kopenhagener Quantentheorie mit dem zentralen Begriff des Beobachters ablehnten. Die Situation änderte sich erst ab 1950 durch Arbeiten von David Bohm und John Bell. David Bohm hatte, in Unkenntnis der de Broglieschen Idee, die Theorie eigenständig neu entwickelt und insbesondere weiter ausgearbeitet.

Wenn man die Bohmsche Mechanik in einem knackigen Motto zusammenfassen möchte, dann in diesem: *Wenn wir „Teilchen" sagen, dann meinen wir auch Teilchen.* In der Quantenmechanik reden wir andauernd von Teilchen – etwa von Elektronen, die durch einen Spalt fliegen und anschließend auf dem Detektorschirm landen, deutlich erkennbar an der punktuellen Schwärzung. Sobald man nachhakt, wird dann aber meistens darauf bestanden, dass dies nur so Sprechweise sei und nicht wirklich ernst zu nehmen. Vielleicht haben Sie gelernt, dass Teilchen in der Quantenmechanik keinen festen Ort haben können, solange der nicht gemessen wird. Oder dass die Unschärferelation die Existenz von Teilchenbahnen unmöglich macht. Oder dass ein Elektron manchmal ein Teilchen und manchmal eine Welle ist. All diese Aussagen sind nicht gerechtfertigt, sie folgen zumindest nicht aus den Phänomenen, wie die Bohmsche Mechanik klar demonstriert.

Sobald man anerkennt, dass Quantenmechanik von „realen" Objekten in der Welt handeln muss, und den Begriff des *Punktteilchens* in diesem Sinne ernst nimmt, ist es leicht, ein Bewegungsgesetz für die Teilchen zu finden, das den Phänomenen der Quantenphysik nicht nur Rechnung trägt, sondern sie erklärt und begreifbar macht. Warum eine solche Theorie kein Messproblem hat, haben wir bereits in Kap. 2 verstanden. Gemäß der Bohmschen Mechanik hat jedes physikalische System zu jeder Zeit eine wohldefinierte Materiekonfiguration, gegeben durch die Orte der Teilchen im dreidimensionalen Raum. Nach einer Messung zeigt der Zeiger des Messapparates – bestehend aus Bohmschen Teilchen – also entweder nach links oder nach rechts, auch wenn seine Wellenfunktion eine Superposition aus beiden Möglichkeiten darstellt. Jetzt müssen wir noch verstehen, wie genau das Bewegungsgesetz für die Teilchen definiert ist und wie sich die statistischen Vorhersagen der Quantenmechanik daraus ableiten lassen.

Bohmsche Mechanik ist wie Hamiltonsche Mechanik eine Theorie für die Bewegung von Punktteilchen, aber im Gegensatz zur Hamiltonschen Mechanik nicht Newtonsch. In Bohmscher Mechanik wird das Gesetz für die Bewegung von N Teilchen nicht durch ein Vektorfeld auf dem $6N$-dimensionalen Phasenraum gegeben, sondern durch ein Vektorfeld auf dem $3N$-dimensionalen Konfigurationsraum der N Teilchen, $\mathbb{R}^{3N} = \{q \mid q = (\mathbf{q}_1, \ldots, \mathbf{q}_N), \mathbf{q}_k \in \mathbb{R}^3\}$, deren tatsächliche Konfiguration wir mit $Q := (\mathbf{Q}_1, \ldots, \mathbf{Q}_N), \mathbf{Q}_k \in \mathbb{R}^3$ notieren. In der Hamiltonschen Mechanik erzeugt eine Hamilton-Funktion auf dem Phasenraum das Vektorfeld, in der Bohmschen Mechanik ist es die Schrödingersche Wellenfunktion ψ, die

eben nicht auf dem Phasenraum definiert ist, sondern auf dem Konfigurations-
raum. Man betrachtet in der klassischen Physik selten den Fall einer zeitabhängigen
Hamilton-Funktion, obwohl dies genau die Situationen sind, mit denen Technik
funktioniert, etwa durch Druckerhöhung in einem Gas bei Kompression mit einem
Kolben. In der Quantenmechanik hat man es meistens mit zeitabhängigen Wellen-
funktionen zu tun, wobei deren Zeitabhängigkeit viel deutlicher im Vordergrund ist.
Deshalb ist es sinnvoll, die Wellenfunktion ψ mit zur Zustandsbeschreibung des
Bohmschen Systems zu nehmen. Der Zustand eines Bohmschen Systems wird also
immer durch ein Paar (ψ, Q) beschrieben, wobei ψ die Wellenfunktion und Q die
Teilchenkonfiguration des Systems bezeichnet.

Die Bohmsche Mechanik ist nun folgendermaßen definiert:

$$\psi : \mathbb{R}^{3N} \times \mathbb{R} \to \mathbb{C}, \quad \psi(q, t)$$

erfülle die Schrödinger-Gleichung

$$i\hbar \frac{\partial}{\partial t} \psi(q, t) = - \sum_{k=1}^{N} \frac{\hbar^2}{2m} \Delta_k \psi(q, t) + V(q) \psi(q, t). \tag{4.1}$$

Die Wellenfunktion ψ erzeugt ein Vektorfeld v^ψ auf $\mathbb{R}^{3N}$: Schreibe

$$\psi(q, t) = R(q, t) e^{\frac{i}{\hbar} S(q,t)}, \tag{4.2}$$

wobei R und S reellwertige Funktionen sind. Mit dem $3N$-dimensionalen Gradienten
∇ ist das Vektorfeld dann

$$v^\psi(q, t) := \frac{1}{m} \nabla S(q, t), \tag{4.3}$$

und die Teilchenbahnen sind die Integralkurven an das Vektorfeld, d. h. für die
Bewegung der Teilchen mit den Orten $(\mathbf{Q}_1, \dots, \mathbf{Q}_N) = Q \in \mathbb{R}^{3N}$ gilt

$$\dot{Q}(t) = v^\psi(Q(t), t). \tag{4.4}$$

Anmerkung 4.1 Dies ist in Analogie zu (3.11) zu sehen: dort die Hamilton-
Funktion, die ein Vektorfeld auf dem Phasenraum erzeugt, hier die Wellenfunktion,
die ein Vektorfeld auf dem Konfigurationsraum erzeugt.

Eine andere Art das Vektorfeld zu schreiben, ist mit ψ^* als die zu ψ komplex
konjugierte Funktion

$$\begin{aligned} v^\psi(q, t) &= \frac{\hbar}{m} \mathrm{Im} \nabla \ln(\psi(q, t)) \\ &= \frac{\hbar}{m} \mathrm{Im} \frac{\nabla \psi(q, t)}{\psi(q, t)} = \frac{\hbar}{m} \mathrm{Im} \frac{\psi^*(q, t) \nabla \psi(q, t)}{\psi^*(q, t) \psi(q, t)}, \end{aligned} \tag{4.5}$$

und für den Ort des k-ten Teilchens erhalten wir mit $\nabla_k = \frac{\partial}{\partial \mathbf{q}_k}$

$$\frac{\mathrm{d}}{\mathrm{d}t}\mathbf{Q}_k(t) = \frac{\hbar}{m}\,\mathrm{Im}\,\frac{\nabla_k\psi\,(q,t)}{\psi\,(q,t)}\bigg|_{q=(\mathbf{Q}_1(t),\dots,\mathbf{Q}_N(t))}. \qquad (4.6)$$

Bohmsche Mechanik ist also durch zwei Gleichungen definiert: die Schrödinger-Gleichung für die Wellenfunktion und die Bewegungsgleichung für die Teilchenorte (*Führungsgleichung*), in der die Wellenfunktion das Geschwindigkeitsfeld bestimmt. Noch einmal zusammengefasst in kompakter Konfigurationsraum-Notation:

$$i\hbar\frac{\partial}{\partial t}\psi(q,t) = -\frac{\hbar^2}{2m}\Delta\psi(q,t) + V(q)\psi(q,t) \quad \text{(Schrödinger-Gleichung)}$$

$$\frac{\mathrm{d}}{\mathrm{d}t}Q(t) = \frac{\hbar}{m}\,\mathrm{Im}\,\frac{\nabla\psi\,(q,t)}{\psi\,(q,t)}\bigg|_{q=Q(t)} \quad \text{(Führungsgleichung)}$$

Anmerkung 4.2 (Teilchen „mit" Spin) Die letzte Umschreibung der Führungsgleichung in (4.5) hat ihren Sinn: Wenn die Wellenfunktion eine Spinor-Wellenfunktion (vgl. (1.24)) ist, $\psi = \begin{pmatrix} \psi_1 \\ \psi_2 \end{pmatrix}$, dann kann man hier ψ^* als $\psi^+ = (\psi_1^*, \psi_2^*)$ lesen, wobei ψ_k^* die komplex konjugierten Spinor-Komponenten bezeichnet, sodass

$$\psi^*\psi := \psi^+\psi = \psi_1^*\psi_1 + \psi_2^*\psi_2$$

als Skalarprodukt im Spinor-Raum gelesen werden kann. So hat man gleich die Bewegung der Teilchen, wenn die Wellenfunktion spinorwertig ist. Allerdings gehorcht die Spinor-Wellenfunktion dann der Pauli-Gleichung (1.26), die eine nichtrelativistische Näherung der relativistischen Dirac-Gleichung darstellt.[3]

Anmerkung 4.3 (Parameter in der Theorie) Die Größen $\hbar$ und m sind zunächst Dimensionsgrößen, deren Bedeutung erst durch die Analyse der Theorie klar wird. A priori tritt in Geschwindigkeitsdefinition (4.5) (und analog auch in der Schrödinger-Gleichung) zunächst nur ein Dimensionsparameter von der Dimension $[\frac{\text{Länge}^2}{\text{Zeit}}]$ auf, der die bereits natürlicherweise vorhandenen Dimensionen von Raum und Zeit in

---

[3]Dies ist eine Möglichkeit der Definition von Bohmschen Trajektorien im Falle von Spinor-Wellenfunktionen. Es gibt andere, wobei wir jetzt etwas vorgreifen und auf (4.18) hinweisen. Dort steht auf der rechten Seite die Divergenz eines Vektorfeldes, nämlich des Quantenflusses (1.5), sodass die Bohmschen Bahnen als Flusslinien des Quantenflusses denkbar sind. Aber wir können ohne Aufpreis zum Quantenfluss die Rotation eines Vektorfeldes hinzufügen, denn dessen Divergenz ist ja null und ändert somit (4.18) nicht. Eine solche Änderung ist im Spinor-Fall sogar „korrekt", indem man einen Spinor-Anteil zum Quantenfluss aus theoretischen Überlegungen hinzunehmen muss. Man nennt das den Gordan-Anteil (vgl. J.D. Bjorken und S.D. Drell, *Relativistische Quantenmechanik*. Bibliografisches Institut Mannheim, 1990 (BI Hochschultaschenbücher 98/98a)).

den Gleichungen korrekt berücksichtigt. Dass der Parameter dann $\frac{\hbar}{m}$ sein sollte, wobei m als Newtonsche Masse anzusehen ist, sieht man erst in der Einbettung der Newtonschen Mechanik (die die physikalische Größe „Masse" enthält) in die Bohmsche Mechanik. Damit erhält die Dimensionskonstante $\hbar$ ihre Bedeutung als Vermittler zwischen der neuen Bohmschen Mechanik und der in ihr enthaltenen Newtonschen Mechanik.[4]

Anmerkung 4.4 (Das seltsame Transformationsverhalten der Wellenfunktion) Man mag sich darüber wundern, dass in der Quantenmechanik komplexe Zahlen als fundamental auftauchen, denn die Wellenfunktion ist komplexwertig. Das war vor der Quantenmechanik gar nicht denkbar. Mathematisch sind die ja akzeptabel, aber was können die komplexen Zahlen physikalisch bewirken? Man braucht die komplexen Zahlen, um die Zeitumkehrinvarianz sicherzustellen. Die Zeitumkehr $t \mapsto -t$ wird mit der komplexen Konjugation $\psi \mapsto \psi^*$ implementiert, denn wenn in (4.6) das Vorzeichen der Zeit geändert wird, entsteht links ein Minuszeichen, und so auch rechts, wenn dort ψ durch ψ^* ersetzt wird.

Ist es schlimm, dass sich ψ so komisch verhält? Nein, denn wenn die Rolle von ψ klar ist, dann klärt sich auch ihr Transformationsverhalten. In der Bohmschen Mechanik ist die Rolle von ψ zuallererst, die Teilchenbahnen zu bestimmen, und die dürfen sich unter Symmetrietransformation, wie die Zeitumkehr eine darstellt, nicht verändern. Also muss sich die Wellenfunktion, die in das Bewegungsgesetz für die Teilchen einfließt, gegebenenfalls unter Transformationen angepasst transformieren. Im Elektromagnetismus kennen wir ein analoges Verhalten: Aus dem magnetischen Feld B wird aus dem gleichen Grund unter Zeitumkehr $-B$.

Anmerkung 4.5 (Quantenpotential und klassischer Limes) Die Wellenfunktion, die hier als Erzeugende des Bohmschen Vektorfeldes in Erscheinung tritt, erfüllt die Schrödinger-Gleichung (1.2), sie ist also i.A. zeitabhängig. Im Vergleich dazu sind wir es nicht gewohnt, dass die Hamilton-Funktion der klassischen Mechanik selbst eine Gleichung erfüllt. Aber es gab schon zur Zeit Hamiltons den Versuch, Mechanik auf dem Konfigurationsraum zu definieren, bekannt unter dem Namen *Hamilton-Jacobi-Theorie*. Darin bestimmt die sogenannte Wirkungsfunktion S, die auf dem Konfigurationsraum definiert ist, das Vektorfeld, und zwar in exakt gleicher Weise wie (4.3):

$$v = \frac{1}{m} \nabla S$$

Die Wirkungsfunktion S erfüllt dabei eine partielle Differentialgleichung, die, wen wird das noch wundern, sehr eng mit der Schrödinger-Gleichung verwandt ist. Wir erklären das, weil wir hier sofort auch die Einbettung der klassischen Mechanik als Grenzfall der Bohmschen Mechanik sehen können:

---

[4] Siehe für Details z. B. D. Dürr und S. Teufel, *Bohmian Mechanics. The Physics and Mathematics of Quantum Theory*. Spinger, 2009.

Setzen wir (4.2) in die Schrödinger-Gleichung (4.1) ein, kommt (wir lassen aus Bequemlichkeit alle Argumente weg)

$$\mathrm{i}\frac{\partial R}{\partial t} - \frac{1}{\hbar}R\frac{\partial S}{\partial t} = -\frac{\hbar}{2m}\left(\Delta R + 2\frac{1}{\hbar}\mathrm{i}\nabla R \cdot \nabla S - R\left(\frac{1}{\hbar}\nabla S\right)^2 + \mathrm{i}R\frac{1}{\hbar}\Delta S\right) + \frac{R}{\hbar}V.$$

Der Imaginärteil ist

$$\frac{\partial R}{\partial t} = -\frac{\hbar}{2m}\left(2\frac{1}{\hbar}\nabla R \cdot \nabla S + R\frac{1}{\hbar}\Delta S\right)$$

oder

$$\frac{\partial R^2}{\partial t} = -\frac{1}{m}\nabla \cdot \left(R^2 \nabla S\right) \overset{(4.3)}{=} -\nabla \cdot \left(v^\psi R^2\right). \tag{4.7}$$

Der Realteil liefert

$$\frac{\partial S}{\partial t} - \frac{\hbar^2}{2m}\frac{\Delta R}{R} + \frac{1}{2m}(\nabla S)^2 + V = 0. \tag{4.8}$$

Letzteres ist die Hamilton-Jacobi-Gleichung für die Wirkung S, die hier noch um einen Extraterm verändert ist, nämlich $-\frac{\hbar^2}{2m}\frac{\Delta R}{R}$ (Bohm nannte diesen „Quantenpotential"). Wenn wir die klassische Hamilton-Jacobi-Gleichung (also die ohne Quantenpotential) als Synonym für die klassische Physik sehen, dann erhalten wir den klassischen Grenzfall, wenn das Quantenpotential klein gegen die anderen Terme in der Gleichung ist.

4.1   Vom Universum zu Teilsystemen

Da die Quantentheorien, die wir hier besprechen, nichtrelativistisch sind, wissen wir, dass sie unser Universum nur unvollständig bzw. approximativ beschreiben. Aber wenn wir die Theorien analysieren und verstehen wollen, dann müssen wir sie als Kandidaten für eine fundamentale Naturbeschreibung ernst nehmen. Bohmsche Mechanik ist in diesem Sinne eine ernst zu nehmende Theorie, und wie bei jeder ernst zu nehmenden Theorie enthalten die Gesetze keinen Gültigkeitsbereich, der durch die Anzahl an Teilchen oder die Größe des Systems beschränkt ist. Die definierenden Gl. (4.1) und (4.6) gelten also für beliebig große Systeme und damit, in letzter Konsequenz, für das gesamte Universum. Auf fundamentaler Ebene gibt es in der Bohmschen Mechanik deshalb – wie in jeder präzisen Quantentheorie – nur *eine* Wellenfunktion, nämlich die *Wellenfunktion des Universums*, die alle Teilchen gemeinsam führt.

Aber das Universum ist zu groß, um damit praktische Physik zu betreiben. Wenn wir nicht ein Atom in unserem Labor beschreiben könnten, ohne die Teilchen des

Andromeda-Nebels zu berücksichtigen, wäre die Theorie für uns nutzlos. Deshalb ist die Frage, wie sich Teilsysteme eines gegebenen großen Systems beschreiben lassen. In der Quantenmechanik ist diese Frage anders zu beantworten als in Hamiltonscher Mechanik. Den Grund haben wir schon erwähnt und wir werden ihn noch genauer besprechen: Es ist die Verschränkung der Wellenfunktion auf dem Konfigurationsraum, die die Beschreibung von Teilsystemen kompliziert macht. In Hamiltonscher Mechanik argumentiert man mit „genügend kleiner Wechselwirkung", z. B. bei großen Abständen der Systemteilchen vom „Rest der Welt", oder man findet eine effektive Hamiltonsche Beschreibung für das Teilsystem durch ein effektives äußeres Potential V. In Bohmscher Mechanik – wie in jeder Quantentheorie – sind weder große Abstände noch effektive Potentiale hinreichend, um zu einer autonomen Beschreibung eines Teilsystems zu gelangen.

An den Gl. (4.1) und (4.6) kann man ablesen: Falls die Wellenfunktion des Gesamtsystems in ein Produkt zerfällt, $\Psi(x, y) = \varphi(x)\Phi(y)$, und diese Produktstruktur für einige Zeit erhalten bleibt, dann entwickeln sich die Teilsysteme mit Wellenfunktion $\varphi(x)$ und $\Phi(y)$ unabhängig voneinander (oder man denke an Gl. (4.2)–(4.3) und daran, dass die Phase bei einem Produkt additiv ist). Doch die Annahme einer solchen Produktstruktur der Wellenfunktion ist i.A. nicht zu rechtfertigen. Wie kann man dann ein Teilsystem eines großen Systems beschreiben? In der Bohmschen Mechanik ganz natürlich, denn wir haben ja die Teilchen, die das Teilsystem definieren. Das große System bestehe aus N Teilchen $(\mathbf{Q}_1, \ldots, \mathbf{Q}_N)$, und davon betrachten wir ein Teilsystem von N_1 Teilchen mit Orten $X = (\mathbf{Q}_1, \ldots, \mathbf{Q}_{N_1})$, sodass die Umgebung aus dem Rest der Teilchen durch die Orte: $Y = (\mathbf{Q}_{N_1+1}, \ldots, \mathbf{Q}_N)$ beschrieben ist. Die Koordinaten q im $\mathbb{R}^{3N}$ werden also aufgespalten in

$$q = (x, y), \ x \in \mathbb{R}^{3N_1}, \ y \in \mathbb{R}^{3(N-N_1)}.$$

Und nun stellt sich die Frage, ob das x-System eigenen Bohmschen Gleichungen gehorcht. Besitzt es eine Beschreibung durch eine eigene Wellenfunktion ?

Zunächst wird nur das große System durch eine Wellenfunktion

$$\Psi(q, t) = \Psi(x, y, t)$$

geführt. Auf fundamentaler Ebene, wenn das „große" System das ganze Universum ist, nennen wir Ψ die *universelle Wellenfunktion*. In jedem Fall erhalten wir nun sehr direkt eine Funktion auf $\mathbb{R}^{3N_1}$, dem Konfigurationsraum des Teilsystems, nämlich durch die Setzung

$$\varphi^Y(x, t) := \Psi(x, Y(t), t), \tag{4.9}$$

indem wir die Koordinaten der Teilchen der Umgebung $Y(t)$ eingesetzt haben. Die Funktion (4.9) nennen wir *bedingte Wellenfunktion* – eine Namensgebung, die nachher noch deutlicher wird. Und das ist bereits die Wellenfunktion des x-Systems, denn mit Blick auf (4.6) und (4.9) (man prüfe das zur Übung nach) ist

$$\dot{X}(t) = v_x^{\Psi}(X(t), Y(t)) \sim \text{Im} \left. \frac{\nabla_x \Psi(x, Y(t), t)}{\Psi(x, Y(t), t)} \right|_{x=X(t)} = \text{Im} \left. \frac{\nabla_x \varphi^Y(x, t)}{\varphi^Y(x, t)} \right|_{x=X(t)}.$$

Wenn man die bedingte Wellenfunktion normieren möchte, dann mit

$$\| \Psi(\cdot, Y) \| = \left(\int |\Psi(x, Y)|^2 \, d^{3N_1} x \right)^{\frac{1}{2}} = 1.$$

Die Wellenfunktion eines Teilsystems ist also die bedingte Wellenfunktion. Diese bedingte Wellenfunktion tut nun i.A. das, was die Wellenfunktionen der Standard-Quantenmechanik tun sollen. Wenn das Teilsystem hinreichend isoliert und dekohäriert ist, erfüllt die bedingte Wellenfunktion eine eigene Schrödinger-Gleichung. Und bei einem Messexperiment „kollabiert" sie, aber ganz automatisch, ohne dass noch der „Beobachter" eingreifen muss. Letzteres sehen wir wie folgt. Wir erinnern uns an unsere schematische Beschreibung des Messprozesses in Kap. 2

$$\varphi \psi_0 = (c_1 \varphi_1 + c_2 \varphi_2) \psi_0 \xrightarrow{\text{Schrödinger-Entwicklung}} c_1 \varphi_1 \psi_1 + c_2 \varphi_2 \psi_2. \qquad (4.10)$$

Hierbei bezeichnet $\varphi(x)$ die Wellenfunktion des gemessenen Systems und $\psi(y)$ die Wellenfunktion des Messapparates, wobei ψ_0 dem „Nullzustand" entspricht und $\psi_i, i = 1, 2$ einem von zwei möglichen Messergebnissen („Zeiger links" oder „Zeiger rechts"). Noch stärker abstrahiert, kann man bei ψ auch an die Wellenfunktion vom gesamten „Rest des Universums" denken, von dem der Messapparat nur ein Teil ist. Da ψ_1 und ψ_2 makroskopisch unterscheidbaren Zuständen entsprechen, haben sie jedenfalls makroskopisch disjunkte Träger im Konfigurationsraum (siehe Abb. 4.1)[5]. Sagen wir nun, die tatsächliche Bohmsche Konfiguration Y des Messapparates nach der Messung liegt im Träger von ψ_1 (der Zeiger zeigt nach links). Die bedingte Wellenfunktion des gemessenen Systems ist dann per Definition

$$\varphi^Y(x) := c_1 \varphi_1(x) \psi_1(Y) + c_2 \varphi_2(x) \psi_2(Y) \approx c_1 \varphi_1(x) \psi_1(Y), \qquad (4.11)$$

da $\psi_2(Y) \equiv 0$ (zumindest in guter Näherung und für sehr lange Zeiten). Oder nach Normierung

$$\varphi^Y(x) = \varphi_1(x), \qquad (4.12)$$

---

[5] Wir müssen die Aufspaltung (4.10) *cum grano salis* nehmen, die makroskopische Disjunktheit ist nicht immer wörtlich für die tatsächliche Wellenfunktion zu verstehen. Sie kann approximativ (aber dann ungeheuer gut) für makroskopisch getrennte relevante Y erfüllt sein, wobei die Art der Approximation, z. B. im Sinne von L^2, d. h. im Sinne von

$$\Psi \approx \tilde{\Psi} \Longleftrightarrow P^{\Psi} \approx P^{\tilde{\Psi}},$$

zu rechtfertigen ist. Dabei kann es durchaus unsere Sichtweise sein, was wir als makroskopisch relevante Trennung ansehen.

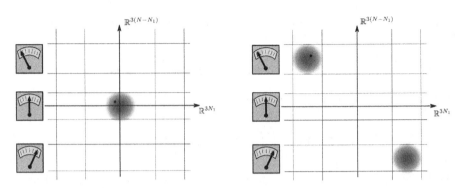

Abb. 4.1 Aufspaltung der Wellenfunktion im Konfigurationsraum beim „Messprozess". Der Punkt bezeichnet eine mögliche Konfiguration der Bohmschen Teilchen

wobei die letzte Gleichheit genau genommen projektiv zu verstehen ist, also bis auf einen (möglicherweise zeitabhängigen) Phasenfaktor.

Die bedingte Wellenfunktion, die das x-System effektiv beschreibt, „kollabiert" also automatisch auf den gemessenen „Eigenzustand". Man spricht in der Bohmschen Mechanik deshalb auch vom *effektiven Kollaps* der Wellenfunktion. Dieser effektive Kollaps ist kein zusätzliches Postulat und setzt auch keinen besonderen Status der „Messung" oder des „Beobachters" voraus, er ergibt sich einfach aus der Definition der bedingten Wellenfunktion.

Wenn wir die Gesamtwellenfunktion (4.10) in die Führungsgleichung (4.5) einsetzen, mit der Annahme, dass $\psi_2(Y) \equiv 0$, dann sehen wir, dass das Geschwindigkeitsfeld für das x-System tatsächlich nur durch φ_1 bestimmt ist. Der „leere" Anteil der dekohärierten Gesamtwellenfunktion ($\propto \varphi_2(x)\psi_2(y)$) führt das System nicht und kann für alle praktischen Zwecke vergessen werden. Und die verbliebene Abhängigkeit von den Umgebungskoordinaten Y (via ψ_1) kürzt sich einfach raus. Man beachte, dass wir hierfür nicht annehmen müssen, dass die Gesamtwellenfunktion in einem Produktzustand vorliegt, also $\Psi(x, y) = \varphi(x)\psi(y)$. Es genügt die deutlich schwächere (aber immernoch spezielle) Bedingung

$$\Psi(x, y) = \varphi(x)\Phi(y) + \Psi^\perp(x, y)\,, \tag{4.13}$$

wobei Φ und $\Psi^\perp$ makroskopisch getrennte y-Träger haben, und

$$Y \in \operatorname{supp} \Phi\,. \tag{4.14}$$

In diesem Fall nennen wir $\varphi(x)$ auch die *effektive Wellenfunktion* des Teilsystems.

Wenn der Wechselwirkungsteil $V(x, y)\varphi(x)\Phi(y)$ in der Schrödinger-Gleichung vernachlässigt werden kann (zumindest für eine gewisse Zeit), dann sind das x-System und die Umgebung dynamisch entkoppelt, die effektive Wellenfunktion φ entwickelt sich dann gemäß einer eigenen Schrödinger-Gleichung und das x-System stellt sich als „isoliertes Bohmsches System" dar.

Noch einmal zur Begriffsklärung: Die bedingte Wellenfunktion ist durch (4.9) immer präzise definiert, hängt aber im Allgemeinen explizit von der Umgebungskonfiguration ab. Unter speziellen Umständen ist die bedingte Wellenfunktion jedoch eine effektive Wellenfunktion, die eine autonome Beschreibung des Bohmschen Teilsystems ermöglicht. Diese speziellen Umstände sind insbesondere unter Laborbedingungen gegeben, wenn isolierte Systeme „präpariert" oder „gemessen" werden, aber auch im „klassischen Limes", wenn einzelne makroskopische Systeme für alle praktischen Zwecke als unabhängig betrachtet werden können. Wir hätten auch einfach sagen können, dass, wann immer die bedingte Wellenfunktion $\varphi^Y(x) = \varphi(x)$ sich gemäß einer autonomen Schrödinger-Gleichung entwickelt, die das x-System beschreibt, das x-System eine eigene Wellenfunktion besitzt. Insbesondere ist die übliche Wellenfunktion der Quantenmechanik eine bedingte Wellenfunktion und in der üblichen Diskussion der Messsituation eine effektive. Das heißt, die effektive Wellenfunktion ist der präzise Vertreter der „kollabierten" Wellenfunktion der Textbuch-Quantentheorie.

Anmerkung 4.6 (Die reduzierte Dichtematrix)   In der Standard-Quantenmechanik wird zur statistischen Beschreibung eines Teilsystems oft die *reduzierte Dichtematrix* betrachtet. Dazu schreibe man die Gesamtwellenfunktion (4.10) (also die rechte Seite davon) als Dichtematrix:

$$\rho_{\text{Gesamt}} = |c_1|^2 |\varphi_1\rangle |\psi_1\rangle \langle \varphi_1 | \langle \psi_1 | + |c_2|^2 |\varphi_2\rangle |\psi_2\rangle \langle \varphi_2 | \langle \psi_2 |$$
$$+ c_1 c_2^* |\varphi_1\rangle |\psi_1\rangle \langle \varphi_2 | \langle \psi_2 | + c_1^* c_2 |\varphi_2\rangle |\psi_2\rangle \langle \varphi_1 | \langle \psi_1 |$$

Nun kann man die partielle Spur über die Freiheitsgrade der Umgebung bilden, wodurch diese rausgemittelt werden. Wenn wir annehmen, dass ψ_1 und ψ_2 orthogonale Vektoren im Hilbert-Raum sind (was in jedem Fall gegeben ist, wenn sie makroskopisch disjunkte Träger haben), dann erhalten wir als reduzierte Dichtematrix des x-Systems

$$\rho_x = |c_1|^2 |\varphi_1\rangle \langle \varphi_1 | + |c_2|^2 |\varphi_2\rangle \langle \varphi_2 |. \qquad (4.15)$$

Das Verschwinden der Nicht-Diagonalelemente ist eine Möglichkeit, um Dekohärenz zu sehen (vgl. 2.5). Diese reduzierte Dichtematrix liefert in der Regel die korrekte *statistische* Beschreibung für ein *Ensemble* von Teilsystemen (wie man diese statistische Beschreibung begründet, besprechen wir gleich), beschreibt aber i.A. nicht den korrekten Zustand eines einzelnen Systems. Das ist ganz offensichtlich, wenn wir *sehen*, dass der Zeiger nach links zeigt, und mit Sicherheit sagen können, dass eine wiederholte Messung wieder das gleiche Ergebnis liefern wird. In solchen Fällen muss in der Standard-Quantenmechanik mal wieder das Kollaps-Postulat herhalten. In der Standard-Quantenmechanik bleibt es deshalb unklar, wann (und warum) ein System durch eine eigene Wellenfunktion beschrieben werden kann. Es ist bemerkenswert, wie schwer sich die alte Theorie mit so elementaren Fragen tut, und das nur, weil die entscheidenden Bestimmungsstücke fehlen, nämlich jene, die den *tatsächlichen* Zustand des Systems auszeichnen.

4.2   Typizitätsanalyse

Wir nähern uns nun der statistischen Analyse der Bohmschen Mechanik und fragen uns zunächst: Was ist die Bedeutung von Gl. (4.7), die wir aus der Schrödinger-Gleichung hergeleitet haben? Die Gleichung ist offenbar die Kontinuitätsgleichung (vgl. (3.17)) für den Bohmschen Fluss.

Die Lösungen von (4.4) erzeugen den *Bohmschen Fluss* T_t^ψ mit

$$T_t^\psi : \mathcal{Q} \to \mathcal{Q}, \quad \mathcal{Q} = \mathbb{R}^{3N}. \tag{4.16}$$

Durch ihn werden die Anfangswerte $Q(0) = (\mathbf{Q}_1(0), \dots, \mathbf{Q}_N(0))$ auf die Werte

$$Q(t) = (\mathbf{Q}_1(t; Q(0)), \dots, \mathbf{Q}_N(t; Q(0)))$$

entlang der Bohmschen Bahnen transportiert.

Nun ist man geneigt, da man es aus der Hamiltonschen Mechanik so kennt, den Fluss für beliebig gewählte Anfangswerte $(\mathbf{Q}_1(0), \dots, \mathbf{Q}_N(0))$ anzugeben. Zum Beispiel kann man bei einem Pendel Anfangsort und -geschwindigkeit einstellen und die Bahn bestimmen. Es mag verwundern, dass das Gefühl, Anfangsbedingungen beliebig kontrollieren zu können, ein Phänomen des globalen Nichtgleichgewichtes ist, welches wir im Kapitel über den Zufall in der Physik kurz angesprochen haben. Eine Innovation von Bohmscher Mechanik ist, dass die Orte der Bohmschen Teilchen nicht beliebig genau kontrolliert werden können: Die Teilchenorte sind im sogenannten *Quantengleichgewicht* mit der Wellenfunktion. Das bedeutet, dass, gegeben die Wellenfunktion, uns hier nur *typische* Anfangswerte zu interessieren brauchen, um die Theorie mit den Phänomenen in Einklang zu bringen. Das zu erklären, ist unser Ziel. Und darauf steuern wir jetzt los.

Gl. (4.7) ist einfach eine Umschreibung der Quantenfluss-Gleichung (1.4), aus der wir die Erhaltung des $|\psi|^2$-Maßes hergeleitet haben. Aus (4.5) folgt für die k-te Komponente der Geschwindigkeit

$$\mathbf{v}_k^\psi(q,t) = \frac{\hbar}{m} \operatorname{Im} \frac{\nabla_k \psi(q,t)}{\psi(q,t)} = \frac{\hbar}{m} \operatorname{Im} \frac{\psi^*(q,t)\,\nabla_k \psi(q,t)}{|\psi(q,t)|^2}.$$

Da $\operatorname{Im}\big(\psi^*(q,t)\,\nabla_k \psi(q,t)\big) = \frac{1}{2i}\big(\psi^*(q,t)\nabla_k \psi(q,t) - \psi(q,t)\nabla_k \psi^*(q,t)\big)$, sehen wir den Quantenfluss (1.5) entstehen, und zwar als

$$j^\psi(q,t) = v^\psi(q,t)\,|\psi(q,t)|^2. \tag{4.17}$$

Die Quantenfluss-Gleichung (1.4) kann also geschrieben werden als

$$\frac{\partial |\psi|^2}{\partial t} = -\nabla \cdot v^\psi |\psi|^2 \tag{4.18}$$

und ist damit tatsächlich nichts anderes als die Kontinuitätsgleichung für den Bohmschen Fluss, wobei hier speziell die Dichte $|\psi|^2$ entlang dem Geschwindigkeitsfeld (4.3) transportiert wird. Denn nochmal zur Erinnerung: Die Kontinuitäts-Gleichung für den Transport entlang der Bohmschen Bahnen für eine beliebige Dichte lautet

$$\frac{\partial \rho}{\partial t} = -\nabla \cdot v^{\psi} \rho.$$

Diese Gleichung ist das Bohmsche Pendant zum *Liouvilleschen Satz* 3.2 der Hamiltonschen Mechanik. Wir erkennen hier, dass $\rho = |\psi|^2$ eine spezielle Dichte ist, nämlich eine, die sich in der Zeit als Ausdruck in ψ nicht ändert! Das ist die Verallgemeinerung der *Stationarität*. Genau wie in (3.20) die Dichte $e^{-\beta H}$ als Funktional von H zeitlich unverändert bleibt, so ist es auch hier. Aber wie viel einfacher ist der Ausdruck $|\psi|^2$ als Funktionen von ψ! Die Situation ist auch deshalb befriedigender als in der klassischen Mechanik, weil die Stationarität (genauer: Äquivarianz) $\rho = |\psi|^2$ eindeutig auszeichnet. *Jede* andere Dichte $\rho = f(\psi)$ mit positiver Funktion f würde sich unter dem Bohmschen Fluss irgendwie verändern, aber niemals so, dass $\rho(t) = f(\psi(t))$ gilt. $\rho = |\psi|^2$ ist einzigartig.[6]

Anmerkung 4.7 (Eine kurze Rückkehr zur Geschichte) Im Wesentlichen haben wir in den Gl. (4.2) – (4.6) die Idee von de Broglie 1927 wiedergegeben. Es gibt also die Teilchen, die sich entlang von Bahnen bewegen, und die Bahnen werden durch die Wellenfunktion bestimmt. Dies auf eine Weise, die auch gleichzeitig mit der Bornschen Interpretation verträglich ist. Was war die Kritik?

Zunächst eine zu' der Zeit eingängige Kritik, in der aber Boltzmann offenbar komplett vergessen war: $|\psi|^2$ ist eine Wahrscheinlichkeit, Wahrscheinlichkeit ist eine Glaubensstärke, d. h., ψ ist Ausdruck unserer Ignoranz oder Glaubensstärke. Es macht keinen Sinn, dass ein solcher Ausdruck Teilchen bewegt! Denkt man jedoch wieder an Boltzmanns statistische Analyse, ist diese Kritik nicht zielgerichtet.

Dann diese bemerkenswerte Kritik: ψ ist eine Funktion auf dem Konfigurationsraum von N Teilchen. Man kann an der Schrödinger-Gleichung nicht erkennen, dass ψ eine Produktstruktur annimmt, wenn die Teilchen sich weit voneinander entfernen, sodass jedes Teilchen von einer eigenen Wellenfunktion geführt wird. Also werden i.A. alle Teilchen von einer gemeinsamen Wellenfunktion geführt, die wir nach Schrödinger *verschränkt* genannt haben. Damit ist die Bohmsche Mechanik, bzw. de Broglies Vorschlag zu weit weg von klassischer, insbesondere relativistischer Physik. Eine Art Holismus, eine Ganzheitlichkeit, in der alle Teilchen auf immer und ewig miteinander durch die Wellenfunktion verknüpft sind, findet Einzug in die Physik. Das war für Einstein nicht akzeptabel. Er nannte ψ deswegen ein Geisterfeld. Der Einsteinsche Einwand gegen diese Art von Ganzheitlichkeit, in der die Wellenfunktion eine „spukhafte Fernwirkung" vermittelt, ist ernst zu nehmen.

---

[6]Siehe S. Goldstein und W. Struyve, „On the uniqueness of quantum equilibrium in Bohmian mechanics". *Journal of Statistical Physics*, 128(5), 2007.

John Stuart Bell hat gezeigt, wie ernst man den Einwand nehmen muss: Einstein irrte, die Wellenfunktion agiert tatsächlich in dieser nichtlokalen Art und Weise, genau wie die Natur es verlangt. Das diskutieren wir ausführlich in Kap. 10. Auf den Punkt gebracht: Bohmsche Mechanik ist nichtlokal.

Jetzt aber weiter mit der Typizitätsanalyse in Bohmscher Mechanik. Wir betrachten ein sehr großes Bohmsches System (ein Universum) als dynamisches System (Dimension des Konfigurationsraumes sei n) mit einer großen Wellenfunktion Ψ und dem induzierten Fluss (4.16), also

$$(\mathcal{Q}, T_t^{\Psi}, \mathbb{P}^{\Psi}),$$

wobei $\mathbb{P}^{\Psi}$, das Typizitätsmaß, die Eigenschaft der *Äquivarianz* haben soll, welche die Stationarität von Maßen für zeitabhängige Vektorfelder verallgemeinert. Die drücken wir allgemein noch einmal über das zeittransportierte Maß aus, damit wir die vollständige Analogie zur Boltzmannschen Typizitätsanalyse vorliegen haben:

$$\mathbb{P}_t^{\Psi}(A) := \mathbb{P}^{\Psi} \circ (T_t^{\Psi})^{-1}(A) = \mathbb{P}^{\Psi}((T_t^{\Psi})^{-1}(A)) = \mathbb{P}^{\Psi_t}(A) \qquad (4.19)$$

oder für Erwartungswerte (f beliebig)

$$\mathbb{E}^{\Psi}(f(Q(t))) = \mathbb{E}^{\Psi_t}(f(Q)).$$

Im Diagramm:

$$
\begin{array}{ccc}
\Psi & \longrightarrow & \mathbb{P}^{\Psi} \\
\Big\downarrow U(t) & & \Big\downarrow \circ(T_t^{\Psi})^{-1} \\
\Psi_t & \longrightarrow & \mathbb{P}^{\Psi_t}
\end{array}
$$

Hierin steht der linke Pfeil $\downarrow$ für die unitäre Schrödingersche Zeitentwicklung $U(t)$ der Wellenfunktion, und der Pfeil $\downarrow$ auf der rechten Seite beschreibt $\mathbb{P}^{\Psi} \mapsto \mathbb{P}_t^{\Psi}$, nämlich die durch die Bohmschen Trajektorien induzierte Zeitentwicklung der Maße. Welches $\mathbb{P}^{\Psi}$ erfüllt das? Das haben wir oben gesagt:

$$\mathbb{P}^{\Psi}(A) = \int_A |\Psi(q)|^2 \, \mathrm{d}^{3N} q \qquad (4.20)$$

mit (wenn man so möchte) der Normierung

$$\int |\Psi(q)|^2 \, \mathrm{d}^{3N} q = 1. \qquad (4.21)$$

Das Typizitätsmaß bestimmt den typischen Wert der empirischen Verteilungen im Bohmschen Universum. Wie kommt man zu empirischen Verteilungen? Dazu braucht man ein Ensemble von identischen Teilsystemen. Wir wissen schon, wie Teilsysteme in der Bohmschen Mechanik zu beschreiben sind, nämlich durch die bedingte Wellenfunktion. Wir spalten den Konfigurationsraum also wieder auf gemäß

$$q = (x, y), \ x \in \mathbb{R}^{3N_1}, \ y \in \mathbb{R}^{3(N-N_1)},$$

wobei die x-Freiheitsgrade (Dimension $3N_1 =: m$) das Teilsystem beschreiben. Die bedingte Wellenfunktion ist dann

$$\varphi^Y(x, t) := \Psi(x, Y(t), t),$$

wobei wir die tatsächliche Konfiguration $Y(t)$ der Umgebung (also des restlichen Universums) eingesetzt haben. Dies führt im Hinblick auf (4.20) nun direkt auf das bedingte Typizitätsmaß:

$$\mathbb{P}^\Psi \left(\{ Q = (X, Y) : X \in \mathrm{d}^m x \} \mid Y \right) =: \mathbb{P}^\Psi (X \in \mathrm{d}^m x \mid Y)$$
$$= |\Psi(x, Y)|^2 \, \mathrm{d}^m x = |\varphi^Y(x)|^2 \, \mathrm{d}^m x \qquad (4.22)$$

Wir haben das Typizitätsmaß also auf die tatsächliche Umgebungskonfiguration bedingt und erhalten wieder ein Maß der Form $\mathbb{P}^\Psi$, wobei wir lediglich in der Definition der Dichte die universelle Wellenfunktion Ψ durch die bedingte Wellenfunktion des Teilsystems ersetzen müssen.

Anmerkung 4.8 Das sieht man intuitiv leicht ein. Aber da wir hier auf eine Nullmenge, nämlich $y = Y$, bedingen, benötigt das rigorose Argument das Ausweiten des Differenzierens auf Maße. Es lohnt sich nicht, das hier weiter zu vertiefen.

In (4.22) stecken alle empirischen Aussagen der Bohmschen Mechanik: Die Spezifizierung der (gesamten) Umgebung des x-Systems auf die Konfiguration Y beinhaltet viel zu viele Details (es ist ja die genaue Konfiguration aller Teilchen außerhalb des Systems), die uns gar nicht zugänglich sind. Darum erscheint die Formel zunächst wertlos. Aber die rechte Seite in (4.22) hängt nur von der bedingten Wellenfunktion ab, und wir können die Spezifizierung der Umgebung weiter vergröbern, solange das im Einklang mit einer gegebenen bedingten Wellenfunktion ist. Das bedeutet, wir können so weit vergröbern, dass nur noch unter dem Ereignis bedingt wird, dass die bedingte Wellenfunktion $\varphi^Y = \varphi$ ist: Sei

$$\mathscr{Y}^\varphi := \{ Q = (X, Y) : \varphi^Y = \varphi \}$$

die Menge der Q, für die die bedingte Wellenfunktion die Form φ hat. Wir haben dann als Konsequenz der einfachen Formel (4.22) eine noch einfachere und für uns relevante Formel

$$\mathbb{P}^\Psi \left(\{ Q = (X, Y) : X \in \mathrm{d}^m x \} \mid \mathscr{Y}^\varphi \right) = |\varphi|^2 \, \mathrm{d}^m x. \qquad (4.23)$$

Gl. (4.23) folgt aus (4.22) durch eine einfache Eigenschaft des bedingten Maßes:
Sei $B = \bigcup B_i$ eine paarweise disjunkte Zerlegung und sei $\mathbb{P}(A|B_i) = a$ für alle B_i,
dann ist

$$\mathbb{P}(B)a = \sum_i \mathbb{P}(A|B_i)\mathbb{P}(B_i) = \sum_i \mathbb{P}(A \cap B_i) = \mathbb{P}(A \cap B)$$

also auch $\mathbb{P}(A|B) = \frac{\mathbb{P}(A \cap B)}{\mathbb{P}(B)} = a$.

Wir können nun zum Gesetz der großen Zahlen kommen. Wir betrachten ein
Ensemble von gleichartigen Teilsystemen $X_1, \ldots, X_M$, die sich unabhängig voneinander bewegen. Gibt es das? Ja, offenbar gibt es das. Genauso werden Experimente
gemacht. Und wir wissen auch, wie in einem solchen Fall die bedingte Wellenfunktion des Ensembles aussieht. Sie muss notwendigerweise ein Produkt aus
Wellenfunktionen φ_i für jedes Teilsystem sein. Andernfalls wären die Einzelsys-
teme nicht unabhängig. Im gerade Gesagten steckt allerdings mehr, als man flüchtig
zur Kenntnis nehmen kann. Es basiert in der Tat auf einer Analyse der Präparation
von Wellenfunktionen, deren Ausführung uns hier aber zu weit wegführen würde.
Deswegen weiter mit der bedingten Wellenfunktion für das Ensemble von Systemen

$$\varphi^Y(x_1, x_2, \ldots, x_M) = \prod_{i=1}^{M} \varphi_i(x_i),$$

und damit ist das Typizitätsmaß bedingt auf Universen, in denen ein solches
Ensemble existiert:

$$\mathbb{P}^{\psi}\left(\{Q = (X, Y) : X_1 \in \mathrm{d}^m x_1, \ldots, X_M \in \mathrm{d}^m x_M\} \mid \mathscr{Y}^{\varphi}\right) = \prod_{i=1}^{M} |\varphi(x_i)|^2 \mathrm{d}^m x_i \quad (4.24)$$

Man beachte, dass es sich um ein Produktmaß handelt. Angenommen uns interessiert nun die empirische Verteilung für den Ort eines Teilchens, wenn die bedingte
Wellenfunktion φ ist. Dann nehmen wir ein Ensemble von gleichartigen Teilchen,
jedes mit Wellenfunktion φ, und (4.24) liefert uns sofort mit dem Gesetz der großen
Zahlen die Begründung der *Quantengleichgewichts-Hypothese*:

Wenn ein System die Wellenfunktion φ hat, sind die Koordinaten der

Systemteilchen gemäß $\rho_{emp} = |\varphi|^2$ verteilt.   (4.25)

Damit gemeint ist

Theorem 4.1 (Quantengleichgewichtsverteilung)

$$\mathbb{P}^{\psi}\left(\left\{Q : \left|\frac{1}{M}\sum_{i=1}^{M}f(X_i) - \int f(x)|\varphi(x)|^2 dx\right| < \varepsilon\right\} \mid \mathscr{Y}^{\varphi}\right) = 1 - \delta(\varepsilon, f, M),$$

wobei $\delta(\varepsilon, f, M)$ beliebig klein mit wachsendem M wird.

Hierbei ist f eine vergröbernde Funktion der Teilchenkoordinaten. Zum Beispiel können wir uns f, für Ein-Teilchen-Systeme, als Indikatorfunktion $\mathbb{1}_A$ zu einer beliebigen messbaren Teilmenge $A \subset \mathbb{R}^3$ vorstellen, dann bekommen wir als Aussage des Theorems die Voraussage für die relativen Häufigkeiten der Orte.

Es ist eine Besonderheit der Quantenmechanik, dass das Typizitätsmaß und die typischen empirischen Verteilungen jeweils durch ein $|\psi|^2$-Maß gegeben sind, erstere bezüglich der universellen, letztere bezüglich der bedingten Wellenfunktion. Das ist ein mathematisch schöner, aber didaktisch unglücklicher Umstand, denn wenn man die Boltzmannsche Argumentation noch nicht verinnerlicht hat, kann es so aussehen, als würde man das richtige (also Bornsche) Maß schon in die Herleitung reinstecken: $|\psi|^2$ rein, $|\psi|^2$ raus, was kann da schon Bedeutendes passiert sein? Deshalb nochmal zur Klärung: $\mathbb{P}^{\psi}$ ist ein Typizitätsmaß, dessen Aufgabe es ist, *typische* Anfangsbedingungen für ein Bohmsches Universum zu definieren. Dieses Maß ist durch die Stationaritätsbedingung (4.19) eindeutig festgelegt und damit von der Bohmschen Dynamik ausgezeichnet. Für typische Anfangsbedingungen des Universums beschreibt das Bornsche Wahrscheinlichkeitsmaß ρ_{emp} dann empirische Verteilungen in Teilsystemen. Es ist dieses Maß, aus dem die empirischen Vorhersagen der Quantenmechanik folgen. Und die Bornsche Regel in der Form (4.25), die ρ_{emp} als Ausdruck der bedingten oder effektiven Wellenfunktion liefert, wurde hier eben nicht postuliert oder „reingesteckt", sondern bewiesen.

Der Bohmsche Satz 4.1 ist damit der Prototyp einer Boltzmannschen Typizitätsaussage (wobei wir wie immer die Funktion δ quantifizieren müssen, damit die Aussage praktisch brauchbar wird). Insbesondere vergleiche man diese Aussage mit Theorem 3.3.

Man beachte die Stärke der Aussage: Das *bedingte* Maß $\mathbb{P}^{\psi}(\{...\} \mid \mathscr{Y}^{\varphi})$ der Konfigurationen, für die die relativen Häufigkeiten von $|\varphi|^2$ abweichen, ist klein. Das ist wichtig, denn wäre nur die $\mathbb{P}^{\psi}$-Wahrscheinlichkeit für die Abweichung klein, hätten wir nichts in der Hand, denn allein die Konfigurationen, zu denen die für uns relevante Umgebung Y gehört, können ja bereits kleines Maß besitzen. Für uns ist es wichtig, dass für die *relevanten* Umgebungen, für die ein solches Experiment mit den präparierten Wellenfunktionen existiert, Vorhersagen gemacht werden können.

Die Quantengleichgewichts-Hypothese (4.25) ist eine Präzisierung der Bornschen statistischen Interpretation der Wellenfunktion (1.2), die in der orthodoxen Quantenmechanik als Axiom oder Postulat angesehen wird. Durch deren Begründung gibt es keinen Zweifel, zumindest in der Bohmschen Mechanik nicht, welche Rolle die Wahrscheinlichkeit in der Quantenmechanik spielt. In der Bohmschen Mechanik ist Satz 4.1 eine *Konsequenz* der Typizität, welche als *Quantengleichgewicht*[7] bekannt geworden ist. Die primäre Rolle der Wellenfunktion in der Bohmschen Mechanik ist nicht Wahrscheinlichkeiten zu berechnen, sondern die

---

[7]Vgl. D. Dürr, S. Goldstein und N. Zanghì, „Quantum Equilibrium and the Origin of Absolute Uncertainty". In: *Quantum Physics Without Quantum Philosophy*, Springer, 2013.

Teilchen zu führen. Und weil die Physik die Typizität bestimmt, legt sie auch das Typizitätsmaß fest. Experimentell wurde bisher keine Verletzung der Quantengleichgewichts-Hypothese festgestellt. Deswegen kann man davon ausgehen, dass das Quantengleichgewicht ausnahmslos gilt, also unser Universum ein typisches Bohmsches Universum ist.

Anmerkung 4.9 (Absolute Ungewissheit) Das bedeutet nun aber auch, dass wir eine *prinzipielle* Unkenntnis des Ortes eines Teilchens haben, wenn dessen (bedingte) Wellenfunktion φ ist. Wir können den Ort eines Teilchens nicht genauer kennen oder kontrollieren, als durch die $|\varphi|^2$-Verteilung gegeben ist. Das kann man auch folgendermaßen verstehen: Alle Informationen, die wir über die Teilchenorte haben, müssen irgendwie in der Konfiguration Y des restlichen Universums festgeschrieben sein, sei es auf einem Blatt Papier, im Speicher eines Computers oder in unserem Gehirn. Diese Information ist aber schon berücksichtigt, wenn wir das bedingte Maß (4.22) bilden. Ist also ein System mit Wellenfunktion φ präpariert, dann können wir nicht mehr über die Teilchenkonfiguration wissen, als durch die $|\varphi|^2$-Verteilung ausgedrückt wird. Diese prinzipielle Unkenntnis – man spricht von *absoluter Ungewissheit* (engl. *absolute uncertainty*) – darf man aber nicht mit einem intrinsischen Zufall verwechseln. Durch das physikalische Gesetz sind die Teilchenorte zu jeder Zeit deterministisch festgelegt.

4.3 Heisenbergsche Unschärfe

Jede und jeder Studierende der Physik hat von der Heisenbergschen Unschärferelation gehört. Sie besagt, dass man Ort und Geschwindigkeit eines Teilchens nicht gleichzeitig mit beliebiger Genauigkeit messen kann. Das wäre ja nicht weiter schlimm, aber eine oft zitierte Behauptung ist, dass es deswegen keinen Sinn macht, überhaupt von Orten und Geschwindigkeiten von Teilchen zu sprechen. Aber es macht Sinn in der Bohmschen Mechanik. Wie passt das also mit der Unschärferelation zusammen? Weil diese Frage aus der historischen Entwicklung betrachtet berechtigt ist, gehen wir darauf ein. Die Unschärferelation ist eine direkte Konsequenz der Bornschen Interpretation der Wellenfunktion 1.2 und des Zerfließens der Wellenfunktion, was wir in Unterkapitel 1.3 besprochen haben. Nun müssen wir nur noch die Langzeit-Asymptotik der Wellenfunktion mit dem Bohmschen Teilchen zusammenbringen. Wenn man in der Quantenmechanik von einer Impuls- oder Geschwindigkeitsmessung spricht, muss man an ein Experiment denken, welches Geschwindigkeiten in einem klassischen Sinne misst. Der einfachste Weg ist dieser: Man bildet die Differenz des Ortes eines Teilchens zur Zeit $t = 0$, also $\mathbf{X}_0$, mit $\mathbf{X}(t, \mathbf{X}_0)$, wobei in der Bohmschen Mechanik $(\mathbf{X}(t, \mathbf{X}_0))_{t \geq 0}$ die Bahn des Teilchens ist, das bei $\mathbf{X} = \mathbf{X}_0$ startet. Dann gibt für große t

$$\frac{\mathbf{X}(t, \mathbf{X}_0) - \mathbf{X}_0}{t} \approx \mathbf{V}_\infty$$

die asymptotische Geschwindigkeit $\mathbf{V}_\infty$, und $m\mathbf{V}_\infty$ wäre der klassische „Impuls".

Wir wollen ausrechnen, wie $\mathbf{V}_\infty$ verteilt ist: Wenn das Teilchen zur Zeit $t = 0$ die Wellenfunktion ψ_0 hat, dann ist $\mathbf{X}(0)$ gemäß $|\psi_0|^2$ verteilt. Um die Verteilung von $\mathbf{V}_\infty$ zu bestimmen, brauchen wir zuerst die Verteilung von

$$\frac{1}{t}\left(\mathbf{X}(t, \mathbf{X}_0) - \mathbf{X}_0\right) \approx \frac{1}{t}\mathbf{X}(t, \mathbf{X}_0),$$

wobei die Approximation für große t gilt. Die rechte Seite hat nun wegen der Äquivarianz (vgl. (4.19)) die Dichte $|\psi(\mathbf{x}, t)|^2$, wobei $\psi(\mathbf{x}, t)$ durch (1.9) gegeben ist. Die Verteilung $\mathbb{P}^\psi\left(\frac{\mathbf{X}(t,\mathbf{X}_0)}{t} \in A\right)$ von $\mathbf{X}(t, \mathbf{X}_0)$ wird durch $|\psi(\mathbf{x}, t)|^2 \mathrm{d}^3 x$ gegeben, d. h.

$$\mathbb{P}^\psi\left(\frac{\mathbf{X}(t, \mathbf{X}_0)}{t} \in A\right) = \int_A |\psi(\mathbf{x}, t)|^2 \mathrm{d}^3 x. \tag{4.26}$$

Die rechte Seite haben wir in Unterkapitel 1.3 berechnet und wir bekommen in Hinblick auf die dort durchgeführte Rechnung und Formel (1.11)

$$\lim_{t \to \infty} \mathbb{P}^\psi\left(\frac{\mathbf{X}(t, \mathbf{X}_0)}{t} \in A\right) = \int \mathbb{1}_A\left(\frac{\hbar}{m}\mathbf{k}\right) \left|\hat{\psi}_0(\mathbf{k})\right|^2 \mathrm{d}^3 k,$$

was wir bereits als Impulsverteilung gedeutet haben.

Nun zur Unschärfe: Wenn ein Teilchen die Wellenfunktion ψ hat, dann hat der Ort die Varianz

$$\mathrm{Var}(\mathbf{X}) = \mathbb{E}^\psi(\mathbf{X}^2) - \left(\mathbb{E}^\psi(\mathbf{X})\right)^2.$$

Der „Impuls" erbt, wie wir gesehen haben, von ψ die Varianz

$$\mathrm{Var}(\mathbf{P}) = \mathbb{E}^\psi(\mathbf{P}^2) - \left(\mathbb{E}^\psi(\mathbf{P})\right)^2$$

$$= \int (\hbar\mathbf{k})^2 \left|\hat{\psi}(\mathbf{k})\right|^2 \mathrm{d}^3 k - \left(\int \hbar\mathbf{k} \left|\hat{\psi}(\mathbf{k})\right|^2 \mathrm{d}^3 k\right)^2.$$

Wenn wir nun insbesondere an eine Gaußsche Wellenfunktion denken, dann ist $|\psi|^2$ Gaußsch und $|\hat{\psi}|^2$ ebenfalls, aber mit inverser Breite. Das heißt, wenn die Ortsverteilung kleine Breite hat, das Teilchen also gut lokalisiert ist, dann hat die Impulsverteilung eine entsprechend dem Kehrwert große Breite. Dies gilt so exakt nur für Gaußsche Wellenfunktionen. Für allgemeine Wellenfunktionen bekommt man mit etwas mehr Analysis die Heisenbergsche Unschärferelation in der Form

$$\mathrm{Var}(\mathbf{X})\,\mathrm{Var}(\mathbf{P}) \geq \frac{\hbar}{2}.$$

Die Unschärfe ist in diesem Sinne also eine recht einfache Konsequenz der Bohmschen Bahnen und des Quantengleichgewichtes. Man kann hieraus vor allem zwei Erkenntnisse mitnehmen. Erstens entspricht die Messgröße des „Impulses" in aller Regel nicht den Momentangeschwindigkeiten der Bohmschen Teilchen, die durch (4.4) gegeben sind (vgl. Abschn. 7.3). Und zweitens gibt es allgemein einen Unterschied zwischen *Empirie* und *Ontologie*, also zwischen dem, was man messen kann, und dem, was gemäß der physikalischen Theorie tatsächlich da ist.

4.4   Identische Teilchen und Topologie

Über identische Teilchen, manchmal auch ununterscheidbare Teilchen genannt, gibt es in der Quantenmechanik oft Verwirrung. Oftmals wird vermittelt, dass identische Teilchen in der Quantentheorie etwas anderes seien als identische Teilchen in der klassischen Physik, dass sie nämlich als diskrete Objekte gar nicht existieren können. Das ist mit der Namensgebung „ununterscheidbar" durchaus verständlich, denn ein Teilchen hat nun einmal einen Ort, und damit sind Teilchen schon durch ihren Ort unterschieden.

Nun, in Bohmscher Mechanik gibt es Teilchen. Steht sie also im Widerspruch zur Quantenmechanik? Nein, man muss sich nur klarmachen, was mit identischen Teilchen wirklich gemeint ist. In der Tat ist es sogar so: Die quantenmechanische Beschreibung identischer Teilchen lässt sich aus der Bohmschen Mechanik herleiten.

Was also ist mit identischen Teilchen gemeint? Nur, dass die uns gewohnte, weil bequeme Nummerierung von Teilchen, etwa $\mathbf{Q}_i, i = 1, \ldots, N$, keine physikalische Rolle spielt: Identische Teilchen tragen keine Nummern! Nummern stehen hier stellvertretend für physikalische unterscheidbare Eigenschaften: zum Beispiel werden zwei Teilchen verschiedener Massen von der Newtonschen Physik verschieden behandelt, die Bewegung der einen Masse ist anders als die der anderen Masse. Hier ist eine Nummerierung, nämlich ein Index an den verschiedenen Massen, in Ordnung.

Wir verwenden aber die Nummerierung i.A., weil sie uns das Sprechen und manchmal auch die Mathematik deutlich erleichtert. Für die Physik identischer Teilchen ist die Nummerierung jedoch ein Unding. Wie kann man aber überhaupt ohne Nummerierung über verschiedene identische Teilchen sprechen? Eine ganz einfache und oft benutzte Argumentation im Umgang mit identischen Teilchen ist folgende: Wenn die Teilchen physikalisch identisch sind, dann muss die Bornsche statistische Interpretation der Wellenfunktion diese Identität respektieren. Das heißt, wenn man Teilchennummern austauscht, dann muss z. B. bei zwei Teilchen

$$|\psi(\mathbf{q}_1, \mathbf{q}_2)|^2 = |\psi(\mathbf{q}_2, \mathbf{q}_1)|^2 \qquad (4.27)$$

gelten. Deswegen kann sich bei Teilchenvertauschung ψ nur um einen Phasenfaktor ändern, der fällt nämlich im Absolutquadrat raus. Dies gilt allerdings nur, wenn ψ komplexwertig ist. Falls ψ ein Spinor ist, muss man länger argumentieren und noch dynamische Größen wie z. B. Magnetfelder mit ins Spiel bringen. Das lassen wir jetzt außer Acht und bleiben bei komplexwertigen Wellenfunktionen. Nun muss man nur noch zeigen, dass der Phasenfaktor nur ± 1 sein kann, dass also

$$\psi(\mathbf{q}_1, \mathbf{q}_2) = \pm \psi(\mathbf{q}_2, \mathbf{q}_1)$$

gelten muss, dann haben wir symmetrische oder antisymmetrische Wellenfunktionen, die in der Quantenmechanik *Bosonen* bzw. *Fermionen* beschreiben. Da wir das am Ende des nachfolgenden Teiles sowieso zeigen, verweisen wir dafür auf die entsprechende sehr einfache Schlussfolgerung unten, beginnend mit (4.28).

Warum sollte man mit der Argumentation nicht zufrieden sein? Weil es seltsam ist, über identische Teilchen zu sprechen, indem man sie erst nummeriert, sodass sie nicht mehr identisch sind, um dann irgendwann sagen zu können: „Aber die Nummerierung war ja Unsinn von Anfang an, also schmeißen wir sie wieder raus." Warum nicht von vornherein mit identischen Teilchen arbeiten? Diese Einsicht kam erst relativ spät (in den 1970er-Jahren) in die Argumentation und sie nimmt Bezug auf den *Konfigurationsraum* von identischen Teilchen.[8] Der ist in Bohmscher Mechanik natürlicherweise vorhanden. Und weil die wirkliche Argumentation für den Umgang mit identischen Teilchen eine ganz tief liegende ist, machen wir uns die Mühe, sie zu präsentieren.

Also wenn man der Sache auf den Grund gehen will und eine Nummerierung der Teilchen keine physikalische Bedeutung hat, dann lassen wir die besser weg. Aber damit verlieren wir auch unseren gewohnten Konfigurationsraum $\mathbb{R}^{3N}$, der ja die Menge von N-Tupeln von Teilchenorten darstellt, und Tupel sind nun einmal geordnet, d. h., die Einträge sind automatisch in ihrer Reihenfolge unterschieden, also nummeriert. Damit muss man leben. Der wahre Konfigurationsraum ist aber dieser: Man hat N Orte von Teilchen in $\mathbb{R}^3$, dies sind N Punkte im $\mathbb{R}^3$, also eine Teilmenge von $\mathbb{R}^3$ mit N Elementen. Mengen sind, anders als Tupel, ungeordnet. Eine Menge ist ja definitionsgemäß eine ungeordnete Ansammlung von unterschiedlichen Objekten, die hier zwar durch Indizes benannt werden, aber die Reihenfolge, in der wir die Elemente aufzählen, spielt keine Rolle: jede andere Nummerierung ergäbe wieder dieselbe Menge. Kurz, der wahre Konfigurationsraum ist

$$\mathscr{Q} = \{q \subset \mathbb{R}^3 : |q| = N, \text{ d. h. } q = \{\mathbf{q}_1, \dots, \mathbf{q}_N\}, \mathbf{q}_i \in \mathbb{R}^3\}.$$

Diese Menge von Teilmengen – eine Mannigfaltigkeit – sieht zunächst gar nicht so schlimm aus, aber sie ist alles andere als langweilig, sie ist topologisch kompliziert. Dazu kommen wir gleich. Zunächst stellen wir fest, dass eine Wellenfunktion auf dieser Mannigfaltigkeit eine in jedem Sinne symmetrische ist. Sie ist von vornherein auf ungeordneten Mengen definiert, an Vertauschung von Teilchennummern ist hier gar nicht zu denken. Wenn wir jedoch unbedingt wollen, können wir die Wellenfunktion $\psi(q)$ auch als Funktion des Tupels der Elemente $\mathbf{q}_i$, $i = 1, \dots, N$, der Menge $q \in \mathscr{Q}$ schreiben, indem wir diese nämlich als Koordinaten auf $\mathscr{Q}$ einführen. Eine Veränderung der Reihenfolge der Einträge im Tupel entspricht dann einer anderen Koordinatenwahl, mit der aber ein und derselbe Konfigurationsraumpunkt ausgedrückt wird. Dann wird $\psi(\mathbf{q}_1, \dots, \mathbf{q}_N)$ invariant unter jeder Permutation σ der N Indizes sein:

$$\psi(\mathbf{q}_{\sigma(1)}, \dots, \mathbf{q}_{\sigma(N)}) = \psi(\mathbf{q}_1, \dots, \mathbf{q}_N).$$

---

[8]Historische Anmerkung: Der Konfigurationsraum identischer Teilchen ist ein sehr altes Konstrukt und schon in der Boltzmannschen statistischen Mechanik grundlegend. Aber in der klassischen Physik spielt die Topologie dieses Raumes, um die es hier hauptsächlich geht, keine Rolle. Die gewinnt erst durch die nichtseparable Wellenfunktion an Bedeutung.

Damit treten nun automatisch nur symmetrische Wellenfunktionen auf (der Phasenfaktor von oben ist also immer nur +1). Aber wir alle kennen das Exklusionsprinzip
von Pauli, „dass eine Mehrteilchen-Wellenfunktion kein Produkt aus zwei oder
mehr gleichen Ein-Teilchen-Wellenfunktionen enthalten kann". Die symmetrischen
Wellenfunktionen verletzen dieses Prinzip, es wird erfüllt von antisymmetrischen
Wellenfunktionen $\psi(\mathbf{q}_{\sigma(1)}, ..., \mathbf{q}_{\sigma(N)}) = \text{sign}(\sigma)\psi(\mathbf{q}_1, ..., \mathbf{q}_N)$, wobei $\text{sign}(\sigma)$ die
Signatur der Permutation ist (-1, falls σ in eine ungerade Anzahl von Transposi-
tionen zerfällt und 1, falls die Anzahl gerade ist). Wie kommt man zu denen?

Durch Topologie! Welchen topologischen Charakter hat $\mathscr{Q}$? Das sieht man am
besten, wenn man folgende äquivalente Beschreibung des Konfigurationsraumes
identischer Teilchen betrachtet:

$$\mathscr{Q} = (\mathbb{R}^{3N} - \Delta^{3N})/S_N =: \mathbb{R}_{\neq}^{3N}/S_N$$

Dabei bedeutet das $\neq$ auf der rechten Seite: Entferne aus $\mathbb{R}^{3N}$ die „Diagonalen"

$$\Delta^{3N} := \{(\mathbf{q}_1, ..., \mathbf{q}_N) \in \mathbb{R}^{3N} \,|\, \mathbf{q}_i = \mathbf{q}_j \text{ für mindestens ein } i \neq j\}\,,$$

das führt zunächst zur Menge $\mathbb{R}_{\neq}^{3N} := (\mathbb{R}^{3N} - \Delta^{3N})$. Dann nenne alle N-Tupel in $\mathbb{R}_{\neq}^{3N}$
äquivalent oder identisch, die durch Permutationen auseinander hervorgehen:

$$(\mathbf{q}_{\sigma(1)}, ..., \mathbf{q}_{\sigma(N)}) \sim (\mathbf{q}_1, ..., \mathbf{q}_N).$$

Diese Bildung von Äquivalenzklassen wird als Faktorisierung mit der Permutationsgruppe von N Objekten S_N als $\mathbb{R}_{\neq}^{3N}/S_N$ notiert. Wir hatten eine ähnliche Situation
im Eingangskapitel 1.8, wo wir die Lie-Gruppe $SO(3)$ als Mannigfaltigkeit mit der
Identifikation von Pol und Antipode betrachtet haben. Die Moral von daher ist:
Identifikationen sorgen für nicht nullhomotope Wege, bzw. nicht einfach zusammenhängende Mannigfaltigkeiten, und die sind für die praktische mathematische
Beschreibung suboptimal.

Wir nehmen als einfaches Beispiel den Kreis Q, der aus $[0, 1]$ durch Identifikation von 0 mit 1 entsteht, oder, wenn man möchte, aus $\mathbb{R}$ durch Identifikation
von $n \in \mathbb{Z} \subset \mathbb{R}$ mit null. Also $\mathbb{R}/\sim$, wobei $x \sim y$ genau dann gilt, wenn
$x - y \in \mathbb{Z}$. $\mathbb{R}$ ist topologisch so einfach wie es nur geht, aber der Kreis ist es nicht.
Er enthält geschlossene Wege, die den Kreis umlaufen und die nicht homotop zu
einem Punkt zusammengezogen werden können. Alle geschlossenen Kurven auf
dem Kreis kann man in Äquivalenzklassen aufteilen, welche durch die Anzahl der
Umläufe (positive wie negative) indiziert werden können. Dabei sind ein geschlossener Weg, der, sagen wir, dreimal den Kreis positiv umläuft und einmal negativ,
und der Weg, der zweimal positiv den Kreis umläuft, äquivalent. Das Hintereinan-
derhängen von geschlossenen Wegen kann man als Addition von Wegen betrachten:
Wird an einen geschlossenen Weg der umgekehrt durchlaufende Weg angeschlos-
sen, erhält man den Nullweg (der einfach am Ausgangspunkt stehen bleibt) und
man kann so die geschlossenen Wege als Gruppenelemente ansehen. Man nennt
diese Gruppe die *Fundamentalgruppe* Π der Mannigfaltigkeit. Für den Kreis als

Abb. 4.2 Der Kreis Q wird durch $\hat{Q} = \mathbb{R}$ überlagert. Die Faser ist die Menge aller mit dem Punkt $q \in Q$ zu identifizierenden Punkte $q \cong \hat{r} \cong \hat{s}, \ldots \in \hat{Q}$. Die Überlagerungsgruppe $Cov(\hat{Q}, Q)$ (siehe Text) bildet die Punkte jeweils einer Faser aufeinander ab. Sie ist isomorph zur Fundamentalgruppe Π von Q, welche für den Kreis isomorph zu $\mathbb{Z}$ ist

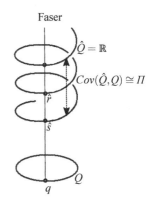

Mannigfaltigkeit ist $\Pi \cong \mathbb{Z}$. Wenn die Fundamentalgruppe nichttrivial ist, dann heißt die Mannigfaltigkeit *mehrfach zusammenhängend* statt *einfach zusammenhängend*. Aber man kann die Identifikation aufheben, indem man über dem Kreis Q die einfach zusammenhängende Mannigfaltigkeit $\hat{Q} = \mathbb{R}$ spiralförmig abwickelt, beachtend, dass aufeinanderfolgende Segmente der Länge 2π jeweils bijektiv auf den Kreis abgebildet werden können (siehe Abb. 4.2). Eine solche Konstruktion nennt man eine Überlagerung. In der ist es oft einfacher, mathematisch zu hantieren.

Analog ist nun $\mathbb{R}^{3N}_{\neq}/S_N$ mehrfach zusammenhängend, wobei hier S_N zugleich isomorph zur Fundamentalgruppe ist. Um das zu veranschaulichen, nehme man zwei Teilchen im $\mathbb{R}^3$ und den Konfigurationsraumpunkt $(\mathbf{q}_1, \mathbf{q}_2)$. Der ist mit $(\mathbf{q}_2, \mathbf{q}_1)$ zu identifizieren. Das bedeutet, ein Weg im $\mathbb{R}^6$ von $(\mathbf{q}_1, \mathbf{q}_2)$ nach $(\mathbf{q}_2, \mathbf{q}_1)$ ist ein geschlossener Weg in $\mathbb{R}^{3N}_{\neq}/S_N$. Nun versuche man diesen geschlossenen Weg homotop zu einem Punkt zu verformen, also stetig, ohne ihn zu zerreißen. Der Endpunkt in $\mathscr{Q}$ muss dabei festgehalten werden. Es ist klar, dass das nicht geht, denn in $\mathbb{R}^6$ müsste ein Endpunkt auf den anderen zulaufen, aber in $\mathbb{R}^{3N}_{\neq}/S_N$ bzw. $\mathscr{Q}$ ist das kein geschlossener Weg mehr, die ursprüngliche Schleife würde somit auseinandergerissen. Also, ein solcher einfach geschlossener Weg ist nicht nullhomotop. Nun schließe man an den geschlossenen Weg von $(\mathbf{q}_1, \mathbf{q}_2)$ nach $(\mathbf{q}_2, \mathbf{q}_1)$ noch einen Weg von $(\mathbf{q}_2, \mathbf{q}_1)$ nach $(\mathbf{q}_1, \mathbf{q}_2)$ an (vgl. Abb. 4.3). Wir erhalten einen zweifach umlaufenden geschlossenen Weg. Den können wir nun stetig deformieren, ohne Gefahr zu laufen, ihn zu zerreißen. Wenn wir z. B. $(\mathbf{q}_2, \mathbf{q}_1)$ auf $(\mathbf{q}_2', \mathbf{q}_1')$ verschieben, einen Punkt, der näher an $(\mathbf{q}_1, \mathbf{q}_2)$ liegt, bleibt der Weg nach wie vor geschlossen, obwohl $(\mathbf{q}_1, \mathbf{q}_2) \nsim (\mathbf{q}_2', \mathbf{q}_1')$ ist. In $\mathscr{Q}$ müssen wir noch darauf achten, dass wir die „Diagonale" $\{\mathbf{q}_1 = \mathbf{q}_2\}$ umgehen, denn die ist nicht Teil der Mannigfaltigkeit.

Dazu ist folgende Überlegung hilfreich. Wie viel Platz nimmt die herausgenommene „Diagonale" ein? Sie hat Dimension drei. Der Konfigurationsraum hat Dimension sechs. Also hat man drei Dimensionen außerhalb der „Diagonalen". Analoge Verhältnisse haben wir im Raum $\mathbb{R}^3 \setminus \{0\}$, also im dreidimensionalen Raum mit einem Loch im Koordinatenursprung. Wenn man nun einen geschlossenen Weg in der x-y-Ebene hat, der die Null umläuft, dann kann man den Weg einfach in z-Richtung hochheben und dann zusammenschnüren, denn das Loch ist

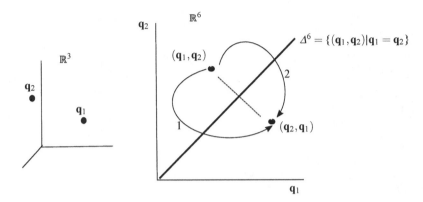

Abb. 4.3 Links: Zwei identische Teilchen im $\mathbb{R}^3$. Rechts: Konfigurationsraumskizze der beiden Teilchen im $\mathbb{R}^6$, die Diagonale Δ^6 ist entfernt. Die über der Diagonalen liegenden Punkte müssen mit den gespiegelten, unter der Diagonalen liegenden, Punkten als identisch „$\cong$" gedacht werden. Da $(\mathbf{q}_1, \mathbf{q}_2) \cong (\mathbf{q}_2, \mathbf{q}_1)$, sind die Wege 1 und 2 jeweils einfach geschlossen. Weder Weg 1 noch Weg 2 kann durch stetige Deformation zu null geschrumpft werden, weil die entfernte Diagonale ein topologisches Hindernis darstellt. Das sieht man leicht, indem man die Punkte entlang der gestrichelten Linie aufeinander zubewegt, eine Bewegung, in der die geschlossenen Wege geschlossen bleiben. Hingegen ist der zweifach geschlossene Weg 1 ∘ 2 nullhomotop wie im Text erklärt

nun kein Hindernis mehr. So ist es auch in unserem Zwei-Teilchen-Beispiel möglich, den zweifach geschlossenen Weg zu einem Nullweg zu deformieren, ohne dass die Diagonale einen daran hindert. Kurz, zweifach geschlossene Wege sind nullhomotop, gewisse einfach geschlossene Wege nicht. Es gibt also in der Fundamentalgruppe nur zwei Elemente, den besprochenen einfach geschlossenen Weg und den Nullweg. Das entspricht der Permutationsgruppe von zwei Elementen, sagen wir $\{1, 2\}$, also S_2.

Um sicherzugehen, dass das Bild gut verstanden wurde, betrachte man zur Übung die gleiche Argumentation für zwei Teilchen im $\mathbb{R}^2$ und als Konfigurationsraum der identischen Teilchen entsprechend $\mathbb{R}_{\neq}^2/S_2$. Man sollte herausfinden, dass nunmehr die „Diagonale" sehr wohl ein Hindernis darstellt, was dazu führt, dass die Fundamentalgruppe viel komplizierter ist als S_2. Es ist die sogenannte Zopf-Gruppe, die als Fundamentalgruppe infrage kommt, und die Klasse der möglichen Wellenfunktion von Bosonen und Fermionen zu sogenannten Anyonen erweitert. Aber da wir in einer dreidimensionalen Welt leben, sind die Anyonen nicht von fundamentaler Bedeutung und spielen nur in Näherungen oder effektiven Beschreibungen (etwa in der Festkörperphysik) eine Rolle. Aber das ist nur ein vorgreifender Einschub, denn wir sind ja längst noch nicht bei den Fermionen-Wellenfunktionen angekommen.

Um dahin zu kommen, führen wir auch für den wahren Konfigurationsraum $\mathscr{Q} = \mathbb{R}_{\neq}^{3N}/S_N$, ähnlich wie beim Kreis (siehe Abb. 4.2), die einfach zusammenhängende Überlagerung $\hat{\mathscr{Q}} = \mathbb{R}_{\neq}^{3N}$ ein. Wir stellen uns diese Überlagerung, wie beim Kreis auch, als eine Wendeltreppe vor. Gehen wir von einem Punkt $\hat{q} = (\mathbf{q}_1, \dots, \mathbf{q}_N)$ entlang der Faser eine Stufe höher, so kommen wir zum Punkt $(\mathbf{q}_{\sigma(1)}, \dots, \mathbf{q}_{\sigma(N)})$

mit permutierten Koordinaten. Eine Faser enthält also alle zu $q \in \mathscr{Q}$ äquivalenten Punkte. Wir verstehen zudem, dass es in diesem Falle $N!$ Ebenen gibt, denn es gibt $N!$ Permutationen. Die Ebenen vermitteln überdies lokal Koordinaten der Basis-Mannigfaltigkeit $\mathscr{Q}$. Es gibt nun eine zweite Gruppe, nämlich die Überdeckungsgruppe[9] $Cov(\hat{\mathscr{Q}}, \mathscr{Q})$. Ein Element der Gruppe bildet $\hat{\mathscr{Q}}$ auf $\hat{\mathscr{Q}}$ ab, wobei die Fasern invariant bleiben (vgl. Abb. 4.2). Mit anderen Worten, das Element bildet einen Punkt einer Faser auf einen anderen Punkt (es sei denn, das Gruppenelement ist das Einheitselement) derselben Faser ab. Oder, äquivalent, für je zwei Punkte $\hat{s}$ und $\hat{r}$ in derselben Faser (die also auf denselben Punkt in $\mathscr{Q}$ projiziert werden) gibt es immer ein Element $\Sigma \in Cov(\hat{\mathscr{Q}}, \mathscr{Q})$, sodass $\hat{s} = \Sigma\hat{r}$. Da hier eine Faser aus permutierten N-Tupeln besteht, ist klar, dass $Cov(\hat{\mathscr{Q}}, \mathscr{Q})$ isomorph zur Permutationsgruppe S_N und damit zur Fundamentalgruppe von $\mathscr{Q}$ ist.

Wir haben damit die topologische Struktur des wahren Konfigurationsraumes $\mathscr{Q}$ im Griff und können zur Physik zurückkehren. Wir wollen auf $\mathscr{Q}$ das Bohmsche Vektorfeld definieren. Um das zu tun, können wir nun Wellenfunktionen $\hat{\psi}$ auf $\hat{\mathscr{Q}}$ betrachten, die sich jedoch der Faser-Symmetrie unterordnen müssen, damit das von einer Wellenfunktion $\hat{\psi}$ erzeugte Vektorfeld $\hat{v}^{\hat{\psi}}$ auch als Vektorfeld auf der Basis-Mannigfaltigkeit $\mathscr{Q}$ gelesen werden kann. Der technische Ausdruck dafür ist, dass das Vektorfeld auf $\mathscr{Q}$ projizierbar sein muss. Unterordnen bedeutet, die Wellenfunktionen müssen eine Periodizitätsbedingung erfüllen. Welche das ist, ist intuitiv klar, wenn man an die Form des Vektorfeldes (4.5) denkt: Auf Punkten $\hat{r}, \hat{s}$ einer Faser mit $\Sigma\hat{r} = \hat{s}$, wobei $\Sigma \in Cov(\hat{\mathscr{Q}}, \mathscr{Q})$, muss

$$\hat{\psi}(\Sigma\hat{q}) = \gamma_\Sigma \hat{\psi}(\hat{q}) \tag{4.28}$$

gelten, d. h., die Wellenfunktion kann sich nur um einen Faktor $\gamma_\Sigma \in \mathbb{C}\backslash\{0\}$ ändern. Das bedeutet, dass $\hat{\psi}$ ein Element des Darstellungsraumes der Überlagerungsgruppe sein muss, die jetzt durch $\mathbb{C} \backslash \{0\}$ repräsentiert wird, nämlich einfach durch die Verknüpfung

$$\hat{\psi}(\Sigma_2 \circ \Sigma_1 \hat{q}) = \gamma_{\Sigma_2} \gamma_{\Sigma_1} \hat{\psi}(\hat{q}).$$

Wenn wir zusätzlich fordern, dass $|\gamma_\Sigma|^2 = 1$, d. h. $|\gamma_\Sigma| = 1$, können wir die äquivariante Bewegung der Bohmschen Trajektorien im Überlagerungsraum auf die Bewegung im wahren Konfigurationsraum projizieren, sodass die Wahrscheinlichkeitsdichte

$$|\hat{\psi}(\Sigma\hat{q})|^2 = |\gamma_\Sigma|^2 |\hat{\psi}(\hat{q})|^2 = |\hat{\psi}(\hat{q})|^2$$

auf die Funktion $|\psi(q)|^2$ auf $\mathscr{Q}$ projiziert wird. Auf diese Weise erhalten wir eine *unitäre Darstellung der Gruppe*, die man auch Charakter-Darstellung nennt. Übersetzt in die Sprache von Koordinaten bekommen wir

$$\hat{\psi}(\Sigma\hat{q}) = \hat{\psi}(\mathbf{q}_{\sigma(1)}, ..., \mathbf{q}_{\sigma(N)}) = \gamma_\Sigma \hat{\psi}(\mathbf{q}_1, ..., \mathbf{q}_N), \tag{4.29}$$

---

[9]Englisch „covering group".

wobei wir ein Element der Überdeckungsgruppe durch eine Permutation ausgedrückt haben. Jetzt sind wir dort, wo auch die üblichen Textbuchdarstellungen
(etwa mit (4.27) beginnend) starten. Wir können das jetzt schnell zu Ende bringen. Betrachte (4.29) für σ als eine Transposition τ (genau zwei Indizes werden
vertauscht). Da $\tau \circ \tau = $ id und somit $\gamma_\tau^2 = 1$, muss $\gamma_\tau = \pm 1$ sein. Es gibt also
zwei Charakter-Darstellungen der Permutationsgruppe: eine mit $\gamma_\tau = 1$, das sind die
bosonischen Wellenfunktionen, und eine mit $\gamma_\tau = -1$, das sind die fermionischen
Wellenfunktionen.[10]

Anmerkung 4.10 (Spinoren und das Spin-Statistik-Theorem) Abschließend noch
ein Wort zu Spinor-Wellenfunktionen. Auch hier gibt es nur die Bosonen-
Fermionen-Alternative, aber das Argument, immer noch grundsätzlich topologisch,
muss zusätzlich auf die Dynamik zurückgreifen, also z. B. auf die Pauli-Gleichung
mit Magnetfeldern. Damit kann man sogenannte Para-Statistiken, das sind Wellenfunktionen mit einer komplizierteren Darstellung als der Charakter-Darstellung,
ausschließen. Und dann gibt es noch das Pauli-Prinzip welches sich modern als
Spin-Statistik-Theorem präsentiert: „Teilchen mit halbzahligem Spin sind Fermionen, die mit ganzzahligem Spin Bosonen." In diesem Theorem ist einerseits
die Bosonen-Fermionen-Alternative enthalten, aber die Kopplung an die Halb-
beziehungsweise Ganzzahligkeit der Spindarstellung hat andererseits auch eine dynamische Begründung, die sich aus der Dirac-Gleichung (die relativistische Form
der Pauli-Gleichung) ergibt: Das Energiespektrum der Dirac-Gleichung, zuständig für die Beschreibung von Elektronen, ist nicht nach unten beschränkt. Das
macht Ärger, weil Elektronen immer negativere Energien annehmen und dabei beliebig viel Energie in Form von elektromagnetischer Strahlung abstrahlen können
(Strahlungskatastrophe). Wenn man aber ein Universum mit unendlich vielen Fermionen negativer Energie betrachtet, dann kann man es so arrangieren, dass kein
weiteres Teilchen mehr negative Energie annehmen kann: Weil eben zwei Fermionen, wegen der Antisymmetrie, nicht dieselbe Wellenfunktion haben können!
Wir besprechen diese Idee von Paul Dirac (1902–1984) ausführlich in Kap. 11. Im
Spin-Statistik-Theorem, das in der Quantenfeldtheorie bewiesen wird, kommen die
unendlich vielen Fermionen meist nicht explizit vor, sie sind sozusagen versteckt in
der Sprechweise von „Teilchen" und „Anti-Teilchen". Die Annahmen des Theorems
beinhalten aber immer die Verhinderung der Strahlungskatastrophe.

---

[10]Genau genommen muss man noch beweisen, dass in einer Darstellung entweder $\gamma_\tau = 1, \forall \tau$ oder
$\gamma_\tau = -1, \forall \tau$ gilt. Das gilt, weil man die Permutationsgruppe aus Elemenenten der Form $\tau \circ \tau_0 \circ \tau$
für eine feste Transposition τ_0 erzeugen kann.

Kollaps-Theorie

5

*Es würde [Schrödinger] gefallen haben, denke ich, dass die
Theorie vollständig durch die Gleichungen bestimmt ist; die
nicht von Zeit zu Zeit weggeredet werden müssen. Ihm würde die
vollständige Abwesenheit von Teilchen in der Theorie gefallen
haben – und dennoch das Auftauchen von „Teilchenspuren" und
allgemeiner die „Genauigkeit" der Welt auf der
makroskopischen Ebene. Er würde die GRW-Sprünge sicher
nicht gemocht haben, aber er würde sie weniger stark ablehnen
als die alten Quantensprünge seiner Zeit.*
— John S. Bell, *Gibt es Quantensprünge?*[1]

Der Begriff „Kollaps-Theorie" bezeichnet eine ganze Klasse von Theorien, die alle gemeinsam haben, dass die Schrödinger-Entwicklung der Wellenfunktion durch eine nichtlineare Zeitentwicklung ersetzt wird, sodass das Superpositionsprinzip, welches zum Messproblem führt, nicht mehr gilt. Allerdings ist dabei für kleine Systeme, wie einzelne Atome, das Superpositionsprinzip nur geringfügig, d. h. praktisch nicht bemerkbar verletzt. Dagegen wird eine makroskopische Wellenfunktion, die eine Superposition wie bei Schrödingers Katze beschreibt, praktisch unmöglich – sie kollabiert derart schnell, dass makroskopische Superpositionen nicht beobachtbar sind. Grob gesagt kollabiert die Wellenfunktion dabei automatisch und mit den richtigen (also quantenmechanischen) Wahrscheinlichkeiten zu einem der Wellenberge, die einem wohldefinierten makroskopischen Zustand entsprechen. Man erinnere sich dazu an die Diskussion des Messproblems und die Gl. (2.4) bis (2.6) im Abschn. 2.4, wo wir bereits diese Möglichkeit einer Theorie, die das Messproblem löst, aufgezeigt haben. Man nennt den Prozess des automatischen Kollabierens auch *spontane Lokalisierung*.

---

[1]Zitiert nach: J.S. Bell, *Sechs mögliche Welten der Quantenmechanik*. Oldenbourg Verlag, 2012, S. 234.

© Springer-Verlag GmbH Deutschland 2018
D. Dürr, D. Lazarovici, *Verständliche Quantenmechanik*,
https://doi.org/10.1007/978-3-662-55888-1_5

Entscheidend ist bei all diesen Theorien, dass der Kollaps der Wellenfunktion durch ein präzises, mathematisches Gesetz beschrieben wird, das jederzeit und für alle Systeme Gültigkeit besitzt. Er wird nicht – wie in der orthodoxen Quantenmechanik – als besondere Eigenschaft des „Beobachters" oder des „Messprozesses" eingeführt.

Wenn wir eingangs von einer *Klasse* von Theorien sprachen, so bezieht sich das auf verschiedene Möglichkeiten, eine entsprechend abgeänderte Schrödinger-Entwicklungen anzugeben. Wir beschreiben hier den einfachsten Typus, der von Ghirardi, Rimini und Weber (GRW-Theorie) in den 1980er-Jahren gefunden wurde und den auch John Stuart Bell behandelt hat. Von ihm stammt auch der Vorschlag für die *flash ontology* (Blitz-Ontologie), die man der Theorie zugrunde legen kann.[2] Der Begriff wird mit der Beschreibung der Theorie klar.

Die GRW-Theorie beschreibt die Kollaps-Dynamik als einen diskreten stochastischen Prozess (einen sogenannten Poisson-Prozess). Der Kollaps schlägt also zufällig zu und das *Kollaps-Zentrum*, um den herum die Wellenfunktion lokalisiert wird, ist ungefähr mit den quantenmechanischen Wahrscheinlichkeiten – also mit $|\psi|^2$ – verteilt. Wir werden das gleich genauer formulieren. Heutzutage werden meistens kontinuierliche Kollaps-Modelle (CSL für *Continuous Spontaneous Localization*) diskutiert.[3] Deren Formulierung benötigt aber komplexere Mathematik (stochastische Differentialgleichungen), die über den Rahmen dieses Buches hinausgeht. Es gibt auch Ansätze, die die Kollaps-Dynamik mit der Gravitation in Verbindung bringen möchten, sodass die Kollaps-Wahrscheinlichkeit mit der Stärke des Gravitationsfeldes eines Körpers zunimmt.[4]

Da Kollaps-Theorien das Superpositionsprinzip aufgeben, machen sie Vorhersagen, die von jenen aller anderen Quantentheorien verschieden sind. Die Unterscheidung ist experimentell nur schwer zugänglich. Dennoch besteht zurzeit ein großes Interesse, diese Klasse von Theorien zu falsifizieren oder zu bestätigen.[5] Dazu werden z. B. Interferenzexperimente (also quasi Doppelspalt-Experimente) mit immer größeren Molekülstrukturen unternommen, weil sich die Kollaps-Dynamik erst für große Systeme deutlich bemerkbar macht. Wenn die Kollaps-Theorien richtigliegen und die lineare Schrödinger-Gleichung nicht exakt ist, dann sollten sich ab einer gewissen Molekülgröße keine Interferenzmuster mehr erzeugen lassen, weil die spontane Lokalisierung dafür sorgt, dass nur mehr ein Wellenanteil der Superposition überlebt. (Wie das geht, besprechen wir gleich.) Im Kontext der Interferenzexperimente ist es allerdings auch gut zu verstehen, warum die experimentelle Überprüfung der Kollaps-Theorien derart schwierig ist.

---

[2]Der Begriff „*flashes*" taucht erstmals in einer Arbeit von Roderich Tumulka auf („A relativistic version of the Ghirardi-Rimini-Weber model". *Journal of Statistical Physics*, 135(4), 2006). Laut Tumulka wurde er ursprünglich von Nino Zanghì benutzt.

[3]Vgl. A. Bassi und G.C. Ghirardi, „Dynamical reduction models". *Physics Report*, 379, 2003.

[4]Siehe z. B. L. Diósi, „Models for universal reduction of macroscopic quantum fluctuations". *Physical Review* A 40, 1989, R. Penrose, „On the Gravitization of Quantum Mechanics 1: Quantum State Reduction". *Foundations of Physics* 44(5), 2014.

[5]Vgl. S.L. Adler und A. Bassi, „Is Quantum Theory Exact?" *Science*, 325, 2009.

Wir müssen uns nur an die Diskussion des Einflusses der Messung im Doppel-spalt-Experiment im Unterkapitel 1.4 erinnern. Die allgegenwärtige Dekohärenz durch Einflüsse der Umgebung verursacht ebenfalls ein Verschwinden der Inter-ferenz. Was also am Ende für den Verlust der Interferenzfähigkeit verantwortlich ist, der theoretische Kollaps-Mechanismus oder die Dekohärenz, ist schwierig zu entscheiden.

Der Kollaps hat aber einige Nebeneffekte, durch die er prinzipiell nachweisbar ist. So führt die spontane Lokalisierung zu einer zufälligen (Brownschen) Bewegung der „Teilchen", was sich in einer spontanen Erhitzung des Systems oder einer spon-tanen Abstrahlung elektromagntischer Strahlung bemerkbar machen sollte. Solche Effekte sind auch nur sehr schwach und deshalb schwer nachzuweisen, es besteht aber die Hoffnung, dass sie leichter zugänglich sind als die direkte Verletzung des Superpositionsprinzips in Interferenzexperimenten. Jedenfalls reichen die experi-mentellen Befunde bislang nicht aus, um zwischen einer Kollaps-Theorie und der linearen Schrödinger-Entwicklung zu entscheiden. In absehbarer Zeit könnte sich das allerdings ändern, sodass die Kollaps-Theorien entweder falsifiziert werden oder als einzige Kandidaten für eine präzise Formulierung der Quantenmechanik übrig bleiben.

5.1 Die GRW-Theorie

Schauen wir uns nun die GRW-Theorie an und wie genau der Kollaps darin Ein-zug findet. Vorab eine kleine Warnung: Die Theorie benutzt in ihrer Beschreibung oft den Begriff des „Teilchens", und auch hier ist wieder zu sagen: Der Begriff ist nicht ernst zu nehmen. Man meint damit lediglich, dass die Wellenfunktion eines Systems auf dem Raum $\mathbb{R}^{3N}$, $N \in \mathbb{N}$ definiert ist, der isomorph zum Konfigu-rationsraum von N Teilchen ist. „Teilchen k" steht also nur für den Freiheitsgrad q_k in der Wellenfunktion. In Kollaps-Theorien ist diese Wahl des Definitionsraumes der Wellenfunktion *ad hoc*, also nicht weiter erklärt, sie wird am Ende jedoch durch die korrekte Beschreibung der Phänomene gerechtfertigt. Die GRW-Theorie ist nun folgendermaßen definiert:

1. Wie in der üblichen Quantenmechanik wird der Zustand eines N-„Teilchen"-Systems durch eine Wellenfunktion $\psi = \psi(q_1, \ldots, q_N, t)$ beschrieben. Zwi-schen zwei Kollaps-Momenten entwickelt sich diese Wellenfunktion gemäß der üblichen Schrödinger-Gleichungen. Die Wellenfunktion ändert sich jedoch instantan, wenn ein Kollaps auftritt.
2. Für jedes Teilchen q_k, $k \in \{1, \ldots, N\}$ gibt es eine von allen anderen Teilchen unabhängige Wahrscheinlichkeit für das Auftreten eines Kollaps-Ereignisses. Wir notieren ein solches Ereignis als $(T, X)_k$, wobei T den zufälligen Zeitpunkt und $X \in \mathbb{R}^3$ den zufälligen Ort, oder genauer, das Zentrum des Kollapses beschreibt. Im Sinne Bells bezeichnen wir ein solches Kollaps-Ereignis $(T, X)_k$ als *flash* (Blitz).

Wir müssen nun angeben: *Wie* wirkt der Kollaps? *Wann* tritt der Kollaps ein? Und *wo* tritt der Kollaps auf?

3. Mit dem Auftauchen des *flashes* $(T, \mathbf{X})_k$ kollabiert die Wellenfunktion, sodass Wellenanteile, die weit von $\mathbf{X}$ entfernt liegen, verringert werden. Der Kollaps ändert die Wellenfunktion gemäß

$$\psi \longrightarrow \frac{\psi_{\mathbf{X}}^k}{\|\psi_{\mathbf{X}}^k\|}, \quad \psi_{\mathbf{X}}^k := \mathrm{L}_{\mathbf{X}}^k \psi. \tag{5.1}$$

Hierin ist

$$\mathrm{L}_{\mathbf{X}}^k := \left(\frac{1}{\pi a^2}\right)^{3/4} \exp\left[-\frac{(\boldsymbol{q}_k - \mathbf{X})^2}{2a^2}\right] \tag{5.2}$$

der Lokalisierungsoperator, der einfach durch Multiplikation mit einer Gauß-Funktion wirkt. Die Breite a dieser Gauß-Funktion ist eine neue Konstante der Natur (etwa wie c oder $\hbar$). Sie heißt *Lokalisierungslänge* und ihre Größenordnung ist nach heutigem Kenntnisstand etwa $a = 10^{-7}$ m.

Die Normierung der kollabierten Wellenfunktion ist durch

$$\|\psi_{\mathbf{X}}^k\|^2 = \int_{\mathbb{R}^{3N}} \mathrm{d}^3 q_1 \cdots \mathrm{d}^3 q_N \left|\mathrm{L}_{\mathbf{X}}^k \psi(\boldsymbol{q}_1, \dots, \boldsymbol{q}_N, t)\right|^2, \tag{5.3}$$

gegeben. Warum die Multiplikation mit der Gauß-Funktion einen Kollaps darstellt, werden wir gleich an einem Beispiel erklären.

4. Die Zeitspanne zwischen zwei Kollaps-Ereignissen ist zufällig und für jedes Teilchen – unabhängig von allen anderen – über die Wartezeitverteilung

$$\mathbb{P}(T \in \mathrm{d}t) = \lambda e^{-\lambda t} \mathrm{d}t \tag{5.4}$$

gegeben. Das heißt, die Wahrscheinlichkeit, dass innerhalb des Zeitintervalls Δt ein Kollaps stattfindet, ist

$$\int_0^{\Delta t} \lambda e^{-\lambda t} \, \mathrm{d}t = 1 - e^{-\lambda \Delta t}.$$

Die *Kollaps-Rate* λ ist ebenfalls eine neue Naturkonstante, von der man annimmt, dass sie etwa von der Ordnung $10^{15} \sec^{-1}$ ist. Für ein einzelnes Teilchen kollabiert die Wellenfunktion also im Schnitt einmal alle 10^{15} sec. Diese Größenordnung sorgt dafür, dass ein isoliertes Elektron praktisch niemals einen *flash* erfährt (das geschätzte Alter des Universums ist ca. 10^{17} sec, d. h., für ein isoliertes Elektron gilt die Schrödinger-Entwicklung praktisch immer), wohingegen in einem großen System mit N Teilchen die Kollaps-Rate $N/10^{15} \sec^{-1}$ beträgt. Wenn N also makroskopische Ausmaße annimmt, sagen wir $N \sim 10^{24}$, dann treten eine Unmenge von *flashes* auf, die eine makroskopische Superposition unterhalb unserer Perzeptionsgrenze zum Verschwinden bringen. Das erklären wir unten ausführlicher.

5. Die Wahrscheinlichkeit, dass der *flash* von Teilchen k im Volumenelement d^3x auftaucht, ist gegeben durch $\rho_k(x)\,d^3x$ mit der Dichte

$$\rho_k(x) := \int_{\mathbb{R}^{3N}} d^3q_1 \cdots d^3q_N \left| L_{\mathbf{x}}^k \psi(q_1, \ldots, q_N, t) \right|^2. \tag{5.5}$$

(Das Zentrum $\mathbf{x}$ der Gauß-Verteilung $L_{\mathbf{x}}^k$ ist hier die freie Variable.) Insgesamt ist also die Wahrscheinlichkeit für einen $(T, \mathbf{X})_k$-*flash* gegeben durch

$$\mathbb{P}(\{T \in (t, t + dt); \mathbf{X} \in d^3x\}) = \lambda e^{-\lambda t} \rho_k(x)\, d^3x\, dt.$$

5.2 Spontane Lokalisierung

Wir geben nun ein paar einfache Beispiele an, um zu verstehen, wie der Kollaps-Mechanismus wirkt. Wir beschränken uns zunächst auf ein einziges Teilchen in einer Dimension. Betrachten wir als Erstes den Fall, dass das Teilchen durch eine sehr breite Wellenfunktion beschrieben wird, etwa

$$\psi(x) = \frac{1}{\sqrt[4]{\pi\sigma^2}} e^{-\frac{(x-x_0)^2}{2\sigma^2}} \tag{5.6}$$

mit $\sigma \gg a$. Nehmen wir nun an, der Kollaps tritt ungefähr im Zentrum der Wellenfunktion auf, also $X \approx x_0$. Dann ändert sich die Wellenfunktion gemäß

$$\psi_X = \frac{1}{N} e^{-\frac{(x-x_0)^2}{2a^2}} e^{-\frac{(x-x_0)^2}{2\sigma^2}} \approx \frac{1}{N} e^{-\frac{(x-x_0)^2}{2(a^2+\sigma^2)}} \approx \frac{1}{\sqrt[4]{\pi a}} e^{-\frac{(x-x_0)^2}{2a^2}},$$

wobei wir hier mit N den Normierungsfaktor abkürzen. Aus einem sehr breiten ψ wird also eine kollabierte Wellenfunktion, die gut (mit Breite a) um das Kollaps-Zentrum x_0 lokalisiert ist, siehe Abb. 5.1.

Wir betrachten nun eine Superposition zweier Gauß-Funktionen, jeweils zentriert um $\pm x_0, x_0 > 0$ mit Breite σ:

$$\psi(x) = \frac{1}{N} \left[e^{-\frac{1}{2\sigma^2}(x+x_0)^2} + e^{-\frac{1}{2\sigma^2}(x-x_0)^2} \right] \tag{5.7}$$

N ist wieder der Normierungsfaktor. Wir nehmen an, dass $\sigma \ll a \ll x_0$ gilt, d. h., die Breite der Gauß-Funktionen ist deutlich kleiner als die Lokalisierungslänge a, aber der Abstand der beiden Wellenberge (der Abstand der Zentren der

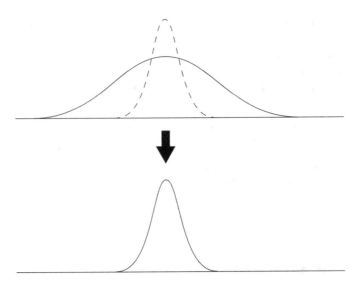

Abb. 5.1 Spontane Lokalisierung einer breiten Wellenfunktion

Gauß-Funktionen) ist deutlich größer als die Lokalisierungslänge. Angenommen es tritt nun ein *flash* zum Zeitpunkt $t = 0$ auf.

Wir berechnen die Wahrscheinlichkeit, dass der *flash* nahe x_0, sagen wir im Intervall $(x_0 - 3\sigma, x_0 + 3\sigma)$, auftritt. Gemäß (5.5) mit (5.3) ist diese gegeben durch:

$$\int_{(x_0-3\sigma,x_0+3\sigma)} \rho(x)\,\mathrm{d}x = \int_{(x_0-3\sigma,x_0+3\sigma)} \int_{\mathbb{R}} \left| L_x \psi(y) \right|^2 \mathrm{d}y\,\mathrm{d}x \qquad (5.8)$$

Das y-Integral auf der rechten Seite ist eine Faltung zweier Gauß-Funktionen. Die ist leicht zu berechnen, was wir schon in (1.9) gemacht haben: Das Ergebnis ist wieder eine Gauß-Funktion und die Mittelwerte und Varianzen addieren sich. Wir können uns die Sache aber noch ein bisschen einfacher machen. Da unsere Lokalisierungsfunktion L_x bzw. L_x^2 eine Gauß-Funktion mit sehr schmaler Breite ist, wirkt die Faltung mit L^2 ungefähr wie eine Faltung mit einer Delta-Funktion. Wir können deshalb nähern[6]:

$$\int L_x^2 |\psi(y)|^2 \mathrm{d}y = \int \frac{e^{-\frac{(x-y)^2}{a^2}}}{\sqrt{\pi a^2}} |\psi(y)|^2 \mathrm{d}y \approx \int \delta(x-y) |\psi(y)|^2 \mathrm{d}y = |\psi(x)|^2 \qquad (5.9)$$

und erhalten ungefähr die quantenmechanische Ortsverteilung. Eingesetzt in (5.8) ergibt das

$$\int_{(x_0-3\sigma,x_0+3\sigma)} \rho(x)\,\mathrm{d}x \approx \int_{(x_0-3\sigma,x_0+3\sigma)} |\psi(x)|^2\,\mathrm{d}x \approx 1/2,$$

---

[6]Die Gleichheit gilt exakt im Limes $a \to 0$.

weil der linke Wellenberg (der um $-x_0$ zentriert ist) praktisch nichts zum Integral beiträgt. Der *flash* trifft also ungefähr mit Wahrscheinlichkeit $1/2$ in der Nähe von x_0 auf (dem Zentrum des rechten Wellenberges) und analog berechnen wir, dass er mit Wahrscheinlichkeit $\approx 1/2$ in der Nähe von $-x_0$ auftritt (dem Zentrum des linken Wellenberges). Die Wahrscheinlichkeit, dass der *flash* im Zwischenbereich der beiden Gauß-Funktionen auftritt, ist nahezu null.

Nehmen wir nun einmal an, dass der *flash* am Ort $X \approx x_0$ auftritt. Dann ändert sich die Wellenfunktion unter den gegebenen Bedingungen ungefähr wie folgt:

$$
\psi(x) \longrightarrow \psi_X(x)
$$

$$
= \frac{1}{N_X} \, \mathrm{e}^{-\frac{1}{2a^2}(x-X)^2} \left[\mathrm{e}^{-\frac{1}{2\sigma^2}(x+x_0)^2} + \mathrm{e}^{-\frac{1}{2\sigma^2}(x-x_0)^2} \right]
$$

$$
\overset{X \approx x_0}{\approx} \frac{1}{N_{x_0}} \left[\mathrm{e}^{-\frac{(2x_0)^2}{2a^2}} \, \mathrm{e}^{-\frac{1}{2\sigma^2}(x+x_0)^2} + \mathrm{e}^{-\left(\frac{1}{2\sigma^2} + \frac{1}{2a^2}\right)(x-x_0)^2} \right]
$$

$$
\overset{\sigma \ll a}{\approx} \frac{1}{N_{x_0}} \left[\mathrm{e}^{-\frac{(2x_0)^2}{2a^2}} \, \mathrm{e}^{-\frac{1}{2\sigma^2}(x+x_0)^2} + \mathrm{e}^{-\frac{1}{2\sigma^2}(x-x_0)^2} \right]
$$

mit dem Normierungsfaktor $N_X := \|\psi_X^k\|$. Wir sehen, dass der Wellenanteil bei $-x_0$ um den exponentiellen Faktor $\mathrm{e}^{-\frac{(2x_0)^2}{2a^2}}$ unterdrückt wird (beachtend, dass $x_0 \gg a$) während der Wellenanteil bei x_0 durch die anschließende Normierung entsprechend verstärkt wird, siehe Abb. 5.2. Und mit der vorangegangenen Wahrscheinlichkeitsberechnung für das Auftreten des *flashes* am Ort X sehen wir schnell, dass die Wahrscheinlichkeitsverteilung für den Ort des nächsten *flashes* nun maßgeblich von dem großen Wellenberg bestimmt wird. Weitere Kollaps-Ereignisse werden den großen Wellenberg also typischerweise weiter verstärken, wohingegen der bereits verkleinerte Wellenberg weiter verkleinert wird.

Die Wahrscheinlichkeiten für die Reduktion des Wellenpaketes werden, wie wir gesehen haben, in guter Näherung durch die Absolutquadrate der Wellenfunktionsanteile bestimmt. Deswegen ist die Theorie in ihren statistischen Vorhersagen sehr nah an denen der üblichen Quantenmechanik.

Wir können das obige Beispiel auch sinngemäß für makroskopische Wellenfunktionen verwenden (also etwa an Zeiger-Wellenfunktionen denken), um zu verstehen, dass makroskopische Superpositionen wegen der hohen *flash*-Rate (viele Teilchen!) nicht beobachtbar sind. Anders als in unserem vereinfachten Beispiel muss man sich hier natürlich Wellenberge auf dem hochdimensionalen Konfigurationsraum vorstellen.

Aus obiger Rechnung lässt sich auch leicht der Fall $a \gg x_0$ ablesen, wenn der Abstand der beiden Wellenberge kleiner ist als die Lokalisierungslänge. In diesem Fall ist der Faktor $\mathrm{e}^{-\frac{(2x_0)^2}{2a^2}}$ ungefähr 1, die Wellenfunktion wird durch den Kollaps

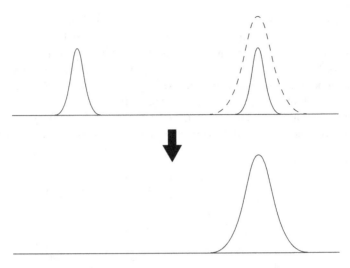

Abb. 5.2 Spontaner Kollaps einer räumlich getrennten Superposition

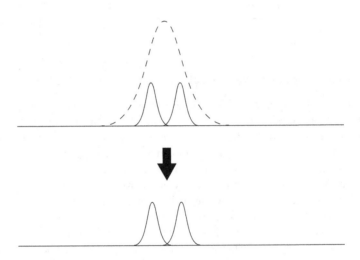

Abb. 5.3 „Kleine" Superpositionen bleiben erhalten

also kaum verändert und beide Wellenanteile bleiben bestehen, wie in Abb. 5.3 dargestellt. Das bedeutet: Der Kollaps vernichtet nur Superpositionen auf Skalen oberhalb der Lokalisierungslänge a, „kleine" Superpositionen bleiben erhalten.

Zur Verallgemeinerung auf N Teilchen betrachten wir beispielhaft ein System von zwei Teilchen (in einer Dimension) mit verschränkter Wellenfunktion:

$$\psi(x, y) = \frac{1}{N}\left[e^{-\frac{(x+x_0)^2}{2\sigma^2}} e^{-\frac{(y+y_0)^2}{2\sigma^2}} + e^{-\frac{(x-x_0)^2}{2\sigma^2}} e^{-\frac{(y-y_0)^2}{2\sigma^2}} \right] \tag{5.10}$$

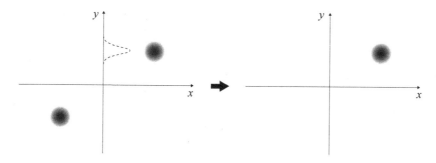

Abb. 5.4 Spontaner Kollaps einer räumlich getrennten Superposition

Nehmen wir an, der Kollaps tritt zuerst für das zweite Teilchen (also in den y Freiheitsgraden auf), und zwar mit Kollaps-Zentrum $Y \approx y_0$. Analog zur obigen Rechnung haben wir dann

$$\psi_Y^2 \approx \frac{1}{N}\left[e^{-\frac{(2y_0)^2}{2a^2}} e^{-\frac{(x+x_0)^2}{2\sigma^2}} e^{-\frac{(y+y_0)^2}{2\sigma^2}} + e^{-\frac{(x-x_0)^2}{2\sigma^2}} e^{-\frac{(y-y_0)^2}{2\sigma^2}}\right]. \tag{5.11}$$

Man beachte: Der exponentielle Faktor $e^{-\frac{(2y_0)^2}{2a^2}}$ kommt durch den Kollaps des zweiten Teilchens, unterdrückt aber die linken Wellenberge *beider* Teilchen, weil diese miteinander verschränkt sind. Auf dem Konfigurationsraum können wir den Kollaps wie in Abb. 5.4 visualisieren.

Wir können die Rechnung wieder beispielhaft für „große" Systeme denken, etwa ein gemessenes System und ein makroskopischer Messapparat, die miteinander verschränkt werden. Die Zeiger-Wellenfunktion wird aufgrund der vielen Freiheitsgrade sehr schnell kollabieren und dabei auch Superpositionen des gemessenen Systems zerstören. Die GRW-Theorie rechtfertigt somit die folkloristische Annahme, dass der Messprozess zum Kollaps der Wellenfunktion führt. Das liegt aber nicht an irgendeinem herausgehobenen Status von „Messungen", sondern daran, dass beim Messprozess i.A. ein mikroskopisches System mit einem makroskopischen Messapparat verschränkt wird, der aufgrund der vielen Freiheitsgrade mit großer Wahrscheinlichkeit einen Kollaps auslöst.

Anders sieht es aus, wenn wir zwei Teilchen (oder Systeme) in einem Produktzustand betrachten:

$$\psi(x, y) = \varphi_1(x)\varphi_2(y) = \frac{1}{N}\left[e^{-\frac{(x+y_0)^2}{2\sigma^2}} + e^{-\frac{(x-x_0)^2}{2\sigma^2}}\right]\left[e^{-\frac{(y+y_0)^2}{2\sigma^2}} + e^{-\frac{(y-y_0)^2}{2\sigma^2}}\right]$$

Dann beeinträchtigt ein Kollaps des zweiten Teilchens nicht die Superposition des ersten Teilchens:

$$\psi_Y^2 \approx \frac{1}{N}\left[e^{-\frac{(x+x_0)^2}{2\sigma^2}} + e^{-\frac{(x-x_0)^2}{2\sigma^2}}\right]\left[e^{-\frac{(2y_0)^2}{2a^2}} e^{-\frac{(y+y_0)^2}{2\sigma^2}} + e^{-\frac{(y-y_0)^2}{2\sigma^2}}\right]$$

$$\approx \frac{1}{N}\left[e^{-\frac{(x+x_0)^2}{2\sigma^2}} + e^{-\frac{(x-x_0)^2}{2\sigma^2}}\right]e^{-\frac{(y-y_0)^2}{2\sigma^2}}$$

Wir können hier z. B. an ein Teilsystem denken, bei dem die x-Freiheitsgrade das System und die y-Freiheitsgrade die Umgebung beschreiben. Dann sehen wir: In Situationen, in denen man das Teilsystem als isoliert betrachten kann, sodass die Annahme eines Produktzustandes gut zu rechtfertigen ist, werden etwaige Superpositionen nicht durch *flashes* in der Umgebung zerstört. Die letzte Rechnung ist auch wichtig, um zu verstehen, warum der spontane Kollaps die Quanteneigenschaften von Quantengasen oder Bose-Einstein-Kondensaten, bei denen die einzelnen Teilchen als ungefähr unabhängig zu betrachten sind, nicht beeinträchtigt.

Wir fassen zusammen: Der Kollaps-Mechanismus ist für kleine (atomare) Systeme vernachlässigbar, d. h., die Atomphysik gilt wie gehabt, aber Wellenfunktionen, die eine makroskopische Superposition wie in Schrödingers Katze beschreiben, sind praktisch unmöglich. Die überlebenden Wellenanteile überleben in guter Näherung mit den Bornschen Wahrscheinlichkeiten. Aus diesem Grunde ist die statistische Analyse der Theorie analog zu jener in der Bohmschen Mechanik oder Viele-Welten-Theorie. Der Grund für das Auftreten von Observablen und deren Rolle in der Theorie, was wir in Kap. 7 besprechen werden, ist identisch zu den genannten Theorien. Sowie man kein Messproblem mehr hat und Zeigerstellungen mit den Wahrscheinlichkeiten der Bornschen Regel auftreten, ist die statistische Beschreibung von Messexperimenten in allen Quantentheorien gleich.

5.3   Bemerkungen zur Kollaps-Theorie

Eine mit den verschiedenen Kollaps-Theorien einhergehende Frage ist: Wovon genau handelt die Theorie eigentlich und was ist die Rolle der Wellenfunktion? In der vorgestellten Version handelt die Theorie über die *flashes*, d. h., das Universum besteht aus *flashes*: Ein makroskopischer Körper, etwa ein Stuhl, besteht in einem Moment unserer Wahrnehmung aus einer riesigen Anzahl (Ordnung 10^{24}) dieser „Materieblitze", deren Auftrittsorte einen Stuhl ausformen. Die Rolle der Wellenfunktion ist es demnach nicht, Materie zu repräsentieren, sondern die Wahrscheinlichkeiten für das zufällige Auftauchen der *flashes* zu bestimmen. Diese Art von ontologischer Theorie wird oft mit **GRWf** bezeichnet.

Es gibt aber auch andere Möglichkeiten, den Kollaps-Modellen eine Ontologie zu unterlegen. Man kann zum Beispiel mit der kollabierenden Wellenfunktion eine Massendichte

$$m(\mathbf{x}, t) = \sum_{i=1}^{N} \int d^3 q_1 \cdots d^3 q_N \, \delta(\mathbf{x} - \mathbf{q}_i) \left| \psi(\mathbf{q}_1, \ldots, \mathbf{q}_N, t) \right|^2, \qquad (5.12)$$

definieren, die sich aufgrund des Kollaps-Mechanismus in makroskopischen, insbesondere klassischen Situationen vernünftig verhält. Man notiert diese Art von Theorie oft als **GRMm**. Die Massendichte ist wohlgemerkt ein Feld im dreidimensionalen physikalischen Raum und nicht, wie die Wellenfunktion, auf dem hochdimensionalen Konfigurationsraum definiert. In der GRWm Theorie ist es dieses Materiefeld, das makroskopische Objekte wie Tische, Stühle, Steine, Bäume usw. formt.

Viele Darstellungen der Kollaps-Theorien verzichten allerdings auf eine lokale Ontologie wie *flashes* oder Massendichten und versuchen die Verbindung zu makroskopischen Objekten und damit zu unserer Erfahrung allein über die Wellenfunktion herzustellen. In Abgrenzung zu GRWf und GRWm wird diese Theorie manchmal auch als GRW0 bezeichnet. Wie wir im Rahmen der Viele-Welten-Theorie besprechen werden, ist eine reine Wellenfunktions-Ontologie aber schwierig. Eine Wellenfunktion – auch eine kollabierte – ist noch immer eine komplexe Funktion auf einem $3N$-dimensionalen Raum und es ist nicht offensichtlich, wie ein solches Objekt Materie im dreidimensionalen Raum oder in vierdimensionaler Raumzeit darstellen soll.

Wie die Bohmsche Mechanik (vgl. Anmerkung 4.7) sind auch Kollaps-Modelle *nichtlokal* und damit im Einklang mit der Verletzung der Bellschen Ungleichung, die wir in Kap. 10 besprechen. Der Kollaps verändert die Wellenfunktion instantan im gesamten Raum und damit die Verteilung von *flashes* bzw. Massendichten. Eine etwas weiter führende Bemerkung hierzu ist, dass zwischen der Nichtlokalität und der Einsteinschen Relativität eine Spannung herrscht. Das besprechen wir später ausführlich. Hier sei lediglich (im Vorgriff auf Abschn. 12.5) angemerkt, dass die GRW-Theorie, insbesondere in ihrer *flash*-Ontologie-Form, auf die relativistische Raumzeit erweitert werden kann, ohne die Relativität der Theorie jemals infrage zu stellen. Das ist in Bohmscher Mechanik nicht so einfach.

Ein sehr fundamentaler Unterschied zur Bohmschen Mechanik oder auch zur Viele-Welten-Theorie kommt mit dem Zufall: In den Kollaps-Theorien ist der Zufall Teil des Gesetzes. Er ist weder ableitbar noch weiter begründbar. In der Bohmschen Mechanik ist das nicht so. Dort ist der Zufall nur eine typische Erscheinung in der fundamental deterministischen Theorie.

Viele-Welten-Theorie

6

> *Warum sieht unser Beobachter die Nadel nicht verschwommen?
> Die Antwort ist recht einfach. Er verhält sich genau so, wie sich
> das Gerät verhielt. Wenn er die Nadel sieht (mit ihr
> wechselwirkt), ist er selbst verschwommen, aber gleichzeitig ist
> er mit dem Apparat und also dem System verschränkt. [...] Der
> Beobachter selbst hat sich in eine Anzahl von Beobachtern
> gespalten, von denen jeder ein bestimmtes Messergebnis sieht.*
> — Hugh Everett, *Probability in Wave Mechanics*
> *(unveröffentlicht)*[1]

Hugh Everett III gilt allgemeinhin als Begründer der Viele-Welten-Interpretation, obwohl er seine Theorie nie so genannt hat und historisch umstritten ist, ob er tatsächlich ein Viele-Welten-Bild propagieren wollte.[2] Eindeutig war sein Bestehen darauf, dass man die Quantenmechanik (darunter verstand er die Schrödingersche Wellenmechanik) auf allen Skalen ernst nehmen muss. Ihm verdanken wir damit auch den Begriff der *universellen Wellenfunktion*, der schon in früheren Kapiteln eine entscheidende Rolle gespielt hat. Everett erkannte, dass die unscharfe Trennung zwischen dem mikroskopischen Quanten-Regime und dem makroskopischen klassichen Regime, die die Kopenhagener Deutung einführte, nicht haltbar ist, wenn man die Quantenmechanik als fundamentale Naturbeschreibung ernst nehmen möchte.

Anders als David Bohm vertrat Everett allerdings die Ansicht, dass diese Naturbeschreibung allein aus der (universellen) Wellenfunktion und der

---

[1]Zitiert nach: P. Byrne, *Viele Welten. Hugh Everett III – ein Familiendrama zwischen Kaltem Krieg und Quantenphysik*. Springer, 2012, S. 173.

[2]Ein Grund, weshalb Everetts Sichtweise unklar blieb, ist, dass Niels Bohr persönlich und über Everetts Lehrer J.A. Wheeler Druck ausgeübt hat, sodass Everett seine Arbeiten mehrfach editieren musste, um die Kopenhagener Zensur zu umzugehen. Das war sicherlich auch einer der Gründe, warum Everett nach seiner revolutionären Doktorarbeit die Wissenschaft verließ und die Physik einen ihrer originellsten Denker verlor.

© Springer-Verlag GmbH Deutschland 2018
D. Dürr, D. Lazarovici, *Verständliche Quantenmechanik*,
https://doi.org/10.1007/978-3-662-55888-1_6

Schrödinger-Gleichung folgen sollte. Er nannte seine Theorie deshalb auch „reine Wellenmechanik" (*pure wave mechanics*). Heutzutage ist weitestgehend akzeptiert, dass eine solche Theorie – sofern man das Messproblem umgehen und die Wellenfunktion als ontologische Beschreibung ernst nehmen möchte[3] – zu einer Viele-Welten-Interpretation führt, in der die dekohärierten Anteile einer makroskopischen Superposition gleichermaßen reale Zustände beschreiben.

Wir als menschliche Beobachter nehmen diese Superpositionen nicht wahr, weil wir die Aufspaltung selber mitmachen. Am Ende einer Spin-Messung zum Beispiel gibt es einerseits ein Elektron mit „Spin UP", einen Detektor, der „Spin UP" anzeigt, und einen Experimentator, der einen Detektor sieht, der „Spin UP" anzeigt. Und andererseits gibt es ein Elektron mit „Spin DOWN", einen Detektor, der „Spin DOWN" anzeigt und einen Experimentator, der einen Detektor sieht, der „Spin DOWN" anzeigt.

Um die Viele-Welten-Theorie als Naturbeschreibung ernst zu nehmen, müssen wir uns aber ein Stück weit von dem Begriff der „Messung" lösen. Allgemeiner betrachtet, ist die Everettsche Theorie durch folgende drei Prinzipien charakterisiert:

1. Auf fundamentaler Ebene wird der Zustand des Universums vollständig durch die universelle Wellenfunktion beschrieben.
2. Die Entwicklung dieser Wellenfunktion, gegeben durch die lineare Schrödinger-Gleichung, ist so, dass sie sich immer wieder in makroskopisch disjunkte Zweige aufspaltet, die praktisch nicht mehr miteinander wechselwirken. Das ist das Phänomen der Dekohärenz.
3. Jeder dieser Zweige beschreibt eine makroskopisch wohldefinierte Historie im dreidimensionalen Raum. Dies nennen wir eine „Welt".

Daraus ergibt sich ein Bild, in dem das Universum – wir halten hier an der Sprechweise fest, dass es nur *ein* Universum gibt, das die Gesamtheit der physikalischen Realität umfasst – in Zuständen vorliegt, in denen man verschiedene „Welten" im Sinne von makroskopischen Historien identifizieren kann, die gleichzeitig und gleichberechtigt existieren. In einer Historie ist die Katze lebendig, springt aus der Kiste und bekommt ein Schälchen Milch. In einer anderen Historie ist die Katze tot, wird beerdigt und der Experimentator wird vom Tierschutzverband verklagt. Verschiedene solcher Welten haben i. A. eine gemeinsame Vergangenheit sind aber in Bezug auf ihre zukünftige Entwicklung *kausal disjunkt*. Der Besitzer der toten Katze wird also nie wieder mit der lebendigen Katze in Berührung kommen. Dafür sorgt die Dekohärenz, die eine Interferenz von makroskopisch disjunkten Wellenanteilen (tote und lebendige Katze) praktisch unmöglich macht. Und aufgrund der

---

[3]Wenn wir von der Wellenfunktion als Ontologie sprechen, dann meinen wir natürlich nicht das mathematische Objekt, sondern das, was dieses mathematische Objekt repräsentiert. *Und das wäre?* Schwer zu sagen. Manche Autoren sprechen vom „Quantenzustand" (etwa des Universums oder der Raumzeit), andere denken z. B. an ein physikalisches Feld auf dem hochdimensionalen „Konfigurationsraum". Am Ende des Tages muss man sich einfach daran gewöhnen, dass die Wellenfunktion kein aus der früheren Physik vertrautes Objekt ist.

Linearität der Schrödinger-Gleichung, können verschiedene Kopien der Katze oder des Experimentators oder unserer selbst ohnehin nie miteinander wechselwirken.

Wir haben somit praktisch keinen empirischen Zugang zu anderen Welten. Der Grund, an ihre Existenz zu glauben, ist schlicht der, dass unsere beste fundamentale Theorie sie vorhersagt – vorausgesetzt natürlich, wir akzeptieren die Viele-Welten-Interpretation der Quantenmechanik als unsere beste fundamentale Theorie.

Wenn wir sagen, dass sich unsere Welt in mehrere Welten „aufspaltet" – etwa bei einem Messexperiment –, dann bezeichnet das einen graduellen Prozess, der mit der Dekohärenz der jeweiligen Wellenanteile einhergeht. Es ist nicht so, dass es irgendwann *plopp* macht und sich die Inhalte der physikalischen Realität verdoppeln. Erst wenn die verschiedenen Zweige auf dem hochdimensionalen Konfigurationsraum hinreichend gut getrennt sind, kann man sie mit verschiedenen makroskopischen Konfigurationen identifizieren. Der Begriff der „Welt" hat damit eine gewisse Unschärfe – man kann i.A. nicht angeben, wie viele Welten es insgesamt gibt oder wann genau eine neue Aufspaltung stattgefunden hat – er ist in der Everettschen Theorie aber auch nicht fundamental. Die fundamentale Beschreibung ist stets durch die Wellenfunktion des Universums als Ganzes gegeben.

Die Vorstellung unzähliger paralleler Welten, von denen viele nahezu identische Kopien unserer selbst enthalten, erscheint nichtsdestotrotz bizarr. John Bell war etwas vorsichtiger und nannte sie „extravagant" und insbesondere „extravagant vage".[4] Verfechter der Viele-Welten-Interpretation weisen allerdings darauf hin, dass uns neue physikalische Theorien immer wieder gezwungen haben, radikal mit dem etablierten Weltbild zu brechen und zu akzeptieren, dass die Wirklichkeit sehr viel mehr umfasst, als unsere Alltagserfahrung erahnen lässt. Die radikale Neuerung der Quantenmechanik, sagen sie, sei nun eben, dass die Geschichte unseres Universums keine linear fortschreitende, sondern eine *sich verzweigende* ist.

6.1   Die Welt(en) in der Wellenfunktion finden

Bei genauerer Betrachtung liegt das Hauptproblem der Viele-Welten-Theorie gar nicht in den vielen Welten, sondern darin, überhaupt eine Welt in der universellen Wellenfunktion wiederzufinden (Punkt 3 oben). Wenn wir die Viele-Welten-Interpretation der Quantenmechanik als physikalische Theorie ernst nehmen wollen, dann müssen wir erklären, wie wir die universelle Wellenfunktion auf dem hochdimensionalen Konfigurationsraum mit unserer physikalischen Anschauungswelt im dreidimensionalen Raum in Verbindung bringen können. Anders gefragt: Wie identifizieren wir Tische und Stühle und Katzen und Bäume und Messapparate mit eindeutigen Zeigerstellungen in der Wellenfunktion des Universums?

Eine erste Approximation einer solchen Erklärung geht wie folgt: Ein Punkt im $3N$-dimensionalen Konfigurationsraum beschreibt die Konfiguration von N Teilchen im dreidimensionalen Raum, und die kann so sein, dass sie einen Tisch formt

---

[4]J.S. Bell, *Sechs mögliche Welten der Quantenmechanik*. Oldenbourg Verlag, 2012, S. 218.

oder eine Katze oder einen Messapparat, dessen Zeiger nach links zeigt. Und andere Punkte im Konfigurationsraum, die nahe am ersten liegen, beschreiben Konfigurationen, in denen die Orte der einzelnen Teilchen nur geringfügig abweichen, die aber makroskopisch ungefähr gleich aussehen. In diesem Sinne können wir also ganze Bereiche des Konfigurationsraumes mit gewissen makroskopischen Bildern in Verbindung setzen, die als Vergröberung der entsprechenden Teilchenkonfigurationen entstehen. Und wenn nun ein Teil der Wellenfunktion ungefähr in einem Bereich des Konfigurationsraumes lokalisiert ist, der sich zu einer Katze vergröbern lässt, dann haben wir in diesem Teil der Wellenfunktion eine Katze verortet. Und wenn ein anderer Teil der Wellenfunktion ungefähr in einem Bereich des Konfigurationsraumes lokalisiert ist, der sich zu einer toten Katze vergröbern lässt, dann haben wir in jenem Teil der Wellenfunktion eine tote Katze verortet.

Das Problem mit dieser Erklärung liegt nicht einmal im Wörtchen „ungefähr", das dem Leser an dieser Stelle zu Recht verdächtig vorkommen mag. Das Problem mit dieser Erklärung ist vielmehr, dass sie von vorne bis hinten geschummelt ist. Denn was rechtfertigt es, im Rahmen der Viele-Welten-Theorie die Verbindung zwischen der universellen Wellenfunktion und unserer Anschauungswelt mittels hypothetischer Teilchenkonfigurationen zu ziehen? Was rechtfertigt es überhaupt, den $3N$-dimensionalen Raum, auf dem die Wellenfunktion des Universums definiert ist, einen „Konfigurationsraum" zu nennen, wie wir es bisher leichtfertigerweise getan haben? Konfiguration von was? Wenn die Ontologie der Quantenmechanik nur aus der Wellenfunktion besteht, dann gibt es auch keine Teilchen, auf deren Konfiguration sich die Wellenfunktion beziehen könnte und somit keine Rechtfertigung, bestimmte Freiheitsgrade der Wellenfunktion mit Teilchenorten im dreidimensionalen Raum in Verbindung zu setzen.

In der modernen Literatur wird deshalb häufig eine andere Strategie diskutiert, die man unter dem Begriff des „Funktionalismus" zusammenfassen kann. Die Grundidee ist dabei folgende: Eine Katze zu sein bedeutet im Sinne des Funktionalismus nicht eine katzenförmige Materiekonfiguration zu sein, sondern sich (in tatsächlichen oder hypothetischen Situationen) wie eine Katze zu verhalten: zu schnurren, wenn man gestreichelt wird, einer Maus hinterherzujagen, wenn sie vorbeiläuft, auf den Pfoten zu landen, wenn man aus dem Fenster springt usw. Eine Katze oder einen Tisch oder einen Stein in der Wellenfunktion wiederzufinden, bedeutet deshalb nicht, etwas zu identifizieren, was eine Katze oder einen Tisch oder einen Messapparat *formt* (so wie die Bohmschen Teilchen eine Katze oder einen Tisch oder einen Messapparat formen), sondern gewisse Muster zu identifizieren, die in ihrem Zusammenspiel die funktionalen oder kausalen Rollen einer Katze oder eines Tisches oder eines Messapparates einnehmen. Und weil die Dynamik in der Quantenmechanik in jedem Fall über die Wellenfunktion vermittelt wird, kann man vermuten (oder hoffen), dass die Freiheitsgrade der Wellenfunktion das richtige dynamische Verhalten zeigen, um unsere Welt (und viele andere, ähnliche Welten) in diesem Sinne darzustellen.

Um das etwas plausibler zu machen, erinnern wir uns an die Diskussion des klassischen Limes in Abschn. 1.6. Dort haben wir argumentiert, dass sich bei einem System in Wechselwirkung mit der Umgebung gut lokalisierte Wellenpakete herausbilden (die Umgebung „misst ständig die Konfiguration des Systems"), die sich ungefähr so bewegen, wie klassische, makroskopische Körper. Sie bilden damit Muster in der universellen Wellenfunktion, die die makroskopischen Objekte unserer Erfahrungswelt funktional darstellen können.[5]

Wenn man dies genauer durchdenkt, dann sieht man, dass dieses klassische Verhalten aus dem dynamischen Gesetz für die Entwicklung der Wellenfunktion folgt, nämlich aus der Schrödinger-Gleichung. In der steht eine zweifache Ableitung nach „Ortskoordinaten" und ein Wechselwirkungspotential, das ebenfalls in räumlichen Koordinaten gegeben ist. Die Vertreter der Viele-Welten-Theorien sagen dazu, dass dieses Gesetz zufällig diese Form hat, aber einmal diese Form des Gesetzes gegeben, könnte man den Funktionalismus greifen lassen.

6.1.1 Everett gegen Bohm

Es ist zweifelhaft, ob tatsächlich irgendjemand eine Theorie auf diese Weise analysieren könnte. Wenn wir der Viele-Welten-Theorie jedoch zugestehen, dass es zumindest *im Prinzip* möglich ist, unsere Welt (und viele andere, ähnliche Welten) auf diese Weise in der Wellenfunktion zu verorten, dann können wir auch die Kritik der Everettianer an den Bohmianern nachvollziehen.

Man denke dazu wieder an das Messproblem und Schrödingers Katzen-Experiment. Gemäß der Schrödinger-Gleichung haben wir am Ende des Experimentes auf jeden Fall eine Superposition aus der Wellenfunktion einer toten Katze und der Wellenfunktion einer lebendigen Katze. In der Bohmschen Mechanik führt aber nur eine dieser Wellenanteile die tatsächliche Konfiguration des Systems, die, sagen wir, einer lebendigen Katze entspricht. Das andere Wellenpaket ist leer und kann, dank Dekohärenz und dem effektiven Kollaps, für alle praktischen Zwecke vergessen werden. Auf fundamentaler Ebene ist der leere Wellenanteil – die Wellenfunktion der toten Katze – damit aber nicht aus der Welt; sie entwickelt sich ganz normal weiter gemäß der Schrödinger-Gleichung, wechselwirkt mit einer (leeren) Wellenfunktion des Experimentators und des Labors und des Rests der Welt, ganz so wie sie es täte, wenn sie die den Realzustand beschreiben würde. Für den Everettianer reicht aber die Wellenfunktion einer toten Katze aus, um davon zu sprechen, dass da *tatsächlich* eine tote Katze ist. Er hält den Bohmianern deshalb vor, dass in ihrer Theorie ebenfalls eine komplette zweite Welt mit einer toten Katze und einem traurigen Experimentator vorhanden ist, auch wenn diese das nicht wahrhaben wollen. (Bohmsche Mechanik ist eine Viele-Welten-Theorie „in einem Zustand chronischer Verleugnung", lautet ein berühmt gewordener Slogan von David Deutsch.[6])

Aus Sicht der Bohmschen Mechanik kann man diesen Vorwurf natürlich nicht gelten lassen, denn hier ist es ja entschiedenermaßen die Teilchenkonfiguration im dreidimensionalen Raum und nicht die Wellenfunktion auf dem abstrakten

---

[5]Für eine ausführliche Diskussion siehe z. B. D. Wallace, *The Emergent Multiverse: Quantum Theory According to the Everett Interpretation*. Oxford University Press, 2012.

[6]D. Deutsch, „Comment on Lockwood". *The British Journal for the Philosophy of Science*, 47, 1996.

Konfigurationsraum, die eine (unsere) Welt ausmacht.[7] Die Bohmianer werden den
Spieß vielmehr umdrehen und den Everettianern vorhalten, dass in deren Theorie
schlicht und einfach die lokalen *beables* im Sinne Bells fehlen, also ontologische Größen, die sich auf lokalisierte Objekte im dreidimensionalen Raum oder in
vierdimensionaler Raumzeit beziehen. Die vielen Welten der Everettschen Theorie
erscheinen dann als groteske Konsequenz dieser Auslassung.[8]

Wir sehen also, dass hier zwei grundlegend verschiedene Verständnisse einer
physikalischen Naturbeschreibung aufeinanderprallen. Dabei ist jedoch eindeutig,
dass die Viele-Welten-Theorie die radikalere, revisionistischere Position darstellt,
und wir müssen diskutieren, ob es gute Gründe geben kann, diesen radikalen Schritt
mitzugehen. Das machen wir vor allem in Abschn. 6.3. Zunächst müssen wir aber
verstehen, inwiefern die Viele-Welten-Theorie überhaupt auf die Phänomene passt.

6.2 Wahrscheinlichkeiten in der Viele-Welten-Theorie

Die Viele-Welten-Theorie hat Schwierigkeiten damit, die statistischen Vorhersagen
der Quantenmechanik – also die Bornsche Regel – zu begründen. Das Problem ist
dabei nicht, dass die Theorie deterministisch ist (es gibt nur eine Gleichung, die
Schrödinger-Gleichung, und die ist deterministisch). Wie sich statistische Vorhersagen aus einer deterministischen Theorie ableiten lassen, ist seit der klassischen
statistischen Mechanik von Boltzmann gut verstanden; wir haben das in Kap. 3 ausführlich diskutiert und entsprechende Argumente anschließend in Kap. 4 benutzt,
um die Bornsche Regel im Rahmen der deterministischen Bohmschen Mechanik zu
begründen. Die kritische Frage, wenn wir über Wahrscheinlichkeiten in der Viele-
Welten-Theorie sprechen wollen, lautet vielmehr: *Wahrscheinlichkeit wovon?* Die
Theorie besagt ja, dass in einem Quantenexperiment stets *alle* möglichen Ergebnisse
herauskommen. Insofern gibt es gar keine interessanten Wahrscheinlichkeiten im
Sinne relativer Häufigkeiten, über die man eine statistische Hypothese formulieren
könnte. Jedes mögliche Messergebnis tritt ein mit Wahrscheinlichkeit 1.

Wenn wir als Beispiel wieder die Spin-Messung an einem Spin-1/2-Teilchen
betrachten (wir nehmen an, dass sich das Teilchen nicht in einem Eigenzustand
bezüglich der gemessenen Spin-Richtung befindet), dann macht es keinen Sinn zu
fragen, mit welcher Wahrscheinlichkeit wir „Spin UP" oder „Spin DOWN" messen
werden: in einer Welt klickt der obere Detektor und wir messen „Spin UP", in einer
anderen Welt klickt der untere Detektor und wir messen „Spin DOWN".

---

[7]Bezüglich der „leeren" Wellenanteile denke man etwa wieder an die Analogie zur Hamilton-
Funktion in der klassischen Mechanik. Auch die ist auf Gebieten (im Phasenraum) definiert, wo
sie überhaupt keine Teilchen führt.

[8]Ein Vorschlag, die Viele-Welten-Theorie mit einer lokalen Ontologie zu unterlegen – Massendichten wie bei GRW besprochen –, findet sich in: V. Allori, S. Goldstein, R. Tumulka und N.
Zanghì, „Many Worlds and Schrödinger's First Quantum Theory". *The British Journal for the Philosophy of Science*, 62, 2011. Auch diese Theorie beinhaltet viele Welten, hat aber einen klaren
Bezug auf Objekte im physikalischen Raum.

Nun könnte man ganz naiv denken, die Quantenstatistik beziehe sich auf die relative Häufigkeit von Welten. Dass ein Ereignis wahrscheinlicher ist als ein anderes bedeutet dann eben, dass es in einer größeren Zahl entstehender Welten realisiert ist. In diesem Sinne würde die Viele-Welten-Theorie aber *falsche* statistische Vorhersagen machen. Nehmen wir an, unser „Teilchen" hat die Spin-Wellenfunktion

$$\psi_1 = \frac{1}{2}|\uparrow_z\rangle + \frac{1}{2}|\downarrow_z\rangle$$

und wir führen die Spin-Messung in z-Richtung durch. Am Ende der Messung spaltet sich unsere aktuelle Welt in zwei abzweigende Welten auf: eine, in der wir „Spin UP" messen und eine, in der wir „Spin DOWN" messen. Jedes mögliche Ergebnis wird also in der Hälfte der abzweigenden Welten gemessen – im Einklang mit den quantenmechanischen Wahrscheinlichkeiten.

Nun können wir aber genauso gut ein Teichen mit Spin-Wellenfunktion

$$\psi_2 = \frac{1}{\sqrt{3}}|\uparrow_z\rangle + \sqrt{\frac{2}{3}}|\downarrow_z\rangle$$

betrachten. Gemäß der Bornschen Regel ist die Wahrscheinlichkeit jetzt $\frac{1}{3}$ für „Spin UP" und $\frac{2}{3}$ für „Spin DOWN". Laut der Viele-Welten-Theorie ist das Resultat der z-Spin-Messung aber dasselbe wie zuvor: zwei Welten, von denen in einer „Spin UP" und in der anderen „Spin DOWN" gemessen wird. Die relativen Häufigkeiten der entsprechenden Welten stimmen also i.A. *nicht* mit den Vorhersagen der Quantenmechanik überein. Die Vorfaktoren $c_1 = \frac{1}{\sqrt{3}}$ und $c_2 = \sqrt{\frac{2}{3}}$ haben in der Viele-Welten-Theorie auch keine unmittelbare physikalische Bedeutung, es ist nicht so, dass der eine Zweig „mehr" oder „intensiver" existiert, als der andere, denn im Sinne des oben beschriebenen Funktionalismus zählen alleine die kausalen und dynamischen Beziehungen innerhalb eines Zweiges.

Da es also schwierig ist, in einem Viele-Welten-Universum interessante statistische Verteilungen zu finden, versucht man oftmals die Bornschen Wahrscheinlichkeiten in unserem Kopf zu verorten, also als *subjektive* Wahrscheinlichkeiten zu interpretieren. Wenn wir etwa zu unserem Standard-Beispiel der Spin-Messung zurückkehren, dann wissen wir, bevor wir auf die Detektoren geschaut haben, nicht, ob wir uns in der Welt befinden, in der der obere Detektor geklickt hat (also „Spin UP" gemessen wurde) oder in der Welt, in der der untere Detektor geklickt hat (also „Spin DOWN" gemessen wurde). Der „Zufall" kommt hier also aus der *Selbstlokalisierungs-Ungewissheit*. Nun versucht man zu argumentieren, dass es vernünftig ist, seine „Glaubensstärke" den quantenmechanischen (also Bornschen) Wahrscheinlichkeiten anzupassen oder so auf die Ausgänge von Quantenexperimenten zu wetten, als ob die Bornsche Regel gelten würde.[9]

---

[9]Siehe z. B. S. Carroll und C. Sebens, „Self-Locating Uncertainty and the Origin of Probability in Everettian Quantum Mechanics". Erscheint in *The British Journal for the Philosophy of Science*.

Unabhängig davon, wie überzeugend solche Argumente und die zugrunde gelegten Rationalitätskriterien sind, hinterlässt der Rückgriff auf subjektive Wahrscheinlichkeiten einen faden Beigeschmack. Denn in den Labors werden ja weder Wetten abgeschlossen, noch Physiker nach ihrer Glaubensstärke befragt. Vielmehr werden konkrete statistische Regularitäten in der Welt beobachtet, die in unabhängigen Experimenten reproduzierbar sind und von der Quantenmechanik mit großer Zuverlässigkeit vorhergesagt werden. Wenn die Viele-Welten-Interpretation nicht in der Lage ist, diese Vorhersagen zu reproduzieren, dann kann sie auch nicht als empirisch erfolgreiche Theorie gelten.

6.2.1   Everetts Typizitätsargument

Hugh Everetts eigene Begründung der Bornschen Regel (die heutzutage allerdings nur von einer Minderheit der Viele-Welten Anhänger akzeptiert wird) basiert auf einem Typiziätsargument, also eigentlich einer objektiven Wahrscheinlichkeitsbeurteilung, ähnlich jenem, das wir im Rahmen der Bohmschen Mechanik besprochen haben. Das $|\Psi|^2$-Maß der universellen Wellenfunktion – oder genauer die Absolutquadrate der Vorfaktoren der verschiedenen Zweige der Wellenfunktion – definieren demnach ein Typizitätsmaß, das dadurch ausgezeichnet ist, dass es unter der Schrödinger-Entwicklung stationär ist. Die Stationarität kann man hier folgendermaßen verstehen: Das Maß, das man einer Historie (einer Welt) zu einem Zeitpunkt zuordnet, ist zu jedem späteren Zeitpunkt gleich der Summe der Maße aller davon abzweigender Historien (Welten).

Betrachten wir zum Beispiel eine Folge von z-Spin-Messungen an identisch präparierten Elektronen im Zustand

$$\alpha|{\uparrow_z}\rangle + \beta|{\downarrow_z}\rangle, \quad |\alpha|^2 + |\beta|^2 = 1.$$

Wir bezeichnen mit $|{\Uparrow}\rangle$ bzw. $|{\Downarrow}\rangle$ den Zustand des Messapparates (und, in letzter Konsequenz, des ganzen Rests der Welt), der „Spin UP" bzw. „Spin DOWN" gemessen hat. Nach der ersten Messung verzweigt sich unsere Welt also gemäß

$$\alpha|{\Uparrow}\rangle|{\uparrow_z}\rangle_1 + \beta|{\Downarrow}\rangle|{\downarrow_z}\rangle_1, \tag{6.1}$$

wobei der Index 1 für die erste Messung steht. Nach einer zweiten Messung verzweigt sich jede Historie weiter, und zwar gemäß den dekohärierten Wellenanteilen:

$$\alpha^2|{\Uparrow\Uparrow}\rangle|{\uparrow_z}\rangle_2|{\uparrow_z}\rangle_1 + \beta\alpha|{\Downarrow\Uparrow}\rangle|{\downarrow_z}\rangle_2|{\uparrow_z}\rangle_1 + \alpha\beta|{\Uparrow\Downarrow}\rangle|{\uparrow_z}\rangle_2|{\downarrow_z}\rangle_1 + \beta^2|{\Downarrow\Downarrow}\rangle|{\downarrow_z}\rangle_2|{\downarrow_z}\rangle_1$$

Die ersten drei Schritte der Verzweigungen sind in Abb. 6.1 dargestellt.

Die Erhaltung des Maßes in jedem Ast kann man nun leicht nachprüfen. Im linken Ast gilt zum Beispiel nach der zweiten Messung:

$$|\alpha|^4 + |\alpha|^2|\beta|^2 = |\alpha|^2(|\alpha|^2 + |\beta|^2) = |\alpha|^2$$

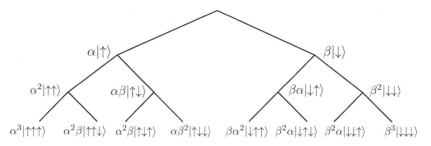

Abb. 6.1 Verzweigte Viele-Welten-Historien nach 3 Spin-Messungen. Grafik nach J.A. Barrett, „Typicality in Pure Wave Mechanics". *Fluctuation and Noise Letters* 15, 2016

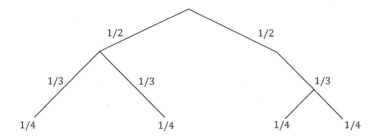

Abb. 6.2 Gleichgewichtung der Äste, zeitversetzte Messungen. Das Gesamtmaß entlang einzelner Äste ist nicht erhalten

Diese Maß-Erhaltung wäre nicht gegeben, wenn wir jeden Zweig gleich gewichten, also die Zweige einfach abzählen würden. Das kann man leicht sehen, indem wir im obigen Beispiel annehmen, dass die zweiten Messungen (in den bereits getrennten Welten) zeitversetzt geschehen. Wenn die zweite Messung im „linken" Ast geschieht, steigt die Gesamtzahl der Welten zunächst von 2 auf 3, das Gesamtmaß des „rechten" Astes ändert sich damit plötzlich von 1/2 zu 1/3. Sobald dann auch in diesem Ast die zweite Messung durchgeführt wird, gibt es insgesamt 4 Welten und jeder Ast hat wieder das Maß 1/2, siehe Abb. 6.2.[10]

Indem wir dem Stationaritätsprinzip folgen, gelangen wir also erneut zum $|\Psi|^2$-Maß als Typizitätsmaß, mit dem die verschiedenen Anteile der Wellenfunktion – die jeweils einer Everettschen Welt entsprechen – gewichtet werden müssen. Und im Sinne dieses Maßes ist eine *typische* Historie im ständig sich verzweigenden Viele-Welten-Universum eine, in der die Bornsche Regel – und damit die quantenmechanische Messstatistik – gilt.

---

[10]Die einzelnen Äste können sich durch spontane Dekohärenz beliebig weiter verzweigen. Das Gesamtmaß der Welten, in denen jeweils „Spin UP" bzw. „Spin DOWN" registriert wurde, bleibt dabei aber erhalten.

Am obigen Beispiel wiederholter Spin-Messungen lässt sich das leicht nachprüfen. Nach n Messungen ist das Maß aller Welten, in denen genau k-mal „Spin UP" beobachtet wurde, $\binom{n}{k}|\alpha|^{2k}|\beta|^{2(n-k)}$. Indem wir $|\alpha|^2 =: p$ und $|\beta|^2 = 1 - p$ schreiben, erkennen wir das als Bernoulli-Prozess mit n Versuchen und Erfolgswahrscheinlichkeit p. Die *typischen* relativen Häufigkeiten für „Spin UP" sind damit $\frac{k}{n} \approx p = |\alpha|^2$, im Einklang mit der Bornschen Regel. Das ist nun wieder nichts anderes als das Gesetz der großen Zahl.

Aus Everetts Analyse können wir also schließen, dass in *typischen* Historien des sich verzweigenden Universums die Bornschen Statistiken gelten. Nun würde man, um die Sache im Sinne einer schlüssigen Vorhersage zu Ende zu bringen, am liebsten so etwas sagen wie: „*Ich* erlebe also eine typische Historie, in der die Bornschen Statistiken gelten." Worauf sich dieses *Ich* in einem Viele-Welten-Universum bezieht, ist aber eine schwierige und letztlich wohl philosophische Frage.

6.3   Viele-Welten: Versuch einer Einordnung

Die Viele-Welten-Theorie ist, alles in allem, eine konsistente Denkmöglichkeit, die ernst zu nehmender ist, als es auf den ersten Blick erscheinen mag. Bisher haben wir uns stets gegen den Begriff der „Interpretation" verwahrt, im Kontext der Viele-Welten-Interpretation ist er aber einigermaßen angemessen. Wenn man unter Quantenmechanik eine Theorie versteht, die allein durch die Schrödinger-Gleichung definiert ist, dann sind Viele-Welten nicht nur eine mögliche, sondern die einzig ehrliche Interpretation der Theorie.

Die entscheidende Frage, die am Ende jeder selbst beantworten muss, ist, ob es hinreichend gute wissenschaftliche Gründe gibt, um eine derart extravagante und unintuitive Naturbeschreibung zu akzeptieren, wenn es mit der Bohmschen Mechanik und den Kollaps-Theorien empirisch gleichwertige Alternativen gibt, die, gelinde gesagt, bodenständiger sind.

Für viele Anhänger der Viele-Welten-Theorie ist das ausschlaggebende Argument die Ökonomie ihrer mathematischen Beschreibung. Die Viele-Welten-Theorie wird durch eine einzige, relativ einfache Gleichung definiert, die Schrödinger-Gleichung. Bohmsche Mechanik enthält zusätzlich noch die Führungsgleichung für die Teilchenorte. Kollaps-Theorien kommen in ihrer kompaktesten Form zwar auch mit nur einer Gleichung aus, diese beinhaltet aber zusätzliche Parameter und ist durch die stochastischen Terme sicherlich komplizierter und weniger elegant als die Schrödinger-Gleichung. Die Schlussfolgerung, dass die Viele-Welten-Theorie deshalb die *einfachste* Erklärung der Quantenphänomene liefert, ist allerdings zweifelhaft, denn die Bohmschen Teilchenorte oder die GRW-*flashes* lassen sich unmittelbar mit den Phänomenen in Verbindung bringen, während die Viele-Welten-Theorie noch irgendeine Geschichte darüber erzählen muss, was Muster in der hochdimensionalen Wellenfunktion mit den Objekten unserer dreidimensionalen

Erfahrungswelt zu tun haben. Und diese Geschichte ist, sofern sie überhaupt überzeugen kann, alles andere als einfach.

Ein anderes, häufig genanntes Argument für die Viele-Welten-Interpretation ist, dass sie die Nichtlokalität der Bohmschen Mechanik und der Kollaps-Theorien, die wir bereits angesprochen haben, vermeidet. Diese Behauptung ist fragwürdig, die Sache ist aber tatsächlich subtiler als in den anderen Quantentheorien, wo die Nichtlokalität offenbar ist.

Wir werden in Kap. 10 das Bellsche Theorem besprechen, das beweist, dass gewisse statistische Korrelationen, die im Experiment beobachtet werden, nicht lokal erklärbar sind. In der Viele-Welten-Sicht treten diese Korrelationen allerdings nur in einzelnen Welt-Zweigen auf und als Anhänger der Theorie wird man darauf bestehen, dass eine einzelne Welt nicht die komplette physikalische Realität umfasst. Plakativ: Wenn Messungen keine eindeutigen Ausgänge haben, stellt sich auch nicht die Frage, ob diese nichtlokal beeinflusst werden können. Aber: In der Viele-Welten-Theorie lassen sich räumlich getrennte Systeme i.A. gar nicht unabhängig voneinander beschreiben, sie haben nur einen gemeinsamen Zustand, gegeben durch die verschränkte Wellenfunktion. Das sorgt gerade dafür, dass in den entstehenden Welten die richtigen Korrelationen manifestiert werden. (Beispiel: In der Welt, in der an einem Teilchen „Spin UP" gemessen wurde, wird an einem zweiten, verschränkten Teilchen immer „Spin DOWN" gemessen.) Man einigt sich dann manchmal auf die Formel, die Viele-Welten-Theorie habe nichtlokale Zustände, aber keine nichtlokalen Wechselwirkungen.

Eine mögliche Sichtweise ist, dass sich die fundamentale Beschreibung der Viele-Welten-Theorie nicht im dreidimensionalen Raum oder in vierdimensionaler Raumzeit, sondern im hochdimensionalen Konfigurationsraum (der nicht wirklich ein Konfigurationsraum ist) abspielt. Auf diesem hochdimensionalen Raum ist die Theorie, definiert durch die Schrödinger-Entwicklung der universellen Wellenfunktion, zweifelsohne lokal. Dieser Lokalitätsbegriff hat nun aber nichts mehr mit der *raumzeitlichen* Lokalität zu tun, auf die Einstein so kompromisslos bestanden hat. Falls uns die Nichtlokalität der Quantenmechanik, wie sie in Bohmscher Mechanik oder GRW auftritt, bizarr oder unbekömmlich erscheint, dann tut sie das vor dem Hintergrund gewisser Intuitionen über physikalische Prozesse im dreidimensionalen Raum oder in vierdimensionaler Raumzeit. Es ist nicht klar, warum eine „lokale" Beschreibung auf einem hochdimensionalen Raum, der unserer Intuition komplett entzogen ist, weniger bizarr oder unbekömmlich sein soll.

Allgemeiner können wir festhalten: Bohmsche Mechanik oder GRW handeln von lokalen Objekten (Teilchen, *flashes*), die einem nichtlokalen Gesetz unterliegen, in das die (i.A. verschränkte) Wellenfunktion einfließt. In der Everettschen Theorie gibt es auf fundamentaler Ebene aber nur die Wellenfunktion, und die ist im raumzeitlichen Sinne selbst schon ein hochgradig nichtlokales Objekt.

Ein letztes und mit der vermeintlichen Lokalität verwandtes Argument ist, dass sich die Viele-Welten-Interpretation leichter mit einer relativistischen Beschreibung verträgt. Das ist in gewisser Weise richtig, denn eine relativistische Verallgemeinerung der Viele-Welten-Theorie braucht nur eine relativistische Wellengleichung,

Bohmsche Mechanik oder GRW aber noch ein relativistisches Gesetz für die Teilchenbewegung bzw. die Kollaps-Dynamik. Wir wissen bislang aber nicht einmal, wie die Wellenfunktion relativistisch in einer konsistenten, wechselwirkenden Theorie beschrieben werden kann (Quantenfeldtheorie liefert i.A. nur asymptotische Streuzustände). Deshalb gibt es auch noch keine konsistente, relativistische Formulierung der Viele-Welten-Theorie. Wir kommen in Kap. 11 auf dieses schwierige Thema zurück.

Der Messprozess und Observable 7

> *Hier sind einige Worte, die zwar legitim und notwendig für die Anwendung sind, aber in einer* Formulierung *mit deinem Anspruch auf physikalische Präzision keinen Platz haben:* System, Apparat, Umgebung, mikroskopisch, makroskopisch, reversibel, irreversibel, Observable, Information, Messung. *[...]*
>
> *Auf dieser Liste der schlechten Worte aus guten Büchern, ist „Messung" das schlimmste von allen. Es muss einen eigenen Abschnitt bekommen.*
> – John S. Bell, *Wider die Messung*[1]

Wenn man in Textbüchern zur Quantentheorie den Kern der Theorie herausfinden möchte, dann ist ein Begriff von besonderer Bedeutung: Observable. Die Observablen sind in früheren Darstellungen selbstadjungierte Operatoren auf dem Hilbert-Raum eines Systems und sollen die beobachtbaren Größen des Systems beschreiben. In der modernen Literatur (eigentlich bereits seit den 1950er-Jahren) ist der Begriff der Observablen als selbstadjungierter Operator auf positive operatorwertige Maße (POVM) (*positive operator valued measures*) verallgemeinert worden. Diese Erweiterung ist in von Neumanns Buch *Mathematische Grundlagen der Quantenmechanik*[2] bereits angelegt, denn von Neumann sieht die Observablen aus ihrer Spektralschar entstehen, die als projektorwertige Maße (PVM) (*projection-valued measures*) definiert werden. Wir besprechen in diesem Kapitel, was diese Dinge sind und aus welcher Notwendigkeit sie entstehen. Deren Verständnis erhellt den Begriff der Observablen und erklärt deren Rolle in der Quantentheorie als Buchhalter für Statistiken in Messexperimenten. Wenn man die Rolle einmal

---

[1]Zitiert nach: J.S. Bell, *Sechs mögliche Welten der Quantenmechanik*. Oldenbourg Verlag, 2012, S. 243.

[2]J. von Neumann, *Mathematische Grundlagen der Quantenmechanik*. Springer, 1932.

© Springer-Verlag GmbH Deutschland 2018
D. Dürr, D. Lazarovici, *Verständliche Quantenmechanik*,
https://doi.org/10.1007/978-3-662-55888-1_7

verstanden hat, ist man gegen philosophische Belastungen des Begriffes gefeit, wie sie im Kapitel über verborgene Variablen zutage treten.

7.1   Ideale Messung: PVM

Die folgende mathematische Analyse[3] ist im Grunde unabhängig von der jeweiligen Theorie, die man gerne vertreten möchte. Wenn man jedoch ontologische Theorien wie Bohmsche Mechanik betrachtet, tut man sich deutlich leichter, weil man keine vagen Begriffe und Konzepte wie „Beobachter" oder „Kollaps der Wellenfunktion" hinzufügen muss. Aber die Mathematik geht auch ohne das, denn sie beruht allein auf der Bornschen statistischen Interpretation 1.2:

> Wenn die Wellenfunktion eines System ψ ist, dann sind die Teilchenorte des Systems $|\psi|^2$-verteilt.

Zu den Begriffen „Teilchenorte" und „sind verteilt" würden die verschiedenen Theorien, die wir eingeführt haben, verschiedene Meinungen haben, aber *cum grano salis* würden alle Theorien der Bornschen Aussage zustimmen. Insbesondere herrscht Übereinstimmung darin, dass die Bornsche Regel für Ortskonfigurationen bereits den gesamten empirischen Gehalt der Quantenmechanik erfasst. Das mag überraschen, weil in vielen Lehrbüchern der „Teilchenort" nur als eine von vielen möglichen Observablen eingeführt wird. Aber wir erinnern uns, dass die Resultate eines Messexperimentes immer über Zeigerstellungen vermittelt werden. „Zeigerstellung" steht hier stellvertretend für die Registrierung eines Messergebnisses, das kann auch über die Anzeige auf einem Display oder den Ausdruck auf einem Blatt Papier geschehen. In diesem Sinne ist aber jedes Experiment eine „Ortsmessung". Die Statistik der Messergebnisse entspricht der Statistik von Zeigerstellungen, und das sind letztlich Ortskonfigurationen. Mehr wird im Folgenden nicht benötigt.

Man erinnere sich auch an die Notation und Beschreibungen in Kap. 2, von denen viele hier übernommen werden. Wir werden im Weiteren, wie in den bisherigen Kapiteln auch schon, einfach die Worte „Teilchenort" und „Zeigerstellung" verwenden, so wie es der übliche Sprachgebrauch in der Quantenmechanik ist. Wenn wir gleich von „Apparat" sprechen, dann abstrahieren wir den nurmehr auf mögliche Zeigerstellungen. Wir betrachten, wie schon oft vorgeführt, ein Experiment $\mathscr{E}$, in dem ein System (x, m-dimensional, repräsentiert durch Wellenfunktionen φ) und ein Apparat (y, n-dimensional, repräsentiert durch Wellenfunktionen Φ) verkoppelt werden. Der Apparat habe diskreten Zeigerstellungen, die die Werte $\{\alpha_1, \dots, \alpha_N\} =: \mathscr{A}$ anzeigen können, diese entsprechen den möglichen Messergebnissen.

---

[3]Vgl. D. Dürr, S. Goldstein und N. Zanghì, „Quantum Equilbrium and the Role of Operators as Observables in Quantum Theory". In: *Quantum Physics Without Quantum Philosophy*, Springer, 2013.

In der gemeinsamen Schrödinger-Entwicklung der Gesamtwellenfunktion von System und Apparat ergeben sich nun Korrelationen von Zeiger-Wellenfunktionen und gewissen Wellenfunktionen des Systems φ_k:

$$\varphi_k(x)\Phi(y) \overset{\text{Schrödinger-Entwicklung}}{\longrightarrow} \varphi_k(x)\Phi_k(y) \tag{7.1}$$

Wir nehmen nun an, dass die Wellenfunktionen alle auf eins normiert sind. Dann folgt für

$$\varphi = \sum_k c_k\varphi_k, \quad \sum_k |c_k|^2 = 1 \tag{7.2}$$

$$\varphi(x)\Phi(y) \overset{\text{Schrödinger-Entwicklung}}{\longrightarrow} \sum_k c_k\varphi_k(x)\Phi_k(y), \tag{7.3}$$

d. h., aus der anfänglichen Wellenfunktion $\varphi = \sum c_k\varphi_k$ des Systems wird mit Wahrscheinlichkeit $|c_k|^2$ die neue Wellenfunktion φ_k.

Warum? Wir haben das bereits in (2.4)–(2.6) berechnet und führen es hier kurz noch einmal aus: weil nach dem Bornschen statistischen Gesetz die verschiedenen Zeiger-Wellenfunktionen Φ_j disjunkte Träger haben müssen und dann die Zeiger-stellung $Y \in \text{supp}\,\Phi_j$ mit Wahrscheinlichkeit (im Folgenden steht $\mathrm{d}^m x$ bzw. $\mathrm{d}^n y$ für die entsprechenden mehrdimensionalen Integrationselemente)

$$\int\limits_{\{x,y|y\in\text{supp}\,\Phi_j\}} \left|\sum_k c_k\varphi_k(x)\Phi_k(y)\right|^2 \mathrm{d}^m x\,\mathrm{d}^n y$$

$$\overset{\text{supp}\,\Phi_k \cap \text{supp}\,\Phi_j \approx \emptyset}{=} |c_j|^2 \int |\varphi_j|^2(x)\mathrm{d}^m x \int |\Phi_j|^2(y)\mathrm{d}^n y = |c_j|^2 \tag{7.4}$$

vorkommt. Und wenn $Y \in \text{supp}\,\Phi_j$, d. h. wenn der Zeiger auf, sagen wir, $\alpha_j \in \{\alpha_1, \ldots, \alpha_N\}$ steht, dann ist nach jedweder Quantentheorie φ_j die neue („kollabierte") Wellenfunktion des Systems. Die anderen Wellenanteile Φ_k, $k \neq j$, können wir, wie in vorangegangenen Kapiteln besprochen, vergessen, entweder aufgrund der Dekohärenz (Verlust der Interferenzfähigkeit) oder aufgrund eines tatsächlich statt-findenden Kollapses (wie in den Kollaps-Theorien, dann sind die für immer aus der Welt). Die rechte Seite von (7.3) kollabiert (in welchem Sinne dann auch immer) auf die Produktwellenfunktion $\varphi_j\Phi_j$, und wie wir z. B. im Kapitel über Bohmsche Mechanik besprochen haben, können wir praktisch φ_j als neue Wellenfunktion des Systems ansehen.

Kurzum, das Experiment $\mathcal{E}$ (7.1) verschafft uns eine lineare Zufallsabbildung

$$\varphi \longrightarrow \varphi_j,$$

wobei φ_j mit Wahrscheinlichkeit $|c_j|^2$ angenommen wird. Beide Aspekte, die Wahrscheinlichkeiten und die kollabierten Wellenfunktionen, müssen wir gut hand-haben können. Das kann man folgendermaßen tun. Eine einfache Konsequenz von (7.3) ist nämlich diese: Bei der Schrödinger-Entwicklung bleibt ja die $|\psi|^2$-Wahrscheinlichkeit erhalten, also in der Sprache von Hilbert-Räumen die L^2-Norm $\|\cdot\|$, deswegen

$$\|\varphi\Phi\|^2 \quad := \quad \int |\varphi(x)\Phi(y)|^2 \mathrm{d}^m x \mathrm{d}^n y$$

$$\overset{*}{=} \quad \int \left|\sum_k c_k \varphi_k(x)\Phi(y)\right|^2 \mathrm{d}^m x \mathrm{d}^n y$$

$$\overset{\text{Schrödinger-Entwicklung}}{=} \int \left|\sum_k c_k \varphi_k(x)\Phi_k(y)\right|^2 \mathrm{d}^m x \mathrm{d}^n y$$

$$\overset{(7.4)}{=} \quad \sum_k |c_k|^2 \int |\varphi_k|^2(x) \int |\Phi_k|^2(y)\, \mathrm{d}^m x \mathrm{d}^n y$$

$$= \quad \sum_k |c_k|^2. \qquad (7.5)$$

Daraus folgt (indem wir die rechte Seite von $*$ ausmultiplizieren und integrieren)

$$\sum_{k \neq k'} c_k^* c_{k'} \int \varphi_k^*(x)\varphi_{k'}(x)\mathrm{d}^m x = 0. \qquad (7.6)$$

Weil das für beliebige Koeffizienten $c_k, c_{k'}$ gilt, muss bereits jeder einzelne Summand null sein, also

$$\int \varphi_k^*(x)\varphi_{k'}(x)\,\mathrm{d}^m x = 0, \quad \text{für } k \neq k'. \qquad (7.7)$$

Genauer: Man lese (7.6) als quadratische Form $(c, Ac) = 0$ mit dem Vektor $c = (c_1, \ldots, c_n) \in \mathbb{C}^n$ und der hermiteschen Matrix A mit Einträgen

$$A_{k,k'} := \int \varphi_k^*(x)\varphi_{k'}(x)\mathrm{d}^m x = A_{k',k}^+.$$

Dann folgt durch geschickte Wahl der Vektoren c (nämlich als Eigenvektoren von A), dass alle Matrixelemente null sein müssen.

Das bedeutet: Damit die System-Wellenfunktionen φ_k zu makroskopisch unterscheidbaren Messergebnissen führen, müssen sie im L^2-Skalarprodukt

$$\langle \varphi|\psi \rangle := \int \varphi^*(x)\psi(x)\,\mathrm{d}^m x \qquad (7.8)$$

ein *Orthonormalsystem* bilden. Um noch einmal den Grund hervorzuheben: Die Apparat-Wellenfunktionen Φ_k und $\Phi_{k'}$ repräsentieren *makroskopisch verschiedene Zeigerstellungen*, somit haben sie disjunkte Träger im Konfigurationsraum und sind bereits selbst orthogonal. Aus der Schrödinger-Entwicklung (7.1) und der Erhaltung der L^2-Norm folgt dann unmittelbar (7.7).

Damit ist nun die Darstellung (7.2) als Zerlegung in einem Orthonormalsystem zu sehen und die Koordinaten c_k kann man wie üblich als

$$c_k = \langle \varphi_k | \varphi \rangle = \int \varphi_k^*(x)\varphi(x)\,\mathrm{d}^m x \qquad (7.9)$$

berechnen. Damit bekommen wir auch die Wahrscheinlichkeit $|c_k|^2$ für die Anzeige α_k in der Form

$$\mathbb{P}^\varphi(\alpha_k) = |c_k|^2 = |\langle \varphi_k | \varphi \rangle|^2. \qquad (7.10)$$

Indem wir *Orthogonalprojektion* einführen:

$$P_{\varphi_k} := \varphi_k \langle \varphi_k |, \qquad (7.11)$$

mit der Verabredung, dass der Faktor $\langle \varphi_k |$ – eigentlich ein Dualelement im Sinne der linearen Algebra und von Paul Dirac *Bra*-Vektor genannt (siehe unten) – auf Wellenfunktionen ψ wie $\langle \varphi_k | \psi \rangle$ agiert, können wir (7.2) als

$$\varphi = \sum_k \varphi_k \langle \varphi_k | \varphi \rangle = \sum_k P_{\varphi_k} \varphi \qquad (7.12)$$

schreiben. Die folgenden Eigenschaften von Orthogonalprojektoren lassen sich nun leicht nachprüfen:

(Projektoreigenschaft) $\qquad P_{\varphi_k}^2 = P_{\varphi_k} P_{\varphi_k} = P_{\varphi_k} \qquad (7.13a)$

(Selbstadjungiertheit) $\qquad \langle P_{\varphi_k}\varphi | \psi \rangle = \langle \varphi | P_{\varphi_k}\psi \rangle$, also $P_{\varphi_k}^+ = P_{\varphi_k} \qquad (7.13b)$

Die Wahrscheinlichkeit (7.10) des Messwertes α_k können wir jetzt schreiben als

$$\mathbb{P}^\varphi(\alpha_k) = \|P_{\varphi_k}\varphi\|^2 = \langle P_{\varphi_k}\varphi | P_{\varphi_k}\varphi \rangle = \langle \varphi | P_{\varphi_k}\varphi \rangle = |\langle \varphi_k | \varphi \rangle|^2. \qquad (7.14)$$

Anmerkung 7.1 In der Dirac *Bra-Ket*-Notation, die man aus der Kursvorlesung kennt, schreibt man die Projektoren als $P_{\varphi_k} = |\varphi_k\rangle\langle\varphi_k|$.

Wir können also die wesentlichen Daten des Experimentes (7.1) mit den Orthogonalprojektionen $(P_{\varphi_k})_k$ erfassen. Allerdings sollte nun auch noch die Menge der Messwerte $\mathscr{A}$ berücksichtigt werden, z. B. die statistischen Daten wie Mittelwert und Varianz der α-Werte. Das können wir ganz kompakt haben. Der „Operator"

$$\hat{A} = \sum \alpha_k P_{\varphi_k} \qquad (7.15)$$

enthält alles, was wir brauchen: Die Wahrscheinlichkeit für den Wert α_k ist bereits mit (7.14) beschrieben. Den Mittelwert der α-Werte berechnen wir gemäß der üblichen Erwartungswertbildung

$$
\begin{aligned}
\mathbb{E}^\varphi(\alpha) &= \sum_k \alpha_k \mathbb{P}^\varphi(\alpha_k) = \sum_k \alpha_k \|P_{\varphi_k}\varphi\|^2 \\
&= \sum_k \alpha_k \langle\varphi|P_{\varphi_k}\varphi\rangle = \langle\varphi|\sum_k \alpha_k P_{\varphi_k}\varphi\rangle = \langle\varphi|\hat{A}\varphi\rangle.
\end{aligned}
\tag{7.16}
$$

Die „Varianz" der α-Werte erhalten wir ebenso (man rechne das zur Übung nach):

$$
\mathbb{E}^\varphi(\alpha^2) = \sum_k \alpha_k^2 \mathbb{P}^\varphi(\alpha_k) = \langle\varphi|\sum_k \alpha_k^2 P_{\varphi_k}\varphi\rangle = \langle\varphi|\hat{A}^2\varphi\rangle,
\tag{7.17}
$$

wobei wir benutzen, dass

$$
P_{\varphi_k}P_{\varphi_{k'}} = 0 \quad \text{für } k \neq k',
$$

weil $(\varphi_k)_k$ ein Orthonormalsystem ist.

Wir haben den Operator $\hat{A}$ in (7.15) mit einer zum Experiment (7.1) gehörigen Familie von Orthogonalprojektionen und reellen Messwerten[4] (die Zahlen, die angezeigt werden) gebildet, das ist gemäß der Konstruktion ein *selbstadjungierter Operator*. Für einen selbstadjungierten Operator heißt die Familie $(P_{\varphi_k})_k$ auch die *Spektralschar* des Operators. In Kurzform, vom Experiment über die Anzeigen und Projektoren zum Buchhalter-Operator

$$
\mathscr{E} \mapsto (\alpha_k, P_{\varphi_k})_k \mapsto \hat{A}.
\tag{7.18}
$$

In Worten: Das Experiment gibt uns die möglichen Messwerte und die dazugehörigen Eigenzustände und daraus entsteht, als nützliches mathematisches Werkzeug, der entsprechende selbstadjungierte Operator.

Was hat das nun mit projektorwertigen Maßen, den PVMs zu tun? Ganz einfach: Man frage nach der Wahrscheinlichkeit, dass ein Wert im Bereich $A \subset \mathscr{A}$ angezeigt wird. Die ist durch die Addition der Einzelwahrscheinlichkeiten gegeben, also nach (7.14)

$$
\mathbb{P}^\varphi(A) = \sum_{k:\alpha_k \in A} \mathbb{P}^\varphi(\alpha_k) = \sum_{k:\alpha_k \in A} \langle\varphi|P_{\varphi_k}\varphi\rangle = \langle\varphi|\sum_{k:\alpha_k \in A} P_{\varphi_k}\varphi\rangle,
\tag{7.19}
$$

wobei die Summe $P_A := \sum_{k:\alpha_k \in A} P_{\varphi_k}$ wieder ein Orthogonalprojektor (das prüfe man selber nach) ist. Diese Abbildung von beliebigen Wertemengen A auf Orthogonalprojektoren P_A nennt man dann ein *projektorwertiges Maß* (PVM). Wenn wir

---

[4]Ein Clown könnte auch imaginäre Zahlen auf die Anzeigetafel des Messgerätes schreiben. Dann wäre der Buchhalter nicht mehr selbstadjungiert! Man denke darüber nach.

noch die weitere Eigenschaft, dass die Gesamtwahrscheinlichkeit eins sein muss, fordern (denn es sollen ja Wahrscheinlichkeiten berechnet werden), muss mit dem Identitätsoperator E

$$\sum_{k:\alpha_k \in \mathscr{A}} P_{\varphi_k} = \mathrm{E}$$

gelten. Der Begriff des Maßes scheint hier etwas sehr hochgegriffen, weil es sich nur um ein Maß auf einer diskreten Menge handelt, wofür der Maß-Begriff nur selten gebraucht wird. Aber wir sprechen nachher noch über die Verallgemeinerung auf ein Kontinuum. Hier ist es also ein Maß auf der diskreten Wertemenge $\mathscr{A}$ und bewertet Teilmengen wie z. B. A. Kurzum, wie in (7.18) definiert ein PVM zusammen mit reellen Werten α_k einen selbstadjungierten Operator – den Buchhalter $\hat{A}$. So hat es von Neumann in seinem Buch eingeführt.

Anmerkung 7.2 (Beispiel Spin) Ein wichtiges Beispiel ist die Spin-Messung, die wir bereits in Abschn. 1.7 besprochen haben. Wir erinnern: Wenn der Stern-Gerlach-Magnet in z-Richtung zeigt und wir die Wellenfunktion bezüglich der Eigenbasis von σ_z schreiben, $\psi_0 = \phi_0(\mathbf{x})\binom{\alpha}{\beta}$, dann spaltet sich die Wellenfunktion in zwei räumlich getrennte Anteile auf: $\psi_t = \phi_+(\mathbf{x}, t)\binom{\alpha}{0} + \phi_-(\mathbf{x}, t)\binom{0}{\beta}$, wobei ϕ_+ und ϕ_- Norm 1 haben und nach hinreichend langer Zeit nicht mehr überlappen. Die Wahrscheinlichkeit für „Spin UP" bzw. „Spin DOWN" ist nun einfach die Wahrscheinlichkeit, das Teilchen im Träger von ϕ_+ bzw. ϕ_- zu finden. Aus der Bornschen Regel berechnen wir:

$$\mathbb{P}(\text{Spin UP}) = \mathbb{P}(\mathbf{X} \in \operatorname{supp} \phi_+) = |\alpha|^2 \int |\phi_+(\mathbf{x}, t)|^2 \mathrm{d}^3 x = |\alpha|^2$$

$$\mathbb{P}(\text{Spin DOWN}) = \mathbb{P}(\mathbf{X} \in \operatorname{supp} \phi_-) = |\beta|^2 \int |\phi_-(\mathbf{x}, t)|^2 \mathrm{d}^3 x = |\beta|^2$$

Diese Wahrscheinlichkeiten lassen sich aber einfach aus den Projektionen auf die Spin-Komponenten $\binom{1}{0}$ bzw. $\binom{0}{1}$ ablesen. Diese sind in Matrixform

$$P_+ = \begin{pmatrix} 1 & 0 \\ 0 & 0 \end{pmatrix}, \; P_- = \begin{pmatrix} 0 & 0 \\ 0 & 1 \end{pmatrix}$$

und man berechnet sofort

$$\langle \psi | P_+ \psi \rangle = |\alpha|^2, \; \langle \psi | P_- \psi \rangle = |\beta|^2. \tag{7.20}$$

Der Erwartungswert ist demnach

$$\frac{1}{2}\mathbb{P}(\text{Spin UP}) - \frac{1}{2}\mathbb{P}(\text{Spin DOWN}) = \frac{1}{2}\langle \psi | P_+ \psi \rangle - \frac{1}{2}\langle \psi | P_- | \psi \rangle$$

$$= \langle \psi | \frac{1}{2}(P_+ - P_-)\psi \rangle = \langle \psi | \frac{1}{2}\sigma_z \psi \rangle.$$

Hier tritt die Pauli-Matrix $\frac{1}{2}\sigma_z$ (vgl. (1.25)) als der zum Experiment gehörige Operator auf, der die Messstatistiken codiert. In der Verallgemeinerung auf eine beliebige Spin-Messung in Richtung **a** erhalten wir als zugehörigen Operator $\hat{A} = \frac{1}{2}\mathbf{a} \cdot \boldsymbol{\sigma}$, dessen Eigenvektoren – wir notieren sie in Anlehnung an die übliche *Bra-Ket*-Notation als $|\uparrow_a\rangle$ und $|\downarrow_a\rangle$ – das PVM bestimmen.

An diesem Beispiel ist Folgendes interessant. Wir haben gar nicht von einem Messapparat reden müssen, um die Orthogonalität der möglichen Wellenfunktionen zu bekommen, dafür sorgte schon die Schrödingersche (oder genauer: Paulische) Entwicklung des Systems alleine. Man braucht am Ende nur noch zu detektieren, in „welchem Wellenzug das Teilchen sitzt", und dieser Vorgang legt dann die kollabierte Wellenfunktion fest. Weiterhin ist interessant, dass man damit in einen neuen Sprachgebrauch verfallen kann: Man nennt $\frac{1}{2}\mathbf{a} \cdot \boldsymbol{\sigma}$ die **a**-*Spin-Observable*, die man „messen" kann, indem man einen Stern-Gerlach-Magneten in Richtung **a** orientiert. Und wenn man schon so spricht, dann ist es naheliegend zu meinen, was man sagt, und dann beginnt man die Spin-Observable als „Messgröße" ernst zu nehmen; und am Ende denkt man, man misst da tatsächlich etwas bereits Vorliegendes. Genau um dieses Problem geht es im Kap. 9 über verborgene Variablen.

Die Situation beim Ort oder beim Impuls (vergleiche Unterkapitel 1.3) ist nicht so einfach wie beim Spin, weil wir nun keine diskrete Zerlegung der Wellenfunktion mehr haben. Aber dafür ist der Begriff des Maßes deutlicher zu sehen. Das besprechen wir nachher.

Im Allgemeinen wird der zu betrachtende Hilbert-Raum der Wellenfunktionen unendlichdimensional sein, die Menge der α aber, die „Messwerte", wird in der realen Welt endlich sein. Darum wird man i.A. statt eindimensionalen orthogonalen Projektoren Orthogonalprojektionen P_k auf Unterräume des Hilbert-Raumes $\mathcal{H}_{\alpha_k}$ haben, in denen die Wellenfunktionen liegen, die mit den entsprechenden Zeigerstellungen korrelieren, d. h. die zu den Anzeigen α_k führen. Allgemein ist also

$$\hat{A} = \sum_k \alpha_k P_k \quad \text{mit} \quad \sum_k P_k = \mathrm{E}. \tag{7.21}$$

Wir gewinnen also wie oben Buchhalter-Operatoren aus den Projektoren.

Nun kommt eine wichtige Beobachtung, eine Erinnerung an die Lineare Algebra: Die $\mathcal{H}_{\alpha_k}$ sind die Eigenräume zu den Eigenwerten $\alpha_k \in \mathbb{R}$ des selbstadjungierten Operators $\hat{A}$. Wenn die Dimension des Eigenraumes $\mathcal{H}_{\alpha_k}$ größer als eins ist, heißt der Eigenwert α_k entartet. Das ist die Diagonalisierung von symmetrischen, oder etwas gehobener ausgedrückt, selbstadjungierten Operatoren. Die Diagonalisierung für selbstadjungierte Operatoren ist Inhalt des Spektralsatzes, den man für Operatoren auf einem Hilbert-Raum in der Funktionalanalysis beweist. Wir haben den Operator über ein PVM definiert. Umgekehrt liefert der Spektralsatz für einen Operator das zugehörige PVM, dort jedoch i.A. Spektralschar genannt.

Was nun den Operator-Observablen zusätzlich zu einer gewissen Verselbstständigung in der Quantenphysik verholfen hat (auf der im Wesentlichen die Fragestellung in Kap. 9 über verborgene Variablen beruht), ist genau diese Umkehrung, die der Spektralsatz beinhaltet. Es gilt

$$\hat{A} = \sum_k \alpha_k P_{\alpha_k}, \quad \text{d. h. } \hat{A} \mapsto (\alpha_k, P_{\alpha_k}), \tag{7.22}$$

wobei man beachte, dass für eine komplette Umkehrung von (7.18) der Pfeil zum Experiment fehlt. (Es macht keinen Sinn, einem Experimentator irgendeinen abstrakten Operator hinzuschreiben und zu sagen: „Miss das mal!")

Im diskreten Fall, den wir hier der Einfachheit halber zunächst behandelt haben, ist das wirklich nichts anderes als die Darstellung symmetrischer oder hermitescher Matrizen in der Eigenbasis. Also kann man leicht vergessen, woher $\hat{A}$ ursprünglich kam, und dann haben die Observablen ein Eigenleben und stiften allerhand Verwirrung, weil man denkt: Es ist zuerst die Observable da und aus der kommen die Messwerte und Eigenzustände. Deswegen nun eine Zwischenbilanz:

Anmerkung 7.3 (Die Messung einer Observablen) Was bedeutet die Sprechweise, eine „Observable zu messen"? Die Observable ist ein abstrakter Operator auf einem Hilbert-Raum, im Allgemeinen die Verallgemeinerung einer Matrix auf unendlich viele Dimensionen. Zum Beispiel wird der Laplace-Operator (mit den richtigen Dimensionsfaktoren versehen) als Energie-Observable angesehen. Was bedeutet es also, den „Laplace-Operator zu messen"? Nun hat der als Symbol ein Dreieck und eine uninformierte Person würde bestenfalls denken können, dass man Umfang oder Fläche des Dreiecks messen wird. Gemäß unserer Analyse ist aber dies gemeint: Ein Messexperiment $\mathcal{E}$ der Observablen $\hat{A}$ ist eines, in dem die Kanalisierung (7.3) auf die Eigenvektoren geschieht und die Skala des Messgerätes auf die Werte $\alpha_1, \dots, \alpha_n$ geeicht ist und am Ende (durch welchen Mechanismus auch immer, siehe das Kapitel über das Messproblem) auf einen der Ausgänge kollabiert wird. Das ist Inhalt von (7.18).

Unsere Betrachtung der Messung, die zu Buchhalter-Observablen führt, ist jedoch idealisiert und es gibt eine ganze Hierarchie von Verallgemeinerungen des Begriffes. Der Typ Experiment (7.1) trägt auch den Namen „wiederholbare Messung", denn wenn in einem Experiment φ_j herauskommt, kann man anschließend das Experiment mit Anfangswellenfunktion φ_j wiederholen und es kommt mit Sicherheit wieder der Wert α_j und Wellenfunktion φ_j heraus. Man spricht ferner von einer „idealen Messung", wenn es genau eine Wellenfunktion φ_j zum Wert α_j gibt. Es gibt aber auch viele nicht wiederholbare Messungen, zum Beispiel solche, bei denen das Teilchen in einem Detektor absorbiert wird. Ganz allgemein kann man, im Gegensatz zur idealen Messung, auch an eine „formale Messung" einer Observablen denken und damit jedes Experiment meinen, das die Werte der Observablen (die Eigenwerte) mit den zugehörigen quantenmechanischen Wahrscheinlichkeiten liefert. Der Begriff „Messung einer Observablen" ist also trickreich und notwendigerweise so, solange kein klarer Bezug zu einem physikalischen Geschehen hergestellt wird.

Es ist aber wichtig, eine Sache im Kopf zu behalten: Eine Messung ist im Allgemeinen ein Vorgang, der den Zustand eines quantenmechanischen Systems

verändert. Viele vermeintliche Quantenparadoxien werden allein dadurch aufge-
löst, dass man diesen Umstand berücksichtigt. Eine ideale Messung verrät uns in
gewisser Hinsicht mehr über den Zustand des Systems *nach* der Messung als über
dessen Zustand *vor* der Messung, weil wir aus der Zeigerstellung α_j schließen können, dass das System nach der Messung (aber nicht davor) durch die Wellenfunktion
φ_k beschrieben wird. Andererseits kann man auch spezielle Formen von Messungen
betrachten, die den Zustand des gemessenen Systems möglichst wenig stören. Wir
werden das in Kap. 8 tun.

7.2　Allgemein: PVM und POVM

Nun rücken wir die Bornsche statistische Aussage $\rho^\varphi = |\varphi|^2$ noch deutlicher in den
Vordergrund und betrachten noch allgemeinere Experimente als bisher. Wir führen
alles auf eine vergröbernde Variable F

$$F : \mathcal{Q} \mapsto \mathcal{A} \qquad\qquad (7.23)$$

zurück, eine Zufallsvariable auf dem Konfigurationsraum $\mathcal{Q}$ aller am Experiment
beteiligten Teilchen, die auf die für uns relevanten Werte auf der Messskala $\mathcal{A}$ fo-
kussiert. Das können Werte der Systemkoordinaten (x bezeichnet) sein oder aus den
Koordinaten ableitbare Werte, wie z. B. die Konfigurationen (y bezeichnet), die einer Zeigerstellung entsprechen. Wir schreiben die allgemeine Konfiguration $q \in \mathcal{Q}$
wieder als „Aufspaltung" $q = (x, y)$. Wir werden aber auch berücksichtigen, dass ein
Apparat oft gar nicht notwendig ist, weil er im Prinzip nur am Ende detektiert, wie
z. B. in der Spin-Messung, wo das Teilchen ist.

Die Abbildung F bildet also die möglichen Systemkonfigurationen q auf das
entsprechende „Messergebnis" $F(q)$ ab. Im Allgemeinen werden aber sehr viele (unendliche viele) Konfigurationen ein und demselben Messergebnis entsprechen. Das
ist klar, wenn man wieder an den Messapparat denkt, bei dem sehr viele verschiedene Mikrozustände ein und dieselbe Zeigerstellung ergeben. Deshalb nennen wir
die Zufallsvariable F vergröbernd.

Das Allgemeinste, was wir an Struktur aus der $|\varphi|^2$-Statistik ziehen können,
ergibt sich nun aus der folgenden abstrakten Abbildungssequenz

$$\varphi(x) \xrightarrow{\text{System koppelt (möglicherweise) an Apparat}} \Psi(x, y) = \varphi(x)\Phi(y)$$

$$\xrightarrow{\text{Schrödinger-Entwicklung von System und Apparat}} \Psi_T(x, y)$$

$$\xRightarrow{\text{Bornsches statistisches Gesetz}} \rho^{\Psi_T} = |\Psi_T|^2(x, y) \qquad\qquad (7.24)$$

$$\xrightarrow{\text{uns interessiert nur}} \mathbb{P}^\varphi(d\alpha) = \mathbb{P}^{\Psi_T}(F^{-1}(d\alpha)), \qquad\qquad (7.25)$$

wobei die Einfach-Pfeile lineare Abbildungen vermitteln: Der erste Pfeil betrifft ja
nur das mögliche Anmultiplizieren einer Apparat-Wellenfunktion, und der zweite

vermittelt die lineare Entwicklung der Wellenfunktion gemäß der Schrödinger-Gleichung. Das „möglicherweise" über dem ersten Pfeil besagt nur, dass wir eben auch die Situation erfassen wollen, in der kein Apparat an das System gekoppelt wird und die Statistik der Systemkoordinaten alleine studiert werden soll. T ist i.A. eine (große) Zeit, zu der das Experiment beendet ist.

Der dritte Pfeil weist auf die Bildung der quadratischen Form (eigentlich eine sesquilineare Form) hin, die sich aus dem Bornschen statistischen Gesetz ergibt. Der letzte Pfeil besagt nur, dass wir mit der quadratischen Form die für uns relevanten Wahrscheinlichkeiten ausrechnen: $\mathbb{P}^{\varphi}(\mathrm{d}\alpha)$ ist die Bornsche Wahrscheinlichkeit, dass der angezeigte Skalenwert α in der (infinitesimalen) Wertemenge $\mathrm{d}\alpha \subset \mathscr{A}$ liegt. Die rechte Seite von (7.25) ist ja nichts weiter als

$$\int_{F^{-1}(\mathrm{d}\alpha)} |\Psi_T(x, y)|^2 \, \mathrm{d}^m x \mathrm{d}^n y,$$

wobei die Menge $F^{-1}(\mathrm{d}\alpha)$ genau jene Konfigurationen enthält, die auf das Messergebnis α vergröbert werden.

Die Gesamtwellenfunktion Ψ_T hängt also linear von der Systemwellenfunktion φ ab und die Wahrscheinlichkeiten (7.25) hängen wiederum sesquilinear (wie ein unitäres Skalarprodukt) von Ψ_T ab. Insgesamt vermittelt die vorliegende Sequenz demnach eine sesquilineare Abbildung von Systemwellenfunktionen φ auf Wahrscheinlichkeiten, also eine Abbildung der Form:

$$\varphi \mapsto \mathbb{P}^{\varphi}(\mathrm{d}\alpha) =: \langle \varphi, O(\mathrm{d}\alpha)\varphi \rangle \geq 0, \tag{7.26}$$

wobei der rechte Ausdruck zunächst nur die positive quadratische Form (genauer: eine Sesquilinearform, linear in einem und antilinear im anderen Argument) in φ bezeichnet. Es ist nun ein allgemeiner Satz der Funktionalanalysis, dass sich eine positiv definite Sesquilinearform immer als Skalarprodukt mit einem positiven Operator schreiben lässt, so wie es die rechte Seite von (7.26) bereits ausdrückt. Hier sind die möglichen positiven Operatoren mit Mengen indiziert, z. B. mit der „infinitesimalen Menge" $\mathrm{d}\alpha$, d. h. für allgemeines $A \subset \mathscr{A}$ bekommt man

$$O(A) = \int_A O(\mathrm{d}\alpha) \quad \text{und} \quad \mathbb{P}^{\varphi}(A) = \langle \varphi, O(A)\varphi \rangle = \int_A \langle \varphi, O(\mathrm{d}\alpha)\varphi \rangle.$$

Die so erhaltene Familie von Operatoren ergibt ein sogenanntes *positives operatorwertiges Maß*, ein POVM. Insbesondere sind auf ganz natürliche Weise die Eigenschaften

$$O(\mathscr{A}) = \int_{\mathscr{A}} O(\mathrm{d}\alpha) = \mathbb{P}^{\Psi_T}(F^{-1}(\mathscr{A})) = \mathbb{P}^{\Psi_T}(\mathscr{Q}) = 1 \tag{7.27}$$

und

$$O(A \cup B) = O(A) + O(B), \text{ für } \textit{disjunkte } A, B \subset \mathscr{A} \tag{7.28}$$

erfüllt. Dies alles beruht allein auf dem Bornschen statistischen Gesetz, dessen Gültigkeit wir ohne Wenn und Aber akzeptieren. Deswegen gilt der Satz[5]:

Theorem 7.1 (Begründung des Operator-Formalismus) *Die Statistiken von Messwerten (oder Anzeigen von Zeigern) sind grundsätzlich durch POVMs gegeben.*

Wir besprechen Beispiele. Zunächst die Einbettung der bereits besprochenen diskreten PVMs, denn PVMs sind Spezialfälle von POVMs, wo die positiven Operatoren Orthogonalprojektoren sind: Im Falle von (7.19) haben wir ein diskretes Punktmaß auf dem Werteraum $\mathscr{A}$ (bzw. auf dessen Potenzmenge), welches sich nun gemäß (7.25) wie folgt darstellt:

$$
\begin{aligned}
\mathbb{P}^{\varphi}(\{\alpha_{k_1}, \dots, \alpha_{k_n}\}) &= \mathbb{P}^{\Psi_T}(F^{-1}(\{\alpha_{k_1}, \dots, \alpha_{k_n}\})) \\
&= \mathbb{P}^{\Psi_T}(\{(\mathbf{x}, \mathbf{y}) | F(\mathbf{x}, \mathbf{y}) \in \{\alpha_{k_1}, \dots, \alpha_{k_n}\}\}) \\
&= \sum_i \| P_{\varphi_{k_i}} \varphi \|^2 = \sum_i \langle \varphi | P_{\varphi_{k_i}} \varphi \rangle = \sum_i \langle \varphi | \varphi_{k_i} \rangle \langle \varphi_{k_i} | \varphi \rangle \\
&= \langle \varphi | \sum_i P_{\varphi_{k_i}} \varphi \rangle
\end{aligned}
\tag{7.29}
$$

Im Fall von Stern-Gerlach-Spin-Experimenten (siehe Anmerkung 7.2) braucht man keine Ankopplung an einen Apparat; es reicht aus, die Wellenfunktion durch einen Stern-Gerlach-Magneten zu schicken. T ist eine Zeit, nach der die Wellenfunktion den Magneten verlassen hat. Die vergröbernde Variable ist $F(\mathbf{x}, \mathbf{y}) = F(\mathbf{x}) \in \{-\frac{1}{2}, \frac{1}{2}\}$ und die Wahrscheinlichkeit ist

$$
\mathbb{P}^{\varphi}\left(\left\{ F^{-1}\left(\pm \frac{1}{2}\right) \right\}\right) = \left\| P_{\pm} \begin{pmatrix} \psi_1 \\ \psi_2 \end{pmatrix} \right\|^2.
$$

Hier liegt ebenfalls ein PVM vor.

Ein weiterführendes Beispiel, ebenfalls ohne Ankopplung an einen Apparat, ist die Ortsstatistik für ein Teilchen $\mathbf{x} \in \mathbb{R}^3$. Die Abbildung F ist hier einfach die Identität (d. h. die „Messwerte" sind $\alpha = F(\mathbf{x}) = \mathbf{x}$ und $\mathscr{A}$ ist der Konfigurationsraum des Systems) und $\Psi_T = \varphi$. Was bleibt, ist die quadratische Form

$$
\varphi(\mathbf{x}) \Longrightarrow \rho^{\varphi}(\mathbf{x})
$$

mit der Wahrscheinlichkeitsverteilung $\mathbb{P}^{\varphi}(\mathrm{d}^3 x) = \rho^{\varphi}(\mathbf{x}) \mathrm{d}^3 x$. Wir bekommen demnach

$$
\mathbb{P}^{\varphi}(A) = \int \mathbb{1}_A |\varphi|^2 \, \mathrm{d}^3 x = \int_A \langle \varphi | \mathbb{1}_{\{\mathrm{d}^3 x\}} | \varphi \rangle = \langle \varphi | \mathbb{1}_A | \varphi \rangle
\tag{7.30}
$$

---

[5]Beachte jedoch Anmerkung 7.5.

mit $\mathbb{1}_A$ der charakteristischen Funktion der Menge A. Hierin wirkt $O(dx^3) := \mathbb{1}_{\{d^3x\}}$ zwar wie P_{φ_k}, d. h. ebenfalls wie eine Projektion, aber sie ist nun, wenn wir das d^3x ernst nehmen wollen, keine mehr auf eine Wellenfunktion, sondern es ist wirklich nur ein projektorwertiges Maß. Deutlicher: Genauso, wie die $(P_{\varphi_k})_k$ eine Familie von Orthogonalprojektionen ist, die durch die Werte k (stellvertretend für α_k) indiziert sind, ist $(O(A))_{A \subset \mathbb{R}}$ eine Familie von Orthogonalprojektionen, die nun (wegen der Überabzählbarkeit von Werten) durch (messbare) Teilmengen des Wertebereiches indiziert sind. Die Projektoren sind also durch

$$O(A) : \varphi \longmapsto \mathbb{1}_A \varphi(\mathbf{x}) = \begin{cases} \varphi(\mathbf{x}) & \mathbf{x} \in A \\ 0 & \text{sonst} \end{cases} \tag{7.31}$$

definiert. Hier können wir nun sehr deutlich die Namensgebung *operatorwertiges Maß* nachempfinden: Das Maß bewertet Teilmengen des uns interessierenden Wertebereiches – das Bild von F. Nur ist im Unterschied zu den aus der Analysis bekannten Maßen wie dem Lebesgue-Maß ist das Maß hier operatorwertig und wirkt zunächst auf Wellenfunktionen. Unsere Beispiele sind dabei jedoch noch viel zu speziell, denn die POVMs, die wir bisher betrachtet haben, sind allesamt auch PVMs, projektorwertige Maße. Die Projektoreigenschaften haben wir im diskreten Fall schon ausgeführt. Für das Orts-PVM sind die Eigenschaften aber genauso schnell nachweisbar (man überzeuge sich zur Übung davon):

$$O(A)^2 = O(A), \ O(A)O(B) = O(A \cap B),$$

sodass für $A \cap B = \emptyset$ die Orthogonalität offenbar ist mit der Vereinbarung, dass $O(\emptyset) = 0$. Wie im diskreten Fall können wir mit dem PVM einen selbstadjungierten Operator als Buchhalter einführen, hier die *Orts-Observable*

$$\hat{\mathbf{X}} := \int_{\mathbb{R}^3} \mathbf{x} \, \mathbb{1}_{\{d^3x\}} \cdot$$

Wir haben auch ein Beispiel für ein nichttriviales F, wenn wir uns an (4.26) erinnern. Für die Statistik der Impulse (asymptotischen Geschwindigkeiten) würde man

$$F(\mathbf{x}) = \frac{\mathbf{X}(\mathbf{x}, T) - \mathbf{x}}{T}$$

für große T betrachten. Und wenn wir uns zudem an (1.11) erinnern, dann haben wir die Kanalisierung der Wellenfunktion für große Zeiten in ein Kontinuum von ebenen Wellenfunktionen $\varphi_k \sim e^{i\mathbf{k} \cdot \mathbf{x}}$, aber das zugehörige POVM ist nicht mehr so simpel hinzuschreiben und wir verweisen dazu lieber auf die Dirac-Notation.

Anmerkung 7.4 (Bemerkung zur Dirac-Notation) Wir erinnern an die rechte Seite von (7.14), die analog in der rechten Seite von (7.30) zu finden ist, die ja die Verteilung für Ortsmessungen beschreibt. Im sogenannten Dirac-Formalismus (siehe Anmerkung 7.1) schreibt man für die rechte Seite von (7.30)

$$\mathbb{P}^{\varphi}(A) = \int_A \langle \varphi | \mathbb{1}_{\{d^3 x\}} | \varphi \rangle = \int_A \langle \varphi | \mathbf{x} \rangle \langle \mathbf{x} | \varphi \rangle d^3 x,$$

sodass die Analogie zwischen (7.29) und (7.30) noch vollkommener erscheint. Wohlgemerkt ist $|\mathbf{x}\rangle$ keine Wellenfunktion, aber man vereinbart $\langle \mathbf{x} | \varphi \rangle := \varphi(\mathbf{x})$. Ebenso in Analogie zu (7.21) schreibt man z. B. $|\mathbf{x}\rangle\langle\mathbf{x}| d^3 x$ für $\mathbb{1}_{\{d^3 x\}}$ und damit die Orts-Observable als

$$\hat{\mathbf{X}} = \int_{\mathbb{R}^3} \mathbf{x} |\mathbf{x}\rangle \langle \mathbf{x} | \, d^3 x.$$

Wir sollten uns nun nicht darum bemühen, $|\mathbf{x}\rangle$ in irgendeinem abstrakten mathematischen Sinne als Wellenfunktion zu begreifen. Moralisch aber können wir $|\mathbf{x}\rangle$ als Wellenfunktion lesen, in der das Teilchen mit Sicherheit am Ort $\mathbf{x}$ ist; in der Tat ist das Produkt $\langle \mathbf{x} | \mathbf{x}' \rangle = \delta(\mathbf{x} - \mathbf{x}')$ die δ-Funktion. Der Dirac-Formalismus ist ein schlagkräftiger Symbolismus, der sich durch die Konstruktion der projektorwertigen Maße mathematisch rigoros untermauern lässt. Inhaltlich wird aber nicht mehr als (7.29) und (7.30) ausgedrückt.

Analoges gilt für den Impuls-Operator, den wir in Unterkapitel 1.3 abgeleitet haben. Das PVM ist in diesem Falle $|\mathbf{k}\rangle\langle\mathbf{k}| d^3 k$, wobei die Wirkung des projektorwertigen Maßes $|\mathbf{k}\rangle\langle\mathbf{k}| d^3 k$ auf eine Wellenfunktion ψ durch $\langle \mathbf{x} | \mathbf{k} \rangle \langle \mathbf{k} | \psi \rangle d^3 k = \frac{1}{\sqrt{2\pi}^3} e^{i\mathbf{k}\cdot\mathbf{x}} \hat{\psi}(\mathbf{k}) \, d^3 k$ definiert ist. Die Impuls-Observable wird damit als

$$\hat{\mathbf{P}} = \int_{\mathbb{R}^3} \mathbf{k} |\mathbf{k}\rangle \langle \mathbf{k} | \, d^3 k$$

schreibbar und das PVM als $|\mathbf{k}\rangle\langle\mathbf{k}| d^3 k$.

Die relevante Struktur, die sich aus der Sequenz (7.24) ergibt, ist aber, wie schon erwähnt, allgemeiner. Statt PVMs, die Spezialfälle von POVMs sind, bekommt man i.A. echte POVMs, die sich nicht mehr mit selbstadjungierten Operatoren identifizieren lassen. Ein beliebtes und durchaus relevantes Beispiel für ein wirkliches POVM ist folgendes: Wir verwandeln unser Orts-PVM in ein echtes POVM. Dazu stellen wir uns einen Detektor vor, der eine intrinsische Messungenauigkeit besitzt. Das bedeutet, dass die Messwerte mit einem Fehler, vom Apparat herrührend, belastet sind. Sei $p(\mathbf{x})$ eine Wahrscheinlichkeitsdichte auf $\mathbb{R}^3$, die die Messungenauigkeit des Apparates beschreibt. Der gemessene Ort $\tilde{\mathbf{X}}$ besteht also aus der Summe zweier Zufallsgrößen $\mathbf{X} + \mathbf{Y}$ mit dem $|\varphi|^2$-verteilten Ort $\mathbf{X}$ und dem p-verteilten Messfehler $\mathbf{Y}$. In der Regel wird man davon ausgehen können, dass $\mathbf{X}$ und $\mathbf{Y}$ unabhängig sind, d. h., die Verteilungsdichte von $\tilde{\mathbf{X}}$ ist die Faltungsfunktion[6]

---

[6]Betrachte die Fourier-Transformierte

$$\hat{\tilde{\rho}} = \mathbb{E}(e^{i\boldsymbol{\alpha}\cdot\tilde{\mathbf{X}}}) = \mathbb{E}(e^{i\boldsymbol{\alpha}\cdot(\mathbf{X}+\mathbf{Y})}) = \mathbb{E}(e^{i\boldsymbol{\alpha}\cdot\mathbf{X}})\mathbb{E}(e^{i\boldsymbol{\alpha}\cdot\mathbf{Y}}) = \widehat{|\varphi|^2} \cdot \hat{p}.$$

und beachte, dass die Fourier-Transformierte eines Produktes eine Faltung ist, wie man leicht sieht.

$$\tilde{\rho}(\mathbf{x}) = \int p(\mathbf{x} - \mathbf{y})|\varphi|^2(\mathbf{y})\mathrm{d}^3 y.$$

Also ist die Wahrscheinlichkeit

$$\mathbb{P}^{\varphi}(\tilde{\mathbf{X}} \in A) = \int_A \tilde{\rho}(\mathbf{x})\mathrm{d}^3 x = \int_A \int p(\mathbf{x} - \mathbf{y})|\varphi|^2(\mathbf{y})\, d^n y d^n x$$

$$= \int \left(\int \mathbb{1}_A(\mathbf{x})p(\mathbf{x} - \mathbf{y})\mathrm{d}^3 x \right) |\varphi|^2(\mathbf{y})\mathrm{d}^3 y$$

$$= \langle \varphi | \tilde{O}(A)\varphi \rangle. \tag{7.32}$$

Das ist alles normale Wahrscheinlichkeitsrechnung. Nun definiert der Multiplikationsoperator

$$\tilde{O}(A) = \int p(\mathbf{x} - \mathbf{y})\mathbb{1}_A(\mathbf{y})\mathrm{d}^3 y,$$

d. h.

$$\tilde{O}(A) : \varphi \longmapsto \int_A p(\mathbf{x} - \mathbf{y})\mathrm{d}^3 y \, \varphi(\mathbf{x}) \tag{7.33}$$

ein POVM, denn i.A. gilt (man prüfe das nach)

$$\tilde{O}(A)^2 \neq \tilde{O}(A),$$

wobei die Gleichheit nur im Falle $p(\mathbf{x}) = \delta(\mathbf{x})$ möglich ist, dann ist das POVM wieder das Orts-PVM (7.31). Wenn wir nun z. B. an der Schwankung der Größe $\tilde{X}$ interessiert sind, dann berechnen wir diese natürlich gemäß (der Einfachheit halber betrachten wir nun $x \in \mathbb{R}$)

$$\mathbb{E}(\tilde{X}^2) = \int x^2 \tilde{\rho}(x) \, \mathrm{d}x = \int x^2 \langle \varphi | \tilde{O}(\{\mathrm{d}x\})\varphi \rangle \, \mathrm{d}x$$

$$= \int x^2 p(x - y)|\varphi|^2(y) \, \mathrm{d}y\mathrm{d}x. \tag{7.34}$$

Viel mehr gibt es nicht dazu zu sagen, außer dass man dies mit (7.17) vergleichen sollte: Es macht keinen Sinn, einem Messexperiment, dessen Statistik durch ein echtes POVM beschrieben wird, eine Buchhalter-Observable $\hat{A}$ zuzuordnen, weil eine solche Zuordnung keinen rechentechnischen Vorteil wie in (7.17) bietet. Man codiert die Statistik eines solchen Messexperimentes einfach nur im POVM. Ein weiteres POVM wird in Anmerkung 9.1 besprochen.

Anmerkung 7.5 (Wie wichtig sind POVMs?) Die POVMs beschreiben die Statistiken von Messexperimenten, wobei beliebige Wellenfunktionen φ betrachtet werden. Abstrakt ausgedrückt, sind die POVMs Operatoren auf dem Hilbert-Raum des

Systems. Aber in realen Experimenten kann man nicht beliebige Wellenfunktionen präparieren, sondern man hat nur Zugang zu wenigen speziellen Wellenfunktionen. In diesem Sinne sind die besprochenen abstrakten Strukturen eigentlich nur mathematische Überbauten, die physikalisch wenig beitragen. Wenn alles gesagt und getan ist, steht am Ende des Tages doch nur Borns $\rho = |\psi|^2$. Das ist alles, was zählt.

7.3 Erst die Theorie entscheidet, was messbar ist

Diese folgende Bemerkung hat mit dem Begriff der „physikalischen Realität" zu tun, über den man eigentlich nicht viel sagen müsste, aber dann wieder doch. Offenbar erfahren wir durch unsere Sinneswahrnehmungen eine Realität, die zunächst in uns selbst angesiedelt ist, aber die wir natürlich durch die Einflüsse einer von uns unabhängig existierenden Welt, einer äußeren Realität, erklären wollen. Eine solche Erklärung liefert uns die Physik. Physik kann dabei nie direkt über „Wahrnehmung" sein (denn *wessen* Wahrnehmung sollte das sein?), sie ist immer über diese externe Welt, die uns allen gemeinsam ist (oder zumindest so gedacht wird). Diese Einsicht finden wir bereits bei den antiken Naturphilosophen, ganz deutlich beim großen Vorsokratiker Heraklit (ca. 500 v. Chr.):

> Die Wachen haben eine einzige gemeinsame Welt; im Schlaf wendet sich jeder der eigenen zu. (Heraklit, Fragment DK B 89)[7]

Diese externe Welt, die die Physik beschreibt, muss natürlich auf unsere Wahrnehmung passen – die Theorie muss empirisch adäquate Vorhersagen machen, sonst ist sie ohne Wert. Der oft übersehene Punkt ist jedoch, dass wir über diese physikalische Realität überhaupt nur im Rahmen einer Theorie sprechen können.

Daraus ergibt sich eine Frage, die „Messbarkeit" der Größen betreffend, die in die Theorie einfließen. Die Frage ist eigentlich erst durch eine philosophische Haltung der Physiker zustande gekommen, die sich an der Bohr-Heisenbergschen Grundhaltung zur Quantentheorie orientiert: „*Sind denn alle deine Größen, die in deine Theorie eingehen, messbar?*" Gemäß der Kopenhagener Deutung sollten in die Quantentheorie nur beobachtbare Größen eingehen, wie z. B. die Observablen-Operatoren, die man „messen" kann. (Aber Vorsicht, man nehme Anmerkung 7.3 zur Kenntnis.) Es ist an dieser Stelle vielleicht ganz amüsant zu bemerken, dass die Wellenfunktion im Sinne des quantenmechanischen Messprozesses nicht messbar ist. Das folgt direkt aus (2.3): Denkt man nämlich an einen Apparat, der als Anzeige Wellenfunktionen hätte, also statt der Ziffern 1 und 2, oder „Katze lebendig" und „Katze tot" die Anzeigen $\varphi_1, \dots, \varphi_n$, dann sieht man an (2.3) sofort, dass es einen

---

[7]Zitiert nach: Bruno Snell (Hg.), *Fragmente: Griechisch - Deutsch (Sammlung Tusculum)*. Artemis & Winkler, 2007, S. 29.

solchen Apparat nicht geben kann (vielleicht erst nach etwas Nachdenken). In der Kopenhagener Deutung lässt man das gerne außer Acht.

Die hier besprochenen präzisen Quantentheorien „ohne Beobachter" erfüllen jedenfalls nicht die Anforderung, nur von „beobachtbaren" Größen zu handeln. In der Viele-Welten-Theorie ist das zum Beispiel offensichtlich. Die Frage wird aber meist besonders dringlich im Zusammenhang mit Bohmscher Mechanik gestellt, etwa: *„Kann man die Bohmsche Geschwindigkeit und die Bohmsche Bahn eines Teilchens messen?"* Was bedeutet diese Frage genau? Kann man einen Apparat konstruieren, der eine vorliegende Bohmsche Bahn ausmisst und anzeigt oder die Geschwindigkeit misst und anzeigt?

Einerseits ist klar, dass man manche Bohmsche Bahnen messen kann: Die Bahn eines Teilchens in einer Nebelkammer ist in der Bohmschen Mechanik eine Bohmsche Bahn, die Veränderung einer Zeigerstellung an einem Apparat geht ebenso entlang Bohmschen Bahnen, d. h., Bohmsche Mechanik auf makroskopischen Skalen ist wie die Newtonsche Mechanik, da ist alles in Ordnung. Aber das meint man nicht mit der Frage. Man meint: Gegeben ein Bohmsches Teilchen, das von seiner Wellenfunktion ψ geführt wird. Es kann gemäß den Bohmschen Gleichungen verschiedene Geschwindigkeiten haben und verschiedene Bahnen durchlaufen. Die kann man berechnen. Und gemäß der Theorie wird es in der Tat auf einer Bahn laufen. Kann man durch Messung feststellen, auf welcher Bahn es gerade läuft? Diese Frage stellt man gerne im Zusammenhang mit dem Doppelspalt-Experiment: *Kann man die Bahnen der Teilchen verfolgen, wie sie durch den Doppelspalt gehen und nach und nach das Interferenzmuster erzeugen?* Nun wissen wir gemäß dem Bornschen statistischen Gesetz, dass eine Ortsmessung die Wellenfunktion verändern muss und damit auch die Bahn. Kurz, wenn man das Teilchen beobachtet, dann ist es mit dem beobachtenden System verschränkt, die Wellenfunktion ist nun eine auf dem Konfigurationsraum aller beteiligten Teilchen, auch denen des Apparates, und da gibt es keine Interferenz mehr, sondern Dekohärenz. Das haben wir bereits besprochen. Also nichts Neues. Entweder muss man das Teilchen am Spalt beobachten oder am Schirm. Nur im letzteren Experiment entsteht das Interferenzmuster. Wir können also nicht die Bohmschen Bahnen beobachten, die das Interferenzmuster erzeugen. Welchen Schluss sollten wir daraus ziehen?

„Wenn man die Teilchenbahnen nicht beobachten kann, dann gibt es auch keine Teilchenbahnen." Dieser Schluss ist offenbar Unsinn, denn die Bohmsche Theorie beschreibt ja eine Welt mit Teilchenbahnen, die man i.A. nicht beobachten kann. Und diese Welt könnte *unsere* Welt sein, denn die beobachtbaren Phänomene, die die Theorie vorhersagt, entsprechen genau jenen, die wir tatsächlich beobachten.

„Wenn man die Teilchenbahnen nicht beobachten kann, dann können wir sie auch einfach aus der Theorie rauslassen." Das ist genauso Unsinn, denn irgendetwas muss es ja geben, was die Schwärzungen auf dem Schirm verursacht, und vor allem woraus der Schirm und der Doppelspalt und der Experimentator überhaupt bestehen. In der Bohmschen Mechanik sind das eben Teilchen, und die haben nun mal einen Ort, also eine Bahn. In anderen Theorien sind es vielleicht *flashes* oder Materiefelder, aber bestimmt keine „Observablen-Operatoren" und ganz bestimmt nicht „nichts".

„In Ordnung, es gibt Teilchen und Teilchenorte, aber nur dann, wenn wir sie beobachten." Das ist der größte Unsinn und im Kapitel zum Messproblem wurde dazu schon alles gesagt.

Makroskopische Objekte haben immer einen wohldefinierten Ort (so sieht es zumindest für uns aus) und die einfachste Art, dies zu erklären, ist, dass sie aus mikroskopischen Objekten bestehen, die selbst zu jeder Zeit einen wohldefinierten Ort haben. Aber die Bahnen von makroskopischen Objekten lassen sich i.A. messen (ohne diese Bahnen groß zu verändern), die von mikroskopischen Objekten nicht. Das muss man erklären und Bohmsche Mechanik liefert eine Erklärung.

In der GRWf-Theorie zum Beispiel bewegen sich die mikroskopischen Objekte nicht auf kontinuierlichen Bahnen. Dann muss man erklären, warum es so aussieht, als ob sich makroskopische Objekte auf Bahnen bewegen, und die GRW-Theorie liefert eine Erklärung.

„Was ist denn dann die wahre Theorie? Sind da jetzt Teilchen oder flashes *oder Strings, oder was?"* Das ist nun eine gute und schwierige Frage, die sich letztlich auch nicht allein aufgrund empirischer Beobachtungen entscheiden lässt. Deshalb bemühen wir Kategorien wie „Schönheit" und „Einfachheit" und deshalb gibt es sinnvolle philosophische Debatten über die Ontologie der Quantenphysik. Aber wenn wir die Frage nach der „wahren" Naturbeschreibung außen vor lassen, dann ist die Theorie zunächst unsere Art, die Welt begreifbar zu machen und über sie zu sprechen. Wir haben eine Welt vorliegen, keine Frage, aber wie wir über diese Welt sprechen, ja, was diese Welt überhaupt *ist*, das sagt *die Theorie*. Und darum sagt uns auch erst die Theorie, was eine Messung ist und was gemessen werden kann! Ohne die Maxwellsche Theorie, also die Theorie des elektromagnetischen Feldes, werden wir auch kein elektromagnetisches Feld messen. Wir werden dennoch „Licht" sehen – etwa wenn die Sonne scheint – und vielleicht fluchend nach einer Erklärung suchen, wenn wir einen Sonnenbrand bekommen, aber das wäre keine Beobachtung elektromagnetischer Felder.

Aber nun zu einer mathematisch präzisen Antwort auf die Frage, ob wir die Bohmsche Geschwindigkeit messen können. Die Antwort lautet: nicht durch eine Messung im Sinne der Sequenz (7.24). Eine solche hat nämlich immer zur Folge, dass die angezeigten Messwerte mit einem Wahrscheinlichkeitsmaß (z. B. (7.29))

$$\mathbb{P}^{\psi}(A) = \text{Bilinearform}[\psi](A)$$

auf den Teilmengen A des Wertebereiches verteilt sind, wenn die Anfangswellenfunktion ψ ist. Daran ist für die Beantwortung der Frage interessant, dass dies eine *Bilinearform* ist. Dafür gilt nämlich ganz einfach (wie bei der binomischen Formel):

$$\mathbb{P}^{\psi_1+\psi_2}(A) \leq 2\mathbb{P}^{\psi_1}(A) + 2\mathbb{P}^{\psi_2}(A) \tag{7.35}$$

Das kann man anwenden! Nehmen wir die Geschwindigkeit $\mathbf{v}^{\psi}$ des Bohmschen Teilchens: Eine komplexe Superposition von zwei reellen Wellenfunktionen liefert eine komplexwertige Wellenfunktion, deren Geschwindigkeitsfeld i.A. nicht überall null ist. Aber das Geschwindigkeitsfeld von reellen Wellenfunktionen ist überall null. Das ist ein Widerspruch zur Beziehung (7.35), wenn wir für A eine Teilmenge nehmen, die nicht null enthält. Also kann man die Geschwindigkeit so nicht messen.

Unter Zuhilfenahme der Theorie kann man die Geschwindigkeit bzw. die Bahn und ebenso die Wellenfunktion kennen oder ein Stück weit messen. Zum Beispiel kann es die Grundzustandswellenfunktion des Elektrons im Wasserstoffatom sein. Dann ist die Geschwindigkeit null, weil die Funktion reell ist. Misst man also den Ort des Elektrons, dann kennen wir auch die Bahn bis zum Zeitpunkt der Messung, die war nämlich immer an diesem Ort. Also ist es wichtig, sich klarzumachen, was man mit Messung meint und bezwecken will. Man kann durch Messung des Ortes zu einer Zeit T und bei bekannter Wellenfunktion die *vergangene Geschwindigkeit oder Trajektorie* durch die Theorie bestimmen, also auch „messen", d. h. in Erfahrung bringen. In diesem Sinne kann man zum Beispiel auch beim Doppelspalt-Experiment messen, durch welchen Spalt das am Schirm aufgetroffene Teilchen gegangen ist. Trifft es oberhalb der Symmetrieachse auf, ist es durch den oberen Spalt gegangen, trifft es unterhalb auf, durch den unteren Spalt (denn verschiedene Trajektorien können sich nicht kreuzen).

Der Begriff der Messung ist am Ende doch kein so einfaches Konzept. Es geht darum, durch Experimente etwas über die Welt in Erfahrung zu bringen, und die Theorie spielt darin eine wesentliche Rolle. Deswegen sagten wir oben: „Also kann man die Geschwindigkeit so nicht messen." Warum „so nicht messen"? Weil in den letzten Jahren ein erweiterter Begriff von Messexperiment betrachtet wurde, mit denen man die Bohmschen Bahnen, etwa nach Durchgang durch einen Doppelspalt, rekonstruieren kann. Grundlegend dafür sind sogenannte *schwache Messungen*, und die besprechen wir im nächsten Kapitel.

Schwache Messungen von Trajektorien

8

Aber vom prinzipiellen Standpunkt aus ist es ganz falsch, eine Theorie nur auf beobachtbare Größen gründen zu wollen. Denn es ist ja in Wirklichkeit umgekehrt. Erst die Theorie entscheidet darüber, was man beobachten kann.
— Albert Einstein, zitiert von Werner Heisenberg[1]

Wir haben im letzten Kapitel bewiesen, dass man die Geschwindigkeit eines Bohmschen Teilchens nicht gemäß (7.24) messen kann. Aber mittlerweile gibt es viele Messexperimente, in denen über die erfolgreiche Messung der Bohmschen Geschwindigkeiten berichtet wird. Wie kann das sein? Indem die Messung nicht in der bisher besprochenen Form geschieht. Die neue Art zu messen nennt man *schwache Messung*. Sie ist, wie der Name sagt, eine Messung, in der die Wellenfunktion des gemessenen Teilchens (oder Systems) kaum verändert wird. Die Theorie der schwachen Messungen ist ganz allgemein für Observable entwickelt, wir beschränken uns hier aber wegen der Anschaulichkeit auf schwache Ortsmessungen, die für die durchgeführten Trajektorien-Messexperimente relevant sind. Und weil die gemessenen Trajektorien die Bohmschen sind, bleiben wir zunächst in der Sprache der Bohmschen Mechanik.

Wir kehren zu Gl. (7.32) zurück, modellieren nun aber den Apparat durch eine Zeiger-Wellenfunktion $\Phi = \Phi(y)$ und nehmen $\varphi(x)$ als Anfangswellenfunktion für das Teilchen. Der Einfachheit halber denken wir uns das Teilchen in einer Dimension und beschreiben auch den Zeiger durch einen einzigen Freiheitsgrad. Dann sollen $Y \in \mathbb{R}$ die Stellung des Zeigers angeben und $X(t) \in \mathbb{R}$ den Ort des Teilchens zur Zeit t. Konkret kann man an

$$\Phi(y) \sim e^{-\frac{y^2}{4\sigma^2}} \tag{8.1}$$

---

[1] Aus: W. Heisenberg, *Der Teil und das Ganze: Gespräche im Umkreis der Atomphysik.* Piper, 1996, S. 80.

© Springer-Verlag GmbH Deutschland 2018
D. Dürr, D. Lazarovici, *Verständliche Quantenmechanik*,
https://doi.org/10.1007/978-3-662-55888-1_8

denken, sodass

$$\int y \, |\Phi(y)|^2 \, dy = 0. \tag{8.2}$$

Die Zeiger-Wellenfunktion ist also um die Nullstelle verteilt mit „Breite" σ.

Wir nehmen wie üblich an, dass im Messprozess eine Wechselwirkung zwischen Apparat und Teilchen stattfindet, die die Ortsmessung des Teilchens wie in (7.24) ausführt. Konkret (aber nicht unbedingt realistisch) kann man an die sogenannte Von-Neumann-Messung denken, in der die Zeitentwicklung gemäß

$$U(\Delta t) = \exp\left(-\mathrm{i}\frac{\Delta t}{\hbar}\hat{X}\hat{P}_y\right)$$

geschieht, wobei $\hat{X}$ der Orts-Operator des Teilchens und $\hat{P}_y$ der Impuls-Operator des Zeigers ist und Δt die Dauer der Wechselwirkung. Auf die anfängliche Produktwellenfunktion $\varphi(x)\Phi(y)$ wirkt die Zeitentwicklung dann wie

$$U(\Delta t)\varphi(x)\Phi(y) = \exp\left(-\mathrm{i}\frac{\Delta t}{\hbar}\hat{X}\hat{P}_y\right)\varphi(x)\Phi(y)$$

$$= \exp\left(-\Delta t x \frac{\partial}{\partial y}\right)\varphi(x)\Phi(y) = \varphi(x)\Phi(y - \Delta t x).$$

Das letzte Gleichheitszeichen folgt aus der Taylor-Entwicklung

$$\Phi(y - \Delta t x) = \Phi(y) - \Delta t x \frac{\partial}{\partial y}\Phi(y) + \frac{1}{2}\left(-\Delta t x \frac{\partial}{\partial y}\right)^2 \Phi(y) + \dots.$$

Wir vereinbaren $t = -1$ für den Anfang und $t = 0$ für das Ende der Wechselwirkung, also $\Delta t = 1$, und erhalten damit am Ende des Messprozesses

$$\varphi(x)\Phi(y) \xrightarrow{U(1)} \varphi(x)\Phi(y - x). \tag{8.3}$$

Die Zeigerstellung Y ist gemäß dem Bornschen statistischen Gesetz wie

$$\rho^Y(y) = \int |\varphi(x)|^2 |\Phi(y - x)|^2 \, dx \tag{8.4}$$

verteilt, und mit eben dieser Wahrscheinlichkeit kollabiert die Wellenfunktion bei Zeigerstellung Y auf

$$\varphi_{0+}(x) = \varphi_Y(x) \equiv \varphi(x)\Phi(Y - x). \tag{8.5}$$

Zur Erinnerung: Üblicherweise denkt man bei einer Ortsmessung an einen Apparat, der den Ort möglichst genau anzeigt, das wäre für sehr kleines σ in (8.1) der Fall.

Es gilt nämlich $\Phi(Y - x) \approx 0$ für $|Y - x| \gg \sigma$, also wäre die Wellenfunktion (8.5) für kleines σ eine approximative Eigenfunktion von $\hat{X}$, die ziemlich gut um den Wert $x = Y$ konzentriert ist. Aber in der schwachen Messung ist die Zeiger-Wellenfunktion als sehr weit ausgedehnt zu denken, die Breite σ ist also sehr viel größer als die Breite von φ, die wir im Vergleich zu σ nahe null setzen. In dem Sinne ändert sich $\Phi(Y - x)$ nicht signifikant auf den Skalen, auf denen die x-Werte in (8.3) variieren können, und wir können approximativ

$$\varphi_Y(x) \approx \Phi(Y)\varphi(x) \tag{8.6}$$

setzen. Nach Normierung erhalten wir also

$$\varphi_{0+}(x) \approx \varphi(x), \tag{8.7}$$

wobei der Fehler von der Ordnung $1/\sigma$ ist. Die Wellenfunktion wird durch eine Messung also kaum verändert.

Wir können die „Schwachheit" der Messung auch so sehen: Bei der gewöhnlichen Messung sind wir davon ausgegangen, dass die Zeiger-Wellenfunktionen, die verschiedenen Messergebnissen entsprechen, makroskopisch disjunkte Träger haben und die System-Wellenfunktion dadurch dekohärieren. Aufgrund der Breite unserer Zeiger-Wellenfunktion haben $\Phi(Y_1 - x)$ und $\Phi(Y_2 - x)$ für verschiedene Zeigerstellungen $Y_1 \neq Y_2$ aber i.A. einen sehr großen Überlapp (in x), sodass die Systemwellenfunktion durch die Messung nicht „kollabiert".

Was gewinnt man hierdurch? In einer einzigen Messung nichts. Es wird irgendeine Zeigerstellung herauskommen, die nur sehr schwach mit dem wirklichen Ort des Teilchens korreliert ist. Aber nun wiederhole man das Experiment viele Male. Dann bekommt man wenigsten als empirisches Mittel von Zeigerstellungen mittels (8.4) durch einfaches Nachrechnen (und unter Verwendung von (8.2))

$$\mathbb{E}(Y) \equiv \int y\rho^Y(y)\mathrm{d}y = \int x\rho^X(x)\mathrm{d}x \equiv \mathbb{E}(X),$$

wobei $\rho^X(x) = |\varphi(x)|^2$ ist. Das ist zwar mehr als nichts, aber auch nicht so viel mehr. Aber nun kommt der Trick, der schwache Messungen doch leistungsstark macht. Wir schließen an jede schwache Messung gleich eine „starke Messung" des Ortes an und betrachten die Wahrscheinlichkeiten nur mehr für ein Subensemble, sagen wir eines, in dem immer $\tilde{X}$ als Ort gemessen wurde. Wenn wir also die bedingte Wahrscheinlichkeitsdichte von Y, gegeben $X = \tilde{X}$, betrachten, nämlich

$$\rho^Y(y \,|\, X = \tilde{X}) = \frac{\rho^{X,Y}(\tilde{X}, y)}{\rho^X(\tilde{X})} = \frac{|\varphi(\tilde{X})|^2 |\Phi(y - \tilde{X})|^2}{|\varphi(\tilde{X})|^2} = |\Phi(y - \tilde{X})|^2, \tag{8.8}$$

bekommen wir im Hinblick auf (8.1) bzw. (8.2) für das empirische Mittel dieses Subensembles den theoretischen Erwartungswert

$$\mathbb{E}(Y | X = \tilde{X}) \equiv \int y\rho^Y(y \,|\, X = \tilde{X})\,\mathrm{d}y = \tilde{X}. \tag{8.9}$$

Sprich: Wenn wir all die Male betrachten, an denen das Teilchen am Ort $\tilde{X}$ detektiert wurde (im Sinne der Bohmschen Mechanik: all die Male, an denen das Teilchen tatsächlich am Ort $\tilde{X}$ *ist*), dann lässt sich dieser Ort zuverlässig durch eine Reihe von schwachen Messungen registrieren.

Das sagt uns immer noch nichts Neues, das man nicht besser durch eine starke Messung herausfinden könnte. Aber nun lasse man zwischen der schwachen Messung und der anschließenden starken Messung eine kleine Zeit τ vergehen! Dann enthält das empirische Mittel über die schwachen Messungen den ungefähren Wert des Ortes, sagen vor der Zeitspanne τ, und nach τ kennt man den Ort „genau". Wir betrachten dann das Subensemble wie zuvor, nur bedingen wir jetzt unter $X(\tau) = \tilde{X}$ und betrachten folgende Geschwindigkeitsformel:

$$\lim_{\tau \to 0} \frac{1}{\tau} \mathbb{E}\big(\tilde{X} - Y | X(\tau) = \tilde{X}\big) = \lim_{\tau \to 0} \frac{1}{\tau}\big[\tilde{X} - \mathbb{E}(Y | X(\tau) = \tilde{X})\big], \qquad (8.10)$$

wobei der Erwartungswert zur Zeit 0 gebildet wird. Das können wir ausrechnen. Wir benutzen dazu die Bohmsche Geschwindigkeit v^φ (vergleiche z. B. (4.6)). Damit bekommen wir für $X := X(0)$ approximativ

$$X(\tau) \approx X + v^{\varphi_\tau}(X(\tau))\tau. \qquad (8.11)$$

Aber da τ gegen 0 geht und zur Zeit 0 die schwache Messung stattfand, können wir (8.7) benutzen und bekommen

$$v^{\varphi_\tau} \approx v^{\varphi_{0+}} \approx v^\varphi \qquad (8.12)$$

(hierbei ist φ die Anfangswellenfunktion des Teilchens vor der Messung) und damit

$$X(\tau) \approx X + v^\varphi(X(\tau))\tau. \qquad (8.13)$$

In dieser Approximation ist nunmehr das Ereignis $X(\tau) = \tilde{X}$ mit dem Ereignis $X = \tilde{X} - v^\varphi(\tilde{X})\tau$ gleichzusetzen und deswegen kommt mit (8.9)

$$\mathbb{E}\big(Y | X(\tau) = \tilde{X}\big) \approx \mathbb{E}\big(Y | X = \tilde{X} - v^\varphi(\tilde{X})\tau\big) = \tilde{X} - v^\varphi(\tilde{X})\tau. \qquad (8.14)$$

Setzen wir das nun in (8.10) ein, erhalten wir, dass uns die Messreihe tatsächlich Information über die Bohmsche Geschwindigkeit liefert, und zwar (jetzt für allgemeines x):

$$\lim_{\tau \to 0} \frac{1}{\tau}\big[x - \mathbb{E}(Y | X(\tau) = x)\big] = v^\varphi(x) \qquad (8.15)$$

Schwache Messungen der Geschwindigkeit wurden in der Tat experimentell durchgeführt.[2] Man kann auf diese Weise Bahnen rekonstruieren, welche besonders

---

[2]S. Kocsis, B. Braverman, S. Ravets, M.J. Stevens, R.P. Mirin, L.K. Shalm und A.M. Steinberg, „Observing the Average Trajectories of Single Photons in a Two-Slit Interferometer". *Science*, 332, 2011.

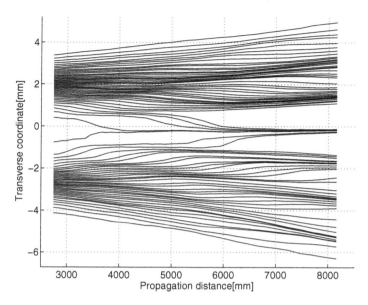

Abb. 8.1 Rekonstruktion der (durchschnittlichen) Photonen-Trajektorien am Doppelspalt durch schwache Messungen der Geschwindigkeiten. Die vertikale Achse, zugleich Ausrichtung des Doppelspaltes, ist als transversale Koordinate in Millimetern ausgewiesen und die horizontale Achse als zurückgelegte Distanz vom Doppelspalt, ebenfalls in Millimeter. Grafik: Kocsis et al.(ibid.)

interessant beim Doppelspalt-Experiment sind. Wie besprochen, wurde das Interferenzmuster auf dem Schirm hinter dem Doppelspalt ja in früherer Zeit (und manchmal sogar noch heute) als Beweis angesehen, dass es Trajektorien von Teilchen gar nicht geben kann. Wir betrachten nun zwei Bilder von Trajektorien (Abb. 8.1 und 8.2), wobei das erste Bild aus der experimentellen schwachen Messung kommt und in der in Fußnote 2 zitierten Arbeit veröffentlicht wurde. Um die Entstehung der Kurven zu verstehen, denke man sich den Raum nach dem Doppelspalt in Ebenen zerlegt, wobei die Geschwindigkeiten in (ausreichend vielen) Punkten x einer Ebene wie oben beschrieben gemessen werden. Auf jeder Ebene entstehen so nach vielen Wiederholungen Geschwindigkeitsvektoren, deren Integralkurven dann eingezeichnet werden.

Die zweite Abbildung zeigt die theoretisch berechneten Bahnen in der Bohmschen Mechanik, wobei man die Wellenfunktionsanteile an den Spalten als Gaußsche Wellenpakete modelliert hat. Die eigentümlich gekrümmten Bahnen kurz nach dem Spalt ergeben sich durch die Interferenz der Wellenanteile von oberem und unterem Spalt, und die spätere Geradlinigkeit der Bahnen kommt aus dem Übergang der Wellen in ebene Wellenanteile, wie wir es in Unterkapitel 1.3 besprochen haben.

Man beachte in beiden Bildern, dass Bahnen, die durch den oberen Spalt gehen, nicht die Symmetrieachse durchqueren, sondern stets oberhalb der Symmetrieachse bleiben, analog dazu die unteren Bahnen. Für die Bohmschen Bahnen ist das klar, denn sie sind durch ein Vektorfeld bestimmt, also eine Differentialgleichung erster

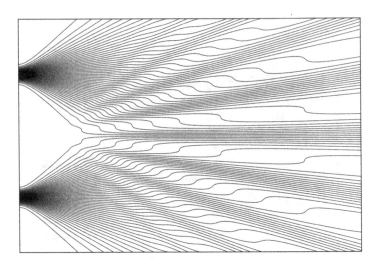

Abb. 8.2 Berechnete Bohmsche Trajektorien am Doppelspalt. Grafik: Leopold Kellers

Ordnung (vgl. (4.6)). Durch die Spiegelsymmetrie des Experimentes sind auch die Bahnen spiegelsymmetrisch zur Symmetrieachse. Das bedeutet: Wenn eine Bahn die Achse durchkreuzen würde, dann gäbe es eine entsprechend spiegelsymmetrische Bahn und im Kreuzungspunkt gäbe es zwei Geschwindigkeitsvektoren, was jedoch bei einem Vektorfeld nicht vorkommen kann, denn ein Vektorfeld ist eine Funktion, die jedem Punkt des Raumes genau einen Vektor zuordnet. Kurz gesagt: Verschiedene Bohmsche Trajektorien können sich nicht kreuzen.

8.1   Über die (Un-)Möglichkeit, die Geschwindigkeit zu messen

Nun haben wir zwei augenscheinlich widersprüchliche Aussagen gemacht. In Bemerkung 7.3 haben wir bewiesen, dass man die Geschwindigkeit von Bohmschen Teilchen nicht messen kann, und in diesem Kapitel behaupten wir genau das Gegenteil. Was ist hier los? Es liegt an der Unklarheit des Begriffes der Messung, worauf wir in Bemerkung 7.3 schon hingewiesen hatten. Dort betrifft unsere Negativaussage Messexperimente der Art (7.24). Die schwache Messung mit der anschließenden starken Messung und der Fokussierung auf das Subensemble, welches auf einer nachträglichen Selektion der Messergebnisse beruht, ist eben nicht von dieser Art. Wenn man den Messbegriff entsprechend erweitert, ist es aus Sicht der Bohmschen Mechanik also völlig korrekt zu sagen, dass sich die Bohmschen Geschwindigkeiten – und darüber die Teilchentrajektorien – messen lassen.

Wir erinnern uns aber zugleich an Einsteins weise Mahnung, dass erst die Theorie entscheidet, was beobachtbar ist. Auch die Daten der schwachen Ortsmessung bestehen letzten Endes aus makroskopischen Zeigerstellungen. Und weil andere Quantentheorien (d. h., GRW und die Viele-Welten-Theorie, sofern letztere die Bornsche Regel begründen kann) die Statistik dieser Zeigerstellungen korrekt beschreiben, sagen sie auch die Ergebnisse des schwachen Messexperimentes korrekt voraus (d. h., sie sagen voraus, dass man das Bohmsche Geschwindigkeitsfeld messen wird). Im Rahmen dieser Theorien wird man aber natürlich leugnen müssen, dass die Trajektorien, die in Abb. 8.1 rekonstruiert wurden, auch wirklichen Teilchentrajektorien in der Welt entsprechen.

Konsequenterweise kann man (8.15) dann auch ohne Zuhilfenahme der Bohmschen Geschwindigkeitsgesetzes im Operator-Formalismus herleiten. In der Dirac-Notation ist:

$$\mathbb{E}(Y|X(\tau) = x) = \text{Re}\frac{\langle x(\tau)|\hat{X}|\varphi\rangle}{\langle x(\tau) \mid \varphi\rangle} = \text{Re}\frac{\langle x|U(\tau)\hat{X}|\varphi\rangle}{\langle x|U(\tau)|\varphi\rangle} \tag{8.16}$$

Dabei ist jetzt $U(t)$ die freie Zeitentwicklung $U(t) = e^{-\frac{i}{\hbar}tH}$ mit $\hat{H} = \frac{\hat{p}^2}{2m} = -\frac{\hbar^2}{2m}\Delta_x$. Daraus berechnet man

$$\lim_{\tau\to 0}\frac{1}{\tau}\left[x - \mathbb{E}(Y|X(\tau) = x]\right) = \text{Re}\frac{\langle x|\frac{i}{\hbar}[\hat{H},\hat{X}]|\varphi\rangle}{\langle x \mid \varphi\rangle} = \text{Im}\frac{\hbar}{m}\frac{\nabla_x\varphi(x)}{\varphi(x)} = v^\varphi(x). \tag{8.17}$$

Das prüfe man zur Übung einmal nach. Auch in dieser operationalistischen Sichtweise wird man üblicherweise vereinbaren, die linke Seite von (8.17) eine „Geschwindigkeit" zu nennen; die Frage „Geschwindigkeit von *was?*" verbittet sich dann allerdings.

Die Bohmsche Mechanik liefert also die natürlichste Erklärung des beschriebenen Experimentes: Die gemessenen Geschwindigkeiten sind die *tatsächlichen* Teilchengeschwindigkeiten und die rekonstruierten „durchschnittlichen" Trajektorien entsprechen *tatsächlichen* Trajektorien von Teilchen. Die schwachen Messungen der Bohmschen Geschwindigkeiten können aber nicht andere Quantentheorien zugunsten der Bohmschen Mechanik falsifizieren, weil auch die anderen Theorien (GRW und Viele-Welten) dieselben Vorhersagen für die Zeiger-Statistik (8.17) machen.

8.2 Surrealistische Trajektorien?

Wir betrachten folgenden Aufbau am Mach-Zehnder-Interferometer (Abb. 8.3). Photonen werden durch einen Strahlteiler geschickt, der die Hälfte des Strahles durchlässt und die andere Hälfte senkrecht nach unten ablenkt. In den beiden Interferometer-Armen treffen die Photonen anschließend auf einen Spiegel und werden senkrecht in Richtung eines Detektors abgelenkt. Am Ende des Experimentes registrieren wir, ob der Detektor D_1 oder der Detektor D_2 geklickt hat.

Die Schrödinger-Zeitentwicklung der Wellenfunktion kann man für diesen Fall leicht nachvollziehen. Am Strahlteiler spaltet sich die Anfangswellenfunktion in zwei Anteile auf – nennen wir sie ϕ_1 und ϕ_2 –, die entlang des oberen bzw. unteren

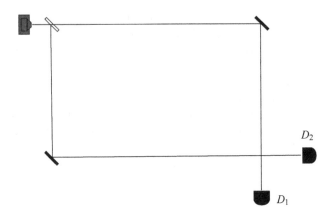

Abb. 8.3 Mach-Zehnder-Interferometer. Die Photonen- oder Teilchenquelle (oben links) sendet ein Photon (eine Welle) durch einen Strahlteiler; die geteilten Wellenanteile werden durch Spiegel (unten links und oben rechts) zur Kreuzung gebracht und die Wellenteile werden in den Detektoren (rechts unten) gemessen

Interferometer-Armes propagieren und schlussendlich mit den Detektorwellenfunktionen verschränkt werden. Am Kreuzungspunkt überlagern beide Wellenanteile nochmal kurzzeitig, hier könnte man einen zweiten Strahlteiler aufstellen, um eine der beiden Phasen durch Interferenz auszulöschen – im Folgenden betrachten wir die Situation aber ohne zweiten Strahlteiler.

Die verschiedenen Quantentheorien geben uns nun unterschiedliche Beschreibungen davon, was in diesem Experiment vonstattengeht. Gemäß der Viele-Welten-Theorie gibt es im Interferometer nichts weiter als die beiden Wellenpakete (bzw. die entsprechenden Freiheitsgrade der universellen Wellenfunktion). Man kann diese Wellenpakete „Teilchen" nennen, in diesem Sinne propagiert das „Teilchen" dann durch beide Interferometer-Arme gleichzeitig. Am Ende der Messung klicken dann beide Detektoren, wobei der Experimentator in einer Welt den Detektor D_1 und in einer anderen Welt den Detektor D_2 klicken sieht.

Gemäß der GRW-Theorie kollabiert die Photonen-Wellenfunktion (mit an Sicherheit grenzender Wahrscheinlichkeit) bei der Verschränkung mit den Detektorwellenfunktionen, sodass tatsächlich nur einer der beiden Detektoren klickt. Was innerhalb des Interferometers geschieht, hängt von der Wahl der Ontologie ab. Laut GRWm propagiert durch beide Interferometer-Arme jeweils eine Hälfte Massendichte, die sich dann beim Kollaps am Ort des klickenden Detektors zusammenzieht. Das ist ein radikal nichtlokaler Effekt: Die Massendichte, die zum anderen Detektor gewandert ist, wird spontan delokalisiert, sodass nach dem Kollaps die gesamte Photon-Masse im klickenden Detektor konzentriert ist. In der GRWf-Theorie wären die Interferometer-Arme mit großer Wahrscheinlichkeit leer – es propagiert also genau genommen *nichts* zwischen Quelle und Detektor. Der anschließende Kollaps produziert dann ein *flash*-Event innerhalb des klickenden Detektors und man kann sagen, dass darin ein Photon gelandet ist.

Gemäß der Bohmschen Mechanik bewegt sich ein Punktteilchen auf einer wohldefinierten Trajektorie durch das Interferometer und landet dann in einem Detektor, der daraufhin klick macht. Auch hier klickt immer jeweils nur einer der beiden Detektoren.

Im Rahmen der Bohmschen Theorie (und nur dort!) macht es nun Sinn zu fragen, welchen Pfad die Teilchen durch das Interferometer nehmen, um zum Detektor D_1 bzw. D_2 zu gelangen.

Intuitiv würde man sicherlich denken: Teilchen, die bei D_1 ankommen, sind durch den oberen Arm des Interferometers gelaufen, und Teilchen, die bei D_2 ankommen, durch den unteren Arm (Abb. 8.4). Bohmsche Teilchen verhalten sich allerdings anders. Wir erinnern uns, dass sich in der Bohmschen Mechanik verschiedene Lösungstrajektorien nicht kreuzen können (vgl. die Abb. 8.2 und ihre Erklärung). Die einzige Möglichkeit ist deshalb, dass die Teilchen die in Abb. 8.5 eingezeichneten Pfade durchlaufen.

Darum sollte man sich nicht wundern, dass die Trajektorien so aussehen und am Kreuzungspunkt abknicken. Man sollte sich eher erinnern, dass die in Abb. 8.4 eingezeichneten Bahnen einer klassischen (Newtonschen) Intuition entsprechen, die bei mikroskopischen Quantensystemen fehl am Platz ist.

Gemäß der Bohmschen Mechanik passiert hier Folgendes: Nachdem das Teilchen den Strahlteiler passiert hat, folgt es zunächst entweder dem oberen Wellenpaket ϕ_1 oder dem unteren Wellenpaket ϕ_2. Am Kreuzungspunkt, wo die beiden

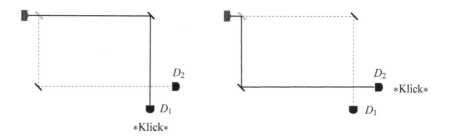

Abb. 8.4 „Naive" (klassische) Trajektorien am Mach-Zehnder-Interferometer

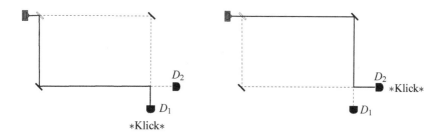

Abb. 8.5 Bohmsche Trajektorien am Mach-Zehnder-Interferometer

Wellenpakete wieder überlagern, wechselt das Bohmsche Teilchen aber den Träger, denn wegen der Symmetrie des Aufbaus können sich wie beim Doppelspalt die möglichen Teilchenbahnen nicht kreuzen: Teilchen, die zuvor dem oberen Wellenpaket ϕ_1 gefolgt sind, werden jetzt durch ϕ_2 geführt und landen im Detektor D_2. Teilchen, die dem unteren Wellenpaket gefolgt sind, werden nun von ϕ_1 geführt und landen im Detektor D_1. Die relativen Häufigkeiten sind jene, die sich aus der Bornschen Regel ergeben und im Experiment bestätigt werden. So weit, so gut.

Man kann nun aber allen theoretischen Beschreibungen misstrauen und eine operationalistische Rekonstruktion des Photonen-Pfades versuchen, indem man einen zusätzlichen Messapparat in den Interferometer-Armen platziert. Eine gewöhnliche, „starke" Ortsmessung kommt nicht infrage, sie würde die Wellenfunktion kollabieren und den Versuchsaufbau dadurch komplett verändern. Man kann aber zum Beispiel auf die schwachen Messungen zurückgreifen, die wir oben besprochen haben. Man führt dann in beiden Interferometer-Armen schwache Ortsmessungen durch, gefolgt von den starken Messungen durch die Detektoren, in denen das Teilchen schlussendlich absorbiert wird. Ein einzelnes Photon wird keine erkennbare Spur in den schwachen Messungen hinterlassen. Man führt das Experiment aber viele Male durch und betrachtet dann die Statistik der schwachen Messungen, einmal für das Subensemble der Teilchen, die bei Detektor D_1 angekommen sind, und einmal für das Subensemble der Teilchen, die bei Detektor D_2 angekommen sind. Die Frage ist dann, in welchem Interferometer-Arm die Teilchen, die bei Detektor D_1 bzw. D_2 ankommen, eine schwache Spur hinterlassen haben. Das nennt man eine *Welcher-Weg-Messung*.

Im Experiment findet man nun Folgendes: Die Teilchen, die bei Detektor 1 ankommen, hinterlassen eine schwache Spur im oberen Interferometer-Arm und die Teilchen, die bei Detektor 2 ankommen, hinterlassen eine schwache Spur im unteren Interferometer-Arm. Die Welcher-Weg-Messungen stimmen hier also mit den „naiven" Trajekorien überein und nicht mit den Trajektorien, die die Bohmsche Mechanik vorhersagt. Man kann auch andere, kompliziertere Interferometer-Aufbauten betrachten. Manchmal stimmen die schwachen Spuren mit den Bohmschen Trajektorien überein, manchmal mit den klassischen Trajektorien und manchmal mit keinem von beiden.[3] (Entscheidend ist i.A. wie das Wellenpaket propagiert, das zum Klicken des Detektors führt.)

Der Begriff „Welcher-Weg-Messung" ist also irreführend, denn um über den Weg eines Teilchens sprechen zu können, muss der Weg eines Teilchens Teil der theoretischen Beschreibung sein. In den meisten Formulierungen der Quantenmechanik[4] gibt es keine Variablen für Teilchenorte oder Teilchenbahnen, man kann also darüber gar nicht sprechen. Wenn man dann den Begriff des „Weges" dennoch in naiver Art benutzen möchte, kann man leicht in Konflikt mit Theorien kommen,

---

[3]Siehe z. B. L. Vaidmann, „Past of a quantum particle". *Physical Review A*, 87, 2013.

[4]Zum Beispiel in der Kopenhagener Deutung, aber siehe auch obige Besprechung des Experimentes aus Sicht der Viele-Welten- und GRW-Theorie.

in denen die Teilchenbahn tatsächlich vorkommt. Ein Beispiel dafür ist der Artikel „Surrealistic Bohm Trajectories",[5] wo wegen der Unstimmigkeit zwischen den theoretischen Bohmschen Trajektorien und den registrierten schwachen Spuren die Bohmschen Trajektorien als „surrealistisch" bezeichnet werden. Die Konnotation ist, dass die Bohmschen Bahnen keinen realen physikalischen Gehalt haben, weil sie in manchen Fällen nicht mit der naiven Interpretation der Befunde in Welcher-Weg-Messungen übereinstimmen.

Wir haben aber gerade festgestellt, dass die Bohmsche Mechanik die Statistik des Experimentes, inklusive der Resultate der Welcher-Weg-Messungen, korrekt voraussagt. Die Ausschläge der schwachen Detektoren werden durch die Wellenfunktion erklärt, die Teil der Bohmschen Mechanik ist. Mit anderen Worten: Dass die schwache Spur nicht immer dort gefunden wird, wo die Teilchen entlanglaufen, ist eine Vorhersage der Theorie. Was ist also die Moral? Die sogenannten Welcher-Weg-Messungen sind eben oft gar keine Welcher-Weg-Messungen im eigentlichen Wortsinn, weil nicht die tatsächlichen Teilchenorte registriert werden. Wir erinnern uns hier wieder einmal an den Einsteinschen Leitsatz (das Zitat am Anfang des Kapitels): Erst die Theorie entscheidet, was man messen kann.

Wir haben bislang gesehen, dass die Bohmsche Mechanik im Allgemeinen die einfachste und intuitivste Beschreibung der Quantenphänomene liefert, weil, wenn man „Teilchen" sagt, auch wirklich Teilchen gemeint sind. (Nochmal: Wenn man in der Theorie gar keine Teilchenorte hat, was sollte die Messung des Ortes eines Teilchens überhaupt bedeuten?) Die sogenannten Welcher-Weg-Messungen liefern aber Beispiele, in denen die Bohmschen Teilchenbahnen offenbar nicht mit unseren operationalistischen Intuitionen übereinstimmen.

Man muss sich natürlich vor Augen halten, dass solche Intuitionen auf dem Prinzip der Lokalität beruhen, das durch Quantenphänomene nachweislich widerlegt ist. Viele Autoren stellen sich dennoch auf den Standpunkt: Wenn der naiv-operationalistische Trajektorien-Begriff nicht haltbar ist, dann sollte man lieber ganz auf Teilchen bzw. Teilchentrajektorien als Teil der fundamentalen Naturbeschreibung verzichten. Das wäre dann ein Argument für eine Kollaps- oder Viele-Welten-Theorie.

8.3 Wheelers Delayed-Choice-Experiment

Am Interferometer kann man eine ganze Reihe von interessanten und weniger interessanten Quantenphänomenen veranschaulichen. Das wollen wir zum Anlass nehmen, um kurz vor einem großen Unsinn zu warnen, auf den man immer wieder stößt.

Wie bereits erwähnt, kann man am Kreuzungspunkt des Mach-Zehnder-Interfero-meters einen zweiten Strahlteiler aufstellen, der so justiert wird, dass

---

[5]B.-G. Englert, M.O. Scully, G. Süssmann und H. Walther, „Surrealistic Bohm Trajectories". *Zeitschrift für Naturforschung*, 47a, 1992.

aufgrund von Interferenz nur noch ein Strahl herauskommt (sagen wir in Richtung von Detektor 2). In der veralteten Sprechweise des „Welle-Teilchen-Dualismus" wird nun manchmal Folgendes gesagt: Wenn kein zweiter Strahlteiler aufgestellt ist, dann nimmt das Teilchen nur einen der möglichen Wege durch das Interferometer (weil am Ende ja nur einer der beiden Detektoren klickt), aber wenn der zweite Strahlteiler da ist, dann muss das Teilchen durch beide Interferometer-Arme gegangen sein, denn es interferiert ja am zweiten Strahlteiler „mit sich selbst".

Man kann die Verwirrung nun auf die Spitze treiben, indem man folgende scharfsinnige Bemerkung macht: Wenn wir schnell genug sind (und das Interferometer groß genug), können wir warten, bis das Teilchen den ersten Strahlteiler passiert hat, und erst dann entscheiden, ob wir den zweiten Strahlteiler aufstellen oder nicht. Das nennt man, nach John Archibald Wheeler (1911–2008), ein „Delayed-Choice-Experiment". Diese verzögerte Entscheidung, so heißt es oft, führt nun dazu, dass die Vergangenheit des Teilchens rückwirkend festgelegt (oder nachträglich verändert?) wird. Denn wenn wir den zweiten Strahlteiler aufgestellt haben und destruktive Interferenz stattfindet, dann muss das Teilchen durch beide Interferometer-Arme gleichzeitig gegangen sein, während es sich sonst für einen der beiden Wege entschieden hätte.

Es ist absurd, aber über dieses vermeintliche Mysterium sind seit Jahrzehnten hunderte von Veröffentlichungen geschrieben worden. Das passiert, wenn man keine klare und präzise Formulierung der Quantenmechanik vor Augen hat.

Verborgene Variablen

> *Warum nahmen solche ernthaften Leute die Axiome, die jetzt so willkürlich erscheinen, so ernst? Ich vermute, dass sie durch den schädlichen, falschen Gebrauch des Wortes „Messung" in der gegenwärtigen Theorie fehlgeleitet wurden. Dieses Wort suggeriert stark die Ermittlung einer vorher vorhandenen Eigenschaft eines Dinges, wobei alle beteiligten Instrumente eine rein passive Rolle spielen. Quantenexperimente sind einfach nicht so, wie wir insbesondere von Bohr gelernt haben. Die Ergebnisse müssen als das gemeinsame Produkt von „System" und „Apparat" angesehen werden – des vollständigen experimentellen Aufbaus. [...] Ich bin überzeugt, dass das Wort „Messung" heute so missbraucht worden ist, dass das Gebiet deutliche Fortschritte machen würde, wenn seine Benutzung gänzlich verboten würde, zum Beispiel zu Gunsten des Wortes „Experiment".*
> – John S. Bell, *Über die unmögliche Führungswelle*[1]

Jede Vorlesung über Quantenmechanik wird irgendwann das Thema „verborgene Variablen" aufgreifen, die im Englischen *hidden variables* heißen. Der Begriff ist mit den berüchtigten *no hidden variables*-Theoremen von von Neumann, Gleason, Kochen und Specker sowie Bell verbunden, die besagen, dass die Quantenmechanik keine verborgenen Variablen zulässt. Bevor wir das vertiefen, zuerst zum Begriff selbst. Er stammt aus von Neumanns berühmten Buch *Mathematische Grundlagen der Quantenmechanik*[2] und hat folgenden Hintergrund. Wie wir in den vorhergehenden Kapiteln besprochen haben, sind die Objekte der orthodoxen bzw. Kopenhagener Quantenmechanik nur die Wellenfunktion und

---

[1]Zitiert nach: J.S. Bell, *Sechs mögliche Welten der Quantenmechanik*. Oldenbourg Verlag, 2012, S. 186.

[2]J. von Neumann, *Mathematische Grundlagen der Quantenmechanik*. Springer, 1932.

© Springer-Verlag GmbH Deutschland 2018
D. Dürr, D. Lazarovici, *Verständliche Quantenmechanik*,
https://doi.org/10.1007/978-3-662-55888-1_9

die Operatoren-Observablen. Wir haben aber bereits verstanden, was die Rolle
der Operatoren-Observablen ist, nämlich dass sie Buchhalter der Statistiken von
Messexperimenten sind. Genau diese Rolle hat von Neumann in seinem obigen
Buch entwickelt, indem er die projektorwertigen Maße (PVM), die Spektralzerlegung der Observablen, in den Vordergrund gehoben hat. Aber nur Buchhalter von
Statistiken als Elemente der Naturbeschreibung zu haben, ist vielleicht doch zu
idealistisch. Zudem hat sich die Sprache eingebürgert, dass man eine Observable
in einem entsprechenden Experiment *misst*. Zum Beispiel sagt man, dass man
mit einem Stern-Gerlach-Magneten die Spin-Observable – kurz gesagt den Spin
eines Elektrons – misst. Diese Sprache verführt zu einem naiven Realismus über
Operatoren-Observablen, indem man zur Meinung kommen kann, dass in der
Messung der Observablen etwas tatsächlich Vorhandenes gemessen wird. Etwas,
was nicht erst durch das Messexperiment ins Leben gerufen wird, sondern auch
ohne Messung vorhanden ist. Die Messung, wie man den Begriff üblicherweise
versteht, offenbart eben nur den Wert der vorhandenen Variablen. Wenn man
z. B. eine Kragenweite misst, dann sind der Hals und dessen Umfang bereits
vorhanden, man weiß eben nur nicht den genauen Wert, den offenbart dann die
Messung. Wenn also die Observable $\hat{A}$ gemessen wird und der Messwert α_k ist
(ein Eigenwert der Observablen), d. h., wenn der Apparat den Wert α_k anzeigt,
dann denkt man in diesem Sinne, dass es eine Funktion, i.A. eine Vergröberung
$Z_A : \Omega \mapsto \{$Eigenwerte von $A\}$ auf einem Zustandsraum Ω gibt, sodass $Z_A(\omega) = \alpha_k$
der bereits vor der Messung vorliegende Wert ist (etwa der tatsächlich vorliegende
Halsumfang), der durch die Zustandsvariable ω festgelegt wird. Vergröberungen
werden, wie wir wissen, auch Zufallsvariablen genannt.

Beispiel

Man betrachte ein Elektron im Spin-Zustand $\alpha|\uparrow_z\rangle + \beta|\downarrow_z\rangle$, das durch einen
Stern-Gerlach-Magneten in z-Richtung geschickt wird. Die Messung ergibt
mit Wahrscheinlichkeit $|\alpha|^2$ den z-Spin $+1/2$ und mit Wahrscheinlichkeit $|\beta|^2$
den z-Spin $-1/2$. Die Wellenfunktion „kollabiert" dabei auf den entsprechen-
den Eigenzustand, sagen wir $|\uparrow_z\rangle$. Dann sagt man, das Teilchen „hat den
z-Spin $+1/2$", was man durch wiederholte Messungen verifizieren kann (denn
jede Wiederholung der Spin-Messung bestätigt das Ergebnis der ersten). Diese
Sprechweise verführt einen nun dazu zu denken, dass das Teilchen schon die
ganze Zeit über (also bereits vor der ersten Messung) den z-Spin $+1/2$ hatte, was
wir durch das Experiment lediglich in Erfahrung gebracht haben. Der Zustand
$\alpha|\uparrow_z\rangle + \beta|\downarrow_z\rangle$ würde demnach bloß unsere Ignoranz ausdrücken: „Das Elektron
hat mit Wahrscheinlichkeit $|\alpha|^2$ den z-Spin $+1/2$ und mit Wahrscheinlichkeit $|\beta|^2$
den z-Spin $-1/2$; wir wissen nur noch nicht, was von beidem". Mathematisch
würde man das durch eine Zufallsvariable Z_{σ_z} ausdrücken, deren Wertebereich
$Z_{\sigma_z}(\omega) \in \{\pm 1/2\}$ den möglichen Messwerten entspricht. $\omega \in \Omega$ wäre ggf. eine
„verborgene" Zustandsvariable, die den gemessenen Spin-Wert festlegt. Der Zu-
fall käme daher, dass wir den Wert von ω und damit $Z_{\sigma_z}(\omega)$ vor der Messung

nicht kennen, die Verteilung $\rho(\omega)$ müsste aber so sein, dass sich in einer typischen Messreihe die quantenmechanischen Wahrscheinlichkeiten ergeben, etwa: $\mathbb{P}(Z_{\sigma_z} = +1/2) = \int \mathbb{1}_{\{Z_{\sigma_z}=+1/2\}} \rho(\omega) \, d\omega = |\alpha|^2$.

Nun kommt eine solch detaillierte Beschreibung durch Variable $Z(\omega), \omega \in \Omega$ (wie etwa Phasenraumkoordinaten $\omega = (q, p)$ in der klassischen Physik) in der orthodoxen bzw. Kopenhagener Quantenmechanik nicht vor, und deswegen nannte von Neumann sie „verborgen". Ob nun Z oder ω als verborgene Variable gelten soll, ist reichlich egal, denn Z macht nur Sinn im Paket mit ω, und so kann man getrost beide als verborgene Variable ansehen: Es sind möglicherweise noch zu findende Bestimmungsstücke in der Naturbeschreibung, die für die Ausgänge von Messungen verantwortlich sind. Von Neumann fragte sich nun: Kann es diese verborgenen Variablen $Z(\omega)$ geben oder steht ihre Existenz im Widerspruch zur Quantenmechanik? Werner Heisenberg und Niels Bohr hätten die Existenz natürlich verneint. Von Neumann, ein Mathematiker, wollte diese Verneinung in trockene Tücher bringen und entwarf und bewies ein Theorem – das erste seiner Art: ein *no hidden variables*-Theorem. Nach ihm kamen viele andere. Wir zeigen von Neumanns Theorem und eine aktuelle Version eines *no hidden variables*-Theorems am Ende des Kapitels. Eine weitere Version wird im Kapitel über die Bellsche Ungleichung bewiesen, wobei dort die Frage eine ganz andere ist. Es ist auch das einzige Theorem seiner Art, das wirklich Relevanz hat. Warum das so ist, erklären wir sofort. Wir müssen nur zunächst einmal den Prototyp *no hidden variables*-Theorem ordentlich und kurz und ganz allgemein formulieren. Hier ist die kürzeste und allgemeinste Art, das zu tun:

Theorem 9.1 (Prototyp des *no hidden variables*-Theorems) *Es gibt keine „gute Abbildung"*

$$\hat{A} \mapsto Z_A \tag{9.1}$$

von den selbstadjungierten Operatoren auf einem Hilbert-Raum $\mathcal{H}$ zu Zufallsvariablen auf einem gemeinsamen Wahrscheinlichkeitsraum Ω, wobei $Z_A = Z_A(\omega)$ als ein gemessener Wert anzusehen ist, also ein Eigenwert von $\hat{A}$ sein muss.

Wir geben zu, dass die Ausdrucksweise „gute Abbildung" nicht sonderlich präzise ist, aber sie trifft die Sache ganz gut. Denn es gibt verschiedene Auffassungen darüber, und jede solche Auffassung liefert ein anderes *no hidden variables*-Theorem. Wir geben später Beispiele für „Güte". Aber alle Auffassungen sind sich wenigstens darüber einig, dass die quantenmechanischen Wahrscheinlichkeiten für Messwerte einer Observablen, sagen wir von $\hat{A}$, gleich der Wahrscheinlichkeitsverteilung von Z_A sein sollten. Das ist jetzt jedoch noch gar nicht so wichtig. Um die Relevanz einschätzen zu können, reicht es aus, die Rolle der Observablen $\hat{A} = \sum \alpha_k P_k$ als Buchhalter für Statistiken für die Messwerte α_k ernst zu nehmen. Sei also $\mathscr{E}$

ein Messexperiment, in dem der Apparat die Werte α_k anzeigen kann und dessen Statistik durch die Spektralschar P_k wie besprochen codiert wird. Kurz, wir haben die Zuordnung (vgl. (7.22))

$$\mathscr{E} \mapsto \hat{A},$$

wobei die eben nur über die Statistik geht. Das bedeutet insbesondere, dass die Zuordnung nicht injektiv ist: Viele Experimente ganz verschiedenen Aufbaus werden in ihrer Statistik durch dasselbe $\hat{A}$ codiert. Karikiert: Man nehme einen Computer, der die Werte α_k mit relativen Häufigkeiten ausdruckt, die genau mit den durch die Spektralschar P_k von $\hat{A}$ berechneten Wahrscheinlichkeiten übereinstimmen. Das ist auch ein Experiment, das $\hat{A}$ misst.

Intuitiv wird damit klar: Die statistische Codierung durch Observable ist zu abstrahiert und zu grob, um eine eindeutige physikalische Realität festzulegen. Man vergisst dabei vor allem *den Apparat*, der ja auch ein physikalisches (und damit letztlich quantenmechanisches) System ist und dazu beiträgt, das beobachtete Messergebnis hervorzubringen. Mit anderen Worten: Die Nichtexistenz der Funktion (9.1) beruht darauf, dass es möglicherweise viele Zufallsvariablen gibt – abhängig von den Details des jeweiligen Messexperimentes –, auf die die Observable abgebildet werden müsste, und das widerspricht der Möglichkeit einer funktionalen Vorschrift. Eigentlich ist damit das Theorem in seiner Relevanz vollkommen eingeordnet und ein formaler Beweis gar nicht mehr nötig.

Insbesondere zeigt das Beispiel Bohmsche Mechanik, dass es durchaus möglich ist, einen bereits vorhandenen Wert zu messen, wenn man z. B. eine wirkliche Ortsmessung macht, die den Ort des Bohmschen Teilchens misst. Allerdings liefert Bohmsche Mechanik i.A. keine vom Messexperiment unabhängigen Zufallsgrößen, wie z. B. für die „Messung" der Impuls-Observablen, was wir im Kap. 4 bereits gesehen haben. Und auch nicht jede Messung, deren Statistik durch den Orts-Operator beschrieben wird, misst tatsächlich den Ort des Bohmschen Teilchens, wie wir in Kap. 8 besprochen haben.

9.1   Gemeinsame Messbarkeit von Observablen

Nun nehmen die formalen Beweise des Theorems 9.1 keinen direkten Bezug auf die Mehrdeutigkeit. Sie taucht nur indirekt auf, wie wir jetzt erklären werden. Das gibt uns überdies Gelegenheit, noch einige nützliche Mitteilungen zum Umgang mit Observablen-Operatoren zu machen, die sich hier natürlich eingliedern. Dazu müssen wir über gemeinsame Wahrscheinlichkeiten reden, wie sie in Hintereinanderausführungen von „Messungen von Observablen" auftreten. Wir benutzen dazu unsere Notation aus Kap. 7.

Wir „messen" hintereinander, d. h. wir haben zwei Messgeräte Φ_k, Ψ_l und wir „messen" erst mit dem Φ_k-Apparat (Messung A) und dann mit dem Ψ_l-Apparat (Messung B). Um zu den Wahrscheinlichkeiten für die Anzeigen zu kommen, müssen wir lediglich daran denken, dass es sich hier nur wieder um eine

Schrödinger-Entwicklung aller Beteiligten handelt und deswegen nichts anderes ist als in (7.3), nur dass am Ende

$$\sum_{k,l} \varphi_{k,l} \Phi_k \Psi_l \tag{9.2}$$

steht, wobei wir der Einfachheit halber die neuen effektiven Wellenfunktionen $\varphi_{k,l} := P_l^B P_k^A \varphi$ unnormiert gelassen haben, deswegen tauchen keine $c_{k,l}$ auf. Die Rechnung (7.4) kann nun wiederholt werden, um zu sehen, dass für Skalenwerte α_k, β_l

$$\mathbb{P}^\varphi(\alpha_k, \beta_l) = \|P_l^B P_k^A \varphi\|^2 \tag{9.3}$$

kommt, mit Orthogonalprojektoren wie in Kap. 7.

Speziell denken wir nun zuerst an ein Experiment $\mathscr{E}$, mit dem die Spektralschar $P_k, k \in I$, (mit einer Indexmenge I) assoziiert ist. Für ein solches Experiment kann man verschiedene Apparate mit unterschiedlichen Skalen haben, eine kann $\mathscr{A} = \{\alpha_k\}$ sein und eine $\mathscr{A}' = \{\alpha'_k\}$. Das bedeutet, wir können simultan zwei „Messungen" durchführen und zwei Buchhalter assoziieren: $\hat{A} = \sum_k \alpha_k P_k$ und $\hat{A}' = \sum_l \alpha'_l P_l$. Dann gilt mit (9.3)

$$\begin{aligned}
\mathbb{P}^\varphi(\alpha_k, \alpha'_l) &= \|P_l P_k \varphi\|^2 \\
&= \langle P_l P_k \varphi, P_l P_k \varphi \rangle \\
&= \langle \varphi, P_l P_k \varphi \rangle, \tag{9.4}
\end{aligned}$$

wobei die letzte Gleichheit aus den Eigenschaften der Orthogonal-Projektoren kommt, und zwar Idempotenz $P^2 = P$, Selbstadjungiertheit $P^+ = P$ und Vertauschbarkeit $[P_k, P_l] =: P_k P_l - P_l P_k = 0$. Wir rechnen das vor:

$$\begin{aligned}
\langle P_l P_k \varphi, P_l P_k \varphi \rangle &= \langle \varphi, (P_l P_k)^+ P_l P_k \varphi \rangle \\
&= \langle \varphi, P_k^+ P_l^+ P_l P_k \varphi \rangle \\
&= \langle \varphi, P_k P_l P_l P_k \varphi \rangle \\
&= \langle \varphi, P_k P_l P_k \varphi \rangle \\
&= \langle \varphi, P_l P_k P_k \varphi \rangle = \langle \varphi, P_l P_k \varphi \rangle
\end{aligned}$$

Natürlich kann die eine Skala α' gröber sein, d. h. weniger Werte enthalten als α, dann haben wir „Entartung der Eigenwerte" vorliegen bzw. Projektionen auf Unterräume mit höheren Dimensionen. Solange aber die entsprechenden Familien $(P_k)_{k \in I}$ und $(P'_l)_{l \in I'}$ vertauschen, bleibt alles gleich. Alles, was wir für simultane „Messbarkeit" brauchen, ist Vertauschbarkeit der Familien:

$$[P_k, P'_l] = 0 \quad \text{für alle } k, l$$

Leicht zu sehen: Die Familie $P_{k,l} := P_k P'_l$ ist dann selbst wieder eine Spektralschar, und weiter ist $[\hat{A}, \hat{A}'] = 0$, d. h., die Observablen vertauschen. Andersherum,
so wie man das aus der Linearen Algebra kennt: Kommutierende selbstadjungierte
Operatoren $\hat{A}, \hat{A}'$ haben eine gemeinsame Spektralschar, d. h., sie sind gemeinsam
diagonalisierbar. Man sieht außerdem leicht:

$$\sum_{k \in I} P_{k,l} = P'_l, \quad \sum_l P_{k,l} = P_k, \quad \sum_{k \in I, l \in I'} P_{k,l} = 1 \tag{9.5}$$

Das nun in (9.4) eingeführt und die Linearität des Skalarproduktes ausgenutzt,
liefert

$$\sum_{\alpha_k \in \alpha} \mathbb{P}^\varphi(\alpha_k, \alpha'_l) = \mathbb{P}^\varphi(\alpha'_l) \tag{9.6}$$

$$\sum_{\alpha'_l \in \alpha'} \mathbb{P}^\varphi(\alpha_k, \alpha'_l) = \mathbb{P}^\varphi(\alpha_k) \tag{9.7}$$

$$\sum_{\alpha_k \in \alpha, \alpha'_l \in \alpha'} \mathbb{P}^\varphi(\alpha_k, \alpha'_l) = 1 \,. \tag{9.8}$$

Wir haben also eine konsistente (also ganz normale) Familie von gemeinsamen
Wahrscheinlichkeiten. Und das erweitert sich natürlich und ohne Weiteres auf N
kommutierende Observable. Der Spruch lautet: Nur kommutierende Observable
sind simultan bzw. gemeinsam „messbar".

Etwas weniger abstrakt kann man so darüber denken, dass die Spektralzerlegung
der Observablen im Messexperiment einer Aufspaltung der Wellenfunktion auf dem
Konfigurationsraum (von System + Apparat) entspricht. Und nur wenn die Observablen kommutieren und eine gemeinsame Spektralschar haben, gibt es eine
konsistente Aufspaltung nach den möglichen Messwerten (Zeigerstellungen) von
$\hat{A}$ und $\hat{B}$ unabängig von der Reihenfolge der Messung.

Jetzt schauen wir uns die allgemeine Situation an, in der die Buchhalter nichtkommutierende Observable $\hat{A}, \hat{B}$ sind. Wir „messen" erst $\hat{A} = \sum_k \alpha_k P_k^A$ und dann
$\hat{B} = \sum_l \beta_l P_l^B$. Dennoch, die Wahrscheinlichkeiten (9.3) haben wir allemal, doch gilt
im Allgemeinen

$$\mathbb{P}(\alpha_k, \beta_l) = \|P_l^B P_k^A \varphi\|^2 \neq \langle \varphi, P_l^B P_k^A \varphi \rangle \,, \tag{9.9}$$

weil die Familien P_k^A und P_l^B eben nicht vertauschen.[3] Deswegen gilt auch nicht
(9.6), wohl aber (9.7) und (9.8) (die Reihenfolge der Messungen ist hier wichtig).
Also liegt keine gemeinsame Wahrscheinlichkeitsfamilie vor: Die Randverteilungen

---

[3]Diese Hintereinanderausführung von Messungen ist also nicht durch eine Spektralschar beschreibbar, demnach auch nicht durch eine Observable! Aber es ist eine Messung! Zumindest
wird da was angezeigt. Und wir wissen schon, dass ein Experiment mit Anzeige zumindest auf
ein POVM führt.

entstehen nicht wie in (9.6) aus Summation der übrigen Werte (weil (9.6) eben nicht gilt). Das ist aufregend, oder nicht? Da summiert man über alle möglichen Werte der ersten Messung, also man „ignoriert", was da herauskam, und dennoch gibt das nicht die Wahrscheinlichkeiten der alleinigen „Messung" von $\hat{B}$. Man kann eben durch einfache Ignoranz nicht das erste Experiment, in dem nun mal eine Veränderung der Wellenfunktion durch „Messung" von $\hat{A}$ stattfand, ungeschehen machen. Die Formel (9.9) heißt manchmal auch Wigner-Formel (nach Eugene Wigner (1902–1995)), aber sie wurde auch von vielen anderen aufgeschrieben.[4]

Anmerkung 9.1 (Ein weiteres Beispiel für ein POVM) Wir haben im Kapitel über den Messprozess von PVMs und POVMs gesprochen, die mit einem Messexperiment assoziiert werden können. Üblicherweise wird in Textbüchern nur von „Messungen von Observablen-Operatoren" gesprochen, also nur von solchen, die equivalent zu PVMs sind. Nun haben wir aber in der sequenziellen „Messung zweier Observablen" ein Messexperiment vorliegen, mit dem kein PVM assoziiert werden kann! Denn $P_l^B P_k^A$ ist kein Projektor mehr. Was nun? Gibt es die Messung gar nicht? Oder versagt die Quantenmechanik? Nein, man muss sie nur erweitern, wie wir es besprochen haben. Die sequenzielle Messung ist mit einem POVM zu assoziieren.

Als Moral halten wir nun fest: Es gibt quantenmechanische gemeinsame Wahrscheinlichkeiten für kommutierende Observable, aber es gibt keine konsistente Familie (also keine gemeinsamen Wahrscheinlichkeiten) für nichtkommutierende Observable. Das ist im Grunde auch schon alles, was hinter den berüchtigten *no hidden variables*-Theoremen steckt. Man nehme drei Observable $\hat{A}, \hat{B}, \hat{C}$, sodass $\hat{A}$ mit $\hat{B}$ und $\hat{C}$ vertauscht, aber $\hat{B}$ nicht mit $\hat{C}$. Dann gibt es gemeinsame Wahrscheinlichkeiten für $\hat{A}$ und $\hat{B}$ sowie für $\hat{A}$ und $\hat{C}$. Es gibt aber keine gemeinsame Wahrscheinlichkeit für $\hat{B}$ und $\hat{C}$. Aber Zufallsgrößen Z_A, Z_B, Z_C haben immer gemeinsame Wahrscheinlichkeiten. Wenn nun eine gute Abbildung von den Observablen auf Zufallsgrößen verlangt wird – wobei, wie gesagt, zu präzisieren ist, was man unter „gut" versteht –, kann man sich vorstellen, dass es zu einem Konflikt kommen kann.

Unsere erste Intuition über die Gültigkeit von Theorem 9.1 war die Mehrdeutigkeit: Viele verschiedene Experimente liefern dieselbe Statistik. Wo ist diese Mehrdeutigkeit hier versteckt? In der Möglichkeit, die Observable $\hat{A}$ auf verschiedene (miteinander inkompatible) Arten zu „messen" – einmal gemeinsam mit $\hat{B}$ und einmal gemeinsam mit $\hat{C}$.

Im nächsten Abschnitt besprechen wir der Vollständigkeit halber zwei solcher *no hidden variables*-Theoreme, das von von Neumann und ein weiteres, welches auf Kochen und Specker zurückgeht, aber mit einem deutlichen vereinfachten Beweis von Mermin. Auch im Beweis der Bellschen Ungleichungen (Kap. 10) erhalten wir als Nebenprodukt, dass man den dort auftretenden sechs Spin-Observablen keine Zufallsgrößen zuordnen kann. Das ist ebenfalls ein *no hidden variables*-Resultat, allerdings macht es sich einen besonderen Quantenzustand

---

[4]Sie ist der Ausgangspunkt für die „dekohärenten Historien"-Ansätze.

(eine Singlett-Wellenfunktion) zunutze, wohingegen die beiden vorher genannten keine spezifischen Wellenfunktionen voraussetzen.

9.2   Zwei Aussagen über verborgene Variablen

Das von Neumannsche Theorem

Von Neumanns Theorem fordert, dass die Abbildung (9.1) linear sein soll, und folgert, dass es keine verborgenen Variablen gibt. Wenn $\hat{C} = \hat{A} + \hat{B}$, dann gilt ja für die quantenmechanischen Mittelwerte $\langle \hat{C} \rangle = \langle \hat{A} \rangle + \langle \hat{B} \rangle$. Von Neumann, ganz dem quantenmechanischen Sprachgebrauch verbunden, nennt die verborgenen Variablen ω „dispersionsfreie Zustände". Deren Existenz soll dann bedeuten, dass anstelle der Linearität der quantenmechanischen Mittelwerte nun $Z_{A+B} = Z_A + Z_B$ für die Zufallsgrößen gilt. Die Bedingung, die er an eine „gute" Abbildung (9.1) stellt, ist also

$$\hat{C} = \hat{A} + \hat{B} \Rightarrow Z_C(\omega) = Z_A(\omega) + Z_B(\omega) \text{ für fast alle } \omega \in \Omega. \tag{9.10}$$

Wenn nun $\mathscr{H}$ ein mindestens zweidimensionaler Hilbert-Raum ist, dannn kann es eine solche Abbildung auf der Menge der selbstadjungierten Operatoren von $\mathscr{H}$ nicht geben.

Beweis Die Werte von $Z_{A,B,C}$ müssen Eigenwerte von $\hat{A}, \hat{B}, \hat{C}$ sein. Aber die Eigenwerte von $\hat{A} + \hat{B}$ sind i.A. nicht Summen der Eigenwerte von $\hat{A}$ und $\hat{B}$. Ein einfaches Beispiel zweier nichtkommutierender 2×2-Matrizen reicht aus. Das kann man zur Übung einmal selber überlegen.   □

Der Beweis ist korrekt, der Satz ist wahr, und nun? Was hat er mit Physik zu tun, mit Quantenphysik? Wieso ist die Forderung der Linearität physikalisch vernünftig? Man denke nur an Ort $\hat{X}$ und Impuls-Observable $\hat{P}$. Was soll eine „Messung" von $\hat{X} + \hat{P}$ überhaupt sein? Wegen seiner überaus deutlichen physikalischen Irrelevanz wird das Von-Neumann-Theorem in der modernen Literatur als naiv belächelt.

Das Kochen-Specker-Theorem

Das Theorem von Kochen und Specker stellt eine Forderung an die Abbildung $\hat{A} \mapsto Z_A$, die etwas weniger naiv daherkommt als die Linearitätsannahme von Neumanns. Und zwar:

▶ **Definition 9.1** Die Abbildung (9.1) ist gut (im Jargon: *nichtkontextuell*), wenn gilt: Wann immer die quantenmechanischen gemeinsamen Wahrscheinlichkeiten für eine Menge von selbstadjungierten Operatoren $(\hat{A}_1, ..., \hat{A}_m)$ existieren, d. h., wenn sie eine kommutierende Familie bilden, stimmen die gemeinsamen Wahrscheinlichkeiten der zugehörigen Zufallsgrößen $(Z_{A_1}, ..., Z_{A_m})$ mit den quantenmechanischen gemeinsamen Wahrscheinlichkeiten überein.

Ein Korollar aus dieser Forderung ist, dass alle algebraischen Identitäten zwischen den kommutierenden Observablen auch für die Zufallsgrößen erfüllt sein müssen. Zum Beispiel wenn $\hat{A}$, $\hat{B}$ und $\hat{C}$ eine kommutierende Familie bilden und $\hat{C} = \hat{A}\hat{B}$, dann auch $Z_C = Z_A Z_B$, denn die gemeinsame Wahrscheinlichkeitsverteilung von Z_A, Z_B und Z_C muss für die Wertemenge $\{(\alpha, \beta, \gamma) \in \mathbb{R}^3 \,|\, \gamma \neq \alpha\beta\}$ den Wert 0 ergeben. Ähnlich wie bei von Neumann wird also auch hier erwartet, dass Relationen, die für die Operatoren gelten, auch für die hypothetischen verborgenen Zufallsvariablen gelten, allerdings beschränkt man sich jetzt auf Relationen zwischen Observablen, die gemeinsam gemessen werden können.

Nun kann man aber wieder ein Beispiel angeben, das zeigt, dass es auch eine solche Abbildung von den Observablen auf Zufallsvariablen nicht geben kann.

Beweis Wir betrachten einen vierdimensionalen Hilbert-Raum und nehmen als Observable Pauli-Matrizen für zwei unabhängige Spin-1/2-Teilchen σ_a^1, σ_b^2. Die Observablen-Algebra in diesem Falle ist charakterisiert durch:

- Für alle Richtungen a und $k = 1, 2$ gilt $(\sigma_a^k)^2 = \mathbf{1}$, d. h., die Eigenwerte sind ± 1.
- Für alle Richtungen a, b gilt $\sigma_a^1 \sigma_b^2 - \sigma_b^2 \sigma_a^1 = 0$.
- Wenn a, b orthogonale Richtungen sind, gilt $\sigma_a^k \sigma_b^k + \sigma_a^k \sigma_b^k = 0$ für $k = 1, 2$.
- Für $a = x, b = y$ gilt $\sigma_x^k \sigma_y^k = \mathrm{i}\sigma_z^k$ für $k = 1, 2$.

Nun betrachte man folgendes Schema von Observablen:

$$
\begin{array}{ccc}
\sigma_x^1 & \sigma_x^2 & \sigma_x^1 \sigma_x^2 \\[2mm]
\sigma_y^1 & \sigma_y^2 & \sigma_y^1 \sigma_y^2 \\[2mm]
\sigma_x^1 \sigma_y^2 & \sigma_x^2 \sigma_y^1 & \sigma_z^1 \sigma_z^2
\end{array}
$$

Gemäß der algebraischen Relationen verifiziert man leicht:

a) Die Observablen entlang jeder Spalte und entlang jeder Zeile kommutieren.
b) Das Produkt der Observablen entlang jeder Zeile ist 1.
c) Das Produkt der Observablen entlang der ersten Spalte und entlang der zweiten Spalte ist 1, das entlang der dritten Spalte ist -1.

Gemäß unserer Folgerung aus Definition (9.1) müssten nun alle Relationen zwischen den kommutierenden Observablen von den Werten, auf die die Abbildung (9.1) abbildet, reproduziert werden. Wir müssten also (für jedes ω) Werte $+1$ und -1 auf die neun Observablen verteilen, sodass b) und c) gemeinsam erfüllt sind. Aber das ist unmöglich, denn wenn wir erst zeilenweise multiplizieren, müsste das Produkt aller neun Werte $+1$ ergeben, und wenn wir erst spaltenweise multiplizieren, müsste das Produkt aller neun Werte -1 ergeben. Damit ist der Satz bewiesen. $\quad\square$

9.3   Kontextualität

Das Kochen-Specker Theorem wird häufig dahingehend interpretiert, dass es die
Unmöglichkeit beweist, *nichtkontextuelle* verborgene Variablen in die Quantenmechanik einführen zu können, ohne in Konflikt mit der Empirie zu kommen. Was
hat es mit dieser Begrifflichkeit auf sich?

Die Frage nach den verborgenen Variablen wird häufig mit dem Messproblem
der Quantenmechanik in Verbindung gebracht, welches wir ausführlich in Kap. 2
besprochen haben, und folglich mit der Frage nach einer Vervollständigung der orthodoxen Quantentheorie. Diese vervollständigenden Variablen – wir haben auch
von *beables* oder Ontologie gesprochen – als *verborgene* Variablen zu bezeichnen, ist allerdings höchst merkwürdig. Um das Messproblem zu lösen, dürfen diese
Variablen ja gerade nicht verborgen sein, es müssen vielmehr jene Bestimmungsstücke sein, die den *offenbaren* Unterschied zwischen einem Zeiger, der nach links
zeigt, und einem Zeiger, der nach rechts zeigt, ausmachen.

Dennoch, da die noch junge Quantentheorie keine solchen Bestimmungsstücke
enthielt, war man wohl geneigt, auch die möglichen vervollständigenden Variablen als verborgen zu bezeichnen. Selbst David Bohm benutzte in seiner berühmten
Arbeit von 1952, aus der die Bohmsche Mechanik entstand,[5] den Begriff der verborgenen Variablen für die Teilchenorte – leider, so muss man wohl sagen, aus dem
Missverständnis heraus, das von Neumannsche Theorem widerlegt zu haben. In
Wirklichkeit zeigt die Bohmsche Mechanik nur auf, dass das Theorem physikalisch
irrelevant ist.

Nichtsdestotrotz werden No-go-Theoreme à la von Neumann und Kochen-
Specker noch immer mit dem Ansinnen diskutiert, zu belegen, dass eine Vervollständigung der orthodoxen Quantenmechanik unmöglich ist bzw. mit allerhand
absurden Konsequenzen einhergehen würde. Die Theoreme sollen gewissermaßen
festschreiben, dass uns der quantenmechanische Messformalismus alles sagt, was
es über die Natur zu sagen gibt, und die Suche nach weiteren Bestimmungsstücken
vergeblich ist. Aber ist es nicht eher absurd, darauf zu bestehen, dass die Quantenmechanik nur von Messgrößen handelt, und zugleich sagen zu müssen, dass da
gar nichts Objektives vorliegt, das tatsächlich gemessen wird? Auf jeden Fall ist
eine solch dogmatische Lesart der mathematischen Resultate schlichtweg nicht gerechtfertigt. Bohmsche Mechanik und die GRW-Theorie sind ja der Beleg dafür,
dass es sehr wohl möglich und sinnvoll ist, die Wellenfunktion durch ontologische Größen zu ergänzen, die den Realzustand des Systems, d. h. die tatsächliche
Materiekonfiguration beschreiben. Dazu brauchen diese *beables* aber nicht mehr
als einen Ort. Darüber hinaus sollten wir keinem naiven Realismus über Observablen verfallen, sondern einfach das Bohrsche Diktum ernst nehmen, wonach erst das
Experiment die gemessenen Werte kreiert.

---

[5]D. Bohm, „A suggested interpretation of the quantum theory in terms of 'hidden' variables".
Physical Review, 85, 1952.

Man denke etwa an die Bohmsche Beschreibung der Spin-Messung. Es wäre hier verkehrt zu sagen, der gemessene Spin entspreche einer intrinsischen Eigenschaft des Teilchens, die ihm zusätzlich zu seinem Ort zukommt. Erst der von uns aufgestellte Stern-Gerlach-Magnet sorgt ja dafür, dass sich die Wellenfunktion gemäß den entsprechenden Spinor-Komponenten räumlich aufspaltet und das Teilchen einem der beiden Wellenanteile folgt. Ähnlich ist die Situation in GRW und der Viele-Welten-Theorie. Erst die Wechselwirkung mit einem Messapparat sorgt dafür, dass die Spin-Komponenten dekohärieren und mit makroskopisch unterscheidbaren Apparat-Anzeigen verschränkt werden, und in der Kollaps-Theorie sorgt die Verschränkung ferner dafür, dass die gemeinsame Wellenfunktion von Teilchen + Apparat sofort kollabiert und sich damit für eines der möglichen Messergebnisse „entscheidet".

Was soll nun die Diskussion über Kontextualität? Am besten ist es, Niels Bohr zuzustimmen: *Den Observablen unterliegen i.A. überhaupt keine Variablen mit feststehenden Werten, die in einer Messung offenbart werden*, anstatt einen weiteren philosophischen Maulwurfshügel aufzuwerfen und nicht existierende Eigenschaften „kontextuell" zu nennen. Will man den Observablen eines Systems aber partout eine vorliegende Eigenschaft (eine verborgene Variable) zuweisen, dann hängt diese Eigenschaft notwendigerweise vom Kontext ab, in dem man sie zu messen gedenkt. Das ist die Mehrdeutigkeit, die im Beweis des No-go-Theorems zum Tragen kommt. Wie oben: $\hat{A}$ kann gemeinsam mit $\hat{B}$, aber auch mit $\hat{C}$ gemessen werden, aber $\hat{B}$ nicht gemeinsam mit $\hat{C}$. Die hypothetische vorliegende Eigenschaft, die mit der Observablen $\hat{A}$ gemessen wird, wäre dann eine, wenn $\hat{A}$ zusammen mit $\hat{B}$ gemessen wird, und eine andere, wenn $\hat{A}$ zusammen mit $\hat{C}$ gemessen wird.

Sollte uns das schockieren? Eigentlich nicht, denn die Messung von $\hat{A}$ mit $\hat{B}$ erfordert ja im Allgemeinen ein völlig anderes Experiment als die Messung von $\hat{A}$ mit $\hat{C}$. Die Observable ist also immer nur ein Kürzel, hinter dem das komplette Messexperiment inklusive einer beliebig komplexen Messapparatur verschwindet. Und die ganzen Mysterien, von der Kontextualität bis zur Quantenlogik, ergeben sich nur dann, wenn man dieses Kürzel als das Elementare denken möchte und so tut, als ob im Messprozess selbst keine Physik mehr steckt.

Die abschließende Ironie dieser ganzen Kontextualitätsgeschichte ist nun, dass Kontextualität für alle eine negative Konnotation trägt, also im Grunde alle darin übereinstimmen, dass Kontextualität gehobener Unsinn ist. Warum sie dennoch verbreitet wird? Um die Vervollständigung der Quantentheorie durch z. B. Bohmsche Mechanik trotz allem zurückweisen zu können. Solche Theorien beinhalten, so die Kritik, kontextuelle Eigenschaften und sind damit irgendwie schlecht.

Nichtlokalität

> *Ich kann aber deshalb nicht ernsthaft daran [an die*
> *Quantentheorie] glauben, weil die Theorie mit dem Grundsatz*
> *unvereinbar ist, dass die Physik eine Wirklichkeit in Raum und*
> *Zeit darstellen soll, ohne spukhafte Fernwirkungen.*
> – Albert Einstein, Brief an Max Born vom 3. März 1947[1]

Alles bisher Gesagte war gut und richtig. Aber die Folgerungen aus den bekannten Quantenphänomenen und dem Messproblem der orthodoxen Quantenmechanik waren nicht eindeutig. Determinismus (Bohm, Everett) oder Indeterminismus (GRW); Welle und Teilchen (Bohm) oder nur Welle (Everett) oder Welle und Materie, aber keine Teilchen (GRWf/GRWm) – all diese Möglichkeiten könnten prinzipiell auf unsere Welt passen. Nun kommen wir aber zu etwas Neuem, etwas Grundsätzlichem von ewiger Gültigkeit: die Nichtlokalität der Natur. Wir werden den Begriff im Laufe des Kapitels immer weiter einkreisen und genauer fassen, aber grob gesagt bedeutet Nichtlokalität, dass die fundamentalen Gesetze der Naturbeschreibung in irgendeiner Form eine Fernwirkung beinhalten müssen, dass sich also entfernte physikalische Systeme instantan[2] beeinflussen können.

Die Newtonsche Mechanik ist eine Fernwirkungstheorie – sie besitzt eine absolute Gleichzeitigkeit, die instantane Wechselwirkungen erlaubt. Die Nichtlokalität der Newtonschen Mechanik ist allerdings noch milde: Die Wechselwirkungen fallen mit dem Abstand rasch gegen null.

Bohmsche Mechanik hingegen ist eklatant nichtlokal: die ganze Mechanik ist auf dem Konfigurationsraum definiert; alle Teilchen werden zugleich und miteinander

---

[1]Zitiert nach: *Albert Einstein Max Born, Briefwechsel 1916–1955.* 3. Auflage, Langen Müller, 2005, S. 255.

[2]Der Begriff „instantan" vermittelt intuitiv das richtige Verständnis, obwohl er, sobald wir zur relativistischen Physik kommen, nicht mehr wohldefiniert ist. Die vorsichtigere Sprechweise wäre „überlichtschnelle Wirkung", was aber eigentlich zu harmlos klingt, vgl. Fußnote 12.

© Springer-Verlag GmbH Deutschland 2018
D. Dürr, D. Lazarovici, *Verständliche Quantenmechanik*,
https://doi.org/10.1007/978-3-662-55888-1_10

durch eine gemeinsame Wellenfunktion geführt. In einem Zwei-Teilchen-System mit Koordinaten $\mathbf{X}_1(t)$ und $\mathbf{X}_2(t)$ ist

$$\dot{\mathbf{X}}_1(t) = -\frac{\hbar}{m_1} \nabla_{\mathbf{x}} \mathrm{Im} \ln \psi(\mathbf{x}, \mathbf{X}_2(t))|_{\mathbf{x}=\mathbf{X}_1(t)},$$

sodass die Bewegung von $\mathbf{X}_2$ direkt und sofort $\mathbf{X}_1$ beeinflusst, wenn die Wellenfunktion $\psi(\mathbf{x}, \mathbf{y})$ eine verschränkte ist, also nicht in ein Produkt zerfällt.

GRW ist ebenfalls manifest nichtlokal. Eine Einwirkung auf einen Teil eines verschränkten Systems kann die Kollaps-Rate und damit die Dichte von Materie an einem beliebig weit entfernten Ort instantan beeinflussen. (Bei Everett ist die Sache noch ein wenig subtiler, wir haben das in Abschn. 6.3 angesprochen.)

Die entscheidende Frage lautet nun: Ist diese Nichtlokalität notwendig? Oder ist sie vielmehr eine Eigenart besagter Theorien, sodass wir auch eine lokale Naturbeschreibung finden könnten? Die Frage ist weniger prosaisch die: Ist die Natur lokal oder nichtlokal? Eine waghalsige Frage, aber John Stuart Bell hatte den Mut, sie aufzugreifen und einen experimentellen Test vorzuschlagen, der in der Lage ist, die Nichtlokalität der Natur ein für alle Mal festzuschreiben! Man muss sich die Tiefe und Tragweite dieser Leistung bewusst machen: ein Experiment, das uns sagen kann, wie die Natur *auf jeden Fall zu beschreiben* ist – eine Wahrheit, die über jeder Theorie steht. Völlig zu Recht wurde die Nichtlokalität der Natur als „tiefgreifendste Erkenntnis der Wissenschaft" bezeichnet.[3] Letzten Endes ist sie *die* entscheidende Innovation der Quantenphysik und es ist absolut unmöglich, Quantenmechanik zu verstehen, ohne Nichtlokalität zu verstehen.

10.1   Das EPR-Argument

Einstein war wohl der Erste, der erkannte, dass die Verschränkung der quantenmechanischen Wellenfunktion zu einer nichtlokalen Naturbeschreibung führt. Die Verletzung der Lokalität war der eigentliche Kern seiner Ablehnung der Quantentheorie – nicht die Aufgabe des Determinismus, wie mit Verweis auf das berühmte Zitat „Gott würfelt nicht" immer wieder behauptet wird.[4]

Da Einstein das Prinzip der Lokalität als unumstößlich galt, schloss er, dass die quantenmechanische Beschreibung nicht fundamental sein kann. Darüber geht der berühmte Artikel von Einstein, Podolsky und Rosen (EPR), in dem gezeigt wird, wie aus der Annahme der Lokalität die Unvollständigkeit der Quantenmechanik folgt.[5]

---

[3] H.P. Stapp, „Bell's Theorem and World Process". *Il Nuovo Cimento*, 29B, 1975.

[4] Ein vollständiges Zitat findet sich in einem Brief an Cornelius Lanczos: „Es scheint hart, dem Herrgott in die Karten zu gucken. Aber dass er würfelt und sich telepathischer Mittel bedient (wie es ihm von der gegenwärtigen Quantentheorie zugemutet wird), kann ich keinen Augenblick glauben." Die „telepathischen Mittel" weisen hier bereits deutlich auf die Nichtlokalität hin, die Einstein in der Quantenmechanik erkannte.

[5] A. Einstein, B. Podolsky und N. Rosen, „Can Quantum-Mechanical Description of Physical Reality Be Considered Complete?" *Physical Review*, 47, 1935.

Wir betrachten dazu die von Bohm vorgeschlagene Version des EPR-Experimentes (auch EPRB-Experiment genannt), die auch Bell benutzte und die im Prinzip auch im realen Experiment umgesetzt wird. Hier erinnere man sich an das Unterkapitel 1.7, in dem wir die Ablenkung von Spinor-Wellenfunktionen im Stern-Gerlach-Magneten besprochen haben. Man kann nun ein spezielles Paar („EPR-Paar") von Spin-1/2-Teilchen im sogenannten Singlett-Zustand präparieren. Das ist ein verschränkter Zustand mit Gesamtspin null. Der Spin-Anteil der antisymmetrischen Wellenfunktion hat die Form:

$$\psi_s = \frac{1}{\sqrt{2}} (|\uparrow\rangle_1 |\downarrow\rangle_2 - |\downarrow\rangle_1 |\uparrow\rangle_2), \tag{10.1}$$

wobei $|\uparrow\rangle_i$ und $|\downarrow\rangle_i$ die Spin-Eigenzustände des i-ten Teilchen sind und wir die Richtung unterschlagen können, weil der Zustand rotationssymmetrisch ist.

Entscheidend ist nun, dass das Zwei-Teilchen-System folgende Eigenschaft hat: Misst man den Spin eines Teilchens in einer beliebigen Richtung **a**, so zeigt der Spin mit Wahrscheinlichkeit 1/2 nach oben (und wir sagen, das Teilchen habe „**a**-Spin UP"), und mit Wahrscheinlichkeit 1/2 nach unten (und wir sagen, das Teilchen habe „**a**-Spin DOWN"). Misst man aber den Spin beider Teilchen in derselben Richtung, so ist er stets entgegengesetzt: Wenn Teilchen 1 „**a**-Spin UP" hat, dann hat Teilchen 2 auf jeden Fall „**a**-Spin DOWN" und umgekehrt. Wir haben bereits über die Bedeutung des Satzes „Messung des Spins in Richtung **a**" gesprochen. Er beschreibt nichts anderes als das Phänomen, dass beim Durchgang des Teilchens durch einen Stern-Gerlach-Magneten das Teilchen entweder zum spitzen Polschuh oder zum flachen Polschuh abgelenkt wird, siehe Abb. 10.1.

Konkreter heißt das: Lässt man die beiden Teilchen auseinander und durch gleich gerichtete Stern-Gerlach-Apparate fliegen, so werden sie immer in entgegengesetzte Richtung abgelenkt. Das ist so, und daran scheint zunächst nichts Verdächtiges zu sein. Aber nun können wir die Stern-Gerlach-Magnete SGM 1 und SGM 2 beliebig

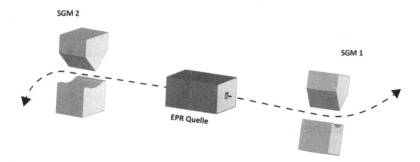

Abb. 10.1 Das EPRB-Experiment. Zwei Teilchen im Singlett-Zustand (10.1) fliegen auseinander und auf die verdrehbaren Stern-Gerlach-Apparaturen SGM 1 und SGM 2 zu. Dabei werden sie entweder zum spitzen oder zum flachen Polschuh abgelenkt. Die Verdrehung der Magnete geschieht während der Flugzeit der Teilchen, und zwar so schnell, dass kein Lichtsignal die Einstellungen der Magnete dem jeweils anderen Teilchen „mitteilen" kann

weit voneinander entfernen (im Prinzip zumindest, denn immer lauert und agiert Dekohärenz), so weit, dass zwischen der Messung an Teilchen 1 und der Messung an Teilchen 2 keine maximal lichtschnellen Einflüsse wirken können (die Ereignisse sind „raumartig getrennt").

Wenn wir nun aber beobachten, dass Teilchen 1, sagen wir, „**a**-Spin UP" hat, so wissen wir sofort, dass Teilchen 2 „**a**-Spin DOWN" hat, dass also eine Messung des **a**-Spins an Teilchen 2 mit Sicherheit das Ergebnis „Spin DOWN" hervorbringen wird.

Ein unbedarfter Leser, der noch nicht viel von Quantenmechanik weiß, aber dafür seinen gesunden Menschenverstand behalten hat, wird auch daran nichts Verdächtiges finden. Die Teilchen „haben nun mal entgegengesetzten Spin", wird er sagen, „und wenn ich beobachte, dass Teilchen 1 ‚**a**-Spin UP' hat, dann kann ich daraus schließen, dass Teilchen 2 ‚**a**-Spin DOWN' haben muss". Das Ganze ist ja tatsächlich völlig harmlos, wenn wir annehmen, dass die beiden Teilchen die ganze Zeit schon ihre entgegengesetzten Spin-Werte hatten, die wir durch die Messung bloß herausfinden.

Die Problematik, auf die EPR hinwiesen, ergibt sich aber aus der Behauptung der Quantenmechanik, dass die Spin-Werte der Teilchen eben *nicht* vorher festliegen, dass also insbesondere ihr **a**-Spin „indeterminiert" ist und erst durch den Vorgang der Messung (und den Kollaps der Wellenfunktion) festgelegt wird. Das würde hier aber bedeuten, dass der **a**-Spin von Teilchen 2 durch die Messung an Teilchen 1 festgelegt wird, d. h., die Messung von „**a**-Spin UP" für Teilchen 1 beeinflusst den Zustand so, dass eine anschließende Messung an Teilchen 2 mit Sicherheit „**a**-Spin DOWN" ergeben wird – obwohl jede maximal lichtschnelle Wechselwirkung zwischen den beiden Messungen ausgeschlossen ist.

Allgemeiner gesprochen, ist das EPR-Dilemma folgendes: Entweder der **a**-Spin von Teilchen 2 war schon unabhängig von der Messung an Teilchen 1 festgelegt – dann ist die quantenmechanische Beschreibung unvollständig und es muss zusätzliche Variablen geben, die die Teilchenspins festschreiben. Oder der **a**-Spin von Teilchen 2 wird erst durch die entsprechende Messung an Teilchen 1 festgelegt – dann muss es eine Form von Fernwirkung geben, also Nichtlokalität.

Es ist wichtig, dieses EPR-Argument zu verinnerlichen, weil darüber unnötig viel Verwirrung herrscht. Insbesondere muss man zur Kenntnis nehmen, dass es in der betrachteten Situation[6] eine dritte Möglichkeit nicht geben kann – die beiden Alternativen sind logisch komplementär.

10.2   Die Bellsche Ungleichung

Nehmen wir also an, die Natur sei lokal. Dann müssen die Spins der beiden Teilchen des EPR-Paares schon vor der Messung festgelegt sein. Und weil wir die gemessene

---

[6]Den Ausweg der Viele-Welten-Theorie, dass die Messungen nur *scheinbar* eindeutige Ergebnisse haben, lassen wir hier außen vor.

Spin-Komponente, also die Orientierung der Stern-Gerlach-Apparate, im letzten Moment bestimmen können – sodass auch hiervon lichtschnelle Einflüsse oder Signale zwischen beiden Seiten des Experimentes ausgeschlossen sind –, muss dies für beliebige Richtungen $\mathbf{a}$ gelten. Formal bedeutet das: Es muss eine Familie von Zufallsgrößen („verborgene Variablen" im Sinne von Kap. 9)

$$Z^{(1)}_{\mathbf{a}_1}, Z^{(2)}_{\mathbf{a}_2} \in \{-1, 1\}, \text{ mit } \mathbf{a}_1 = \mathbf{a}_2 \Rightarrow Z^{(1)}_{\mathbf{a}_1} = -Z^{(2)}_{\mathbf{a}_2} \tag{10.2}$$

geben, deren Werte die Resultate der Spin-Messungen an 1 und 2 in den verschiedenen Richtungen sind und deren Korrelationen so sind, dass sich die gemessenen relativen Häufigkeiten ergeben.

Der mathematische Begriff der „Zufallsgröße" mag hier irreführend sein. Die Funktionen $Z^{(1)}_{\mathbf{a}_1}, Z^{(2)}_{\mathbf{a}_2} \in \{-1, 1\}$ können deterministisch von anderen physikalischen Größen abhängen oder sie können tatsächlich ein stochastisches Gesetz darstellen. Wie genau die zugrunde liegende lokale Theorie aussieht, mit der die Spin-Korrelationen erklärt werden sollen, spielt keine Rolle. Sie kann deterministisch sein oder indeterministisch, schön oder hässlich, einfach oder hoffnungslos komplex. Sie soll lediglich auf *lokale* Art und Weise die gemessene Statistik des EPR-Experimentes reproduzieren. Die Parameter $Z^{(1)}_{\mathbf{a}_1}, Z^{(2)}_{\mathbf{a}_2}$ bezeichnen dabei die Vorhersagen dieser hypothetischen Theorie für die entsprechenden Spin-Messungen. Wichtig ist, dass $Z^{(1)}_{\mathbf{a}_1}$ nicht von der Wahl von $\mathbf{a}_2$ abhängt und umgekehrt. Denn unter Annahme von Lokalität kann die kurz zuvor gewählte Richtung, in die der Spin von Teilchen 2 gemessen wird, keinen Einfluss auf den Ausgang der Messung an Teilchen 1 haben und umgekehrt. Man spricht deshalb auch von *lokalen* verborgenen Variablen.

Wir wählen nun drei beliebige Richtungen $\mathbf{a}, \mathbf{b}, \mathbf{c}$ und betrachten die Werte

$$(Z^{(1)}_{\mathbf{a}}, Z^{(1)}_{\mathbf{b}}, Z^{(1)}_{\mathbf{c}}) = (-Z^{(2)}_{\mathbf{a}}, -Z^{(2)}_{\mathbf{b}}, -Z^{(2)}_{\mathbf{c}}). \tag{10.3}$$

Wir suchen dann die Wahrscheinlichkeiten der Antikoinzidenzen $Z^{(1)}_{\mathbf{a}} = -Z^{(2)}_{\mathbf{b}}, Z^{(1)}_{\mathbf{b}} = -Z^{(2)}_{\mathbf{c}}$ usw. auf und addieren diese. Damit erhalten wir:

$$\begin{aligned}
&\mathbb{P}(Z^{(1)}_{\mathbf{a}} = -Z^{(2)}_{\mathbf{b}}) + \mathbb{P}(Z^{(1)}_{\mathbf{b}} = -Z^{(2)}_{\mathbf{c}}) + \mathbb{P}(Z^{(1)}_{\mathbf{c}} = -Z^{(2)}_{\mathbf{a}}) \\
&\overset{(10.3)}{=} \mathbb{P}(Z^{(1)}_{\mathbf{a}} = Z^{(1)}_{\mathbf{b}}) + \mathbb{P}(Z^{(1)}_{\mathbf{b}} = Z^{(1)}_{\mathbf{c}}) + \mathbb{P}(Z^{(1)}_{\mathbf{c}} = Z^{(1)}_{\mathbf{a}}) \\
&\geq \mathbb{P}(Z^{(1)}_{\mathbf{a}} = Z^{(1)}_{\mathbf{b}} \text{ oder } Z^{(1)}_{\mathbf{b}} = Z^{(1)}_{\mathbf{c}} \text{ oder } Z^{(1)}_{\mathbf{c}} = Z^{(1)}_{\mathbf{a}}) \\
&= \mathbb{P}(\text{„sicheres Ereignis"}) \\
&= 1,
\end{aligned}$$

denn $Z^{(i)}_{\mathbf{a}, \mathbf{b}, \mathbf{c}}$ kann nur die Werte $+1$ oder -1 annehmen, also muss immer mindestens einer der Fälle $Z^{(1)}_{\mathbf{a}} = Z^{(1)}_{\mathbf{b}}$ oder $Z^{(1)}_{\mathbf{b}} = Z^{(1)}_{\mathbf{c}}$ oder $Z^{(1)}_{\mathbf{c}} = Z^{(1)}_{\mathbf{a}}$ gelten. Dies ist eine Version der berühmten *Bellschen Ungleichung*:

$$\mathbb{P}(Z^{(1)}_{\mathbf{a}} = -Z^{(2)}_{\mathbf{b}}) + \mathbb{P}(Z^{(1)}_{\mathbf{b}} = -Z^{(2)}_{\mathbf{c}}) + \mathbb{P}(Z^{(1)}_{\mathbf{c}} = -Z^{(2)}_{\mathbf{a}}) \geq 1 \tag{10.4}$$

Sie ist offenbar eine absolut triviale Konsequenz der Existenz der Zufallsgrößen, also eine direkte Folgerung aus der Lokalitätsannahme.

Nun braucht man nur noch das Experiment durchzuführen. Eigentlich sollte kein großes Interesse bestehen, ein solches Experiment zu machen – die Aussage ist zu trivial und kann eigentlich nur bestätigt werden. Aber alle präzisen Quantentheorien, die wir bisher betrachtet haben, waren nichtlokal. Und wenn die Nichtlokalität auf dem Prüfstand steht, dann ist die Existenz der Größen $Z_a^{(1)}$, $Z_a^{(2)}$ infrage gestellt und dann könnten sich die gemessenen relativen Häufigkeiten zu etwas Kleinerem als 1 summieren. In der Tat, wie sich das Experiment lohnt! Man erhält als Summe der gemessenen relativen Häufigkeiten eine Zahl deutlich kleiner als 1 (wir besprechen die aktuellen experimentellen Befunde später). Das Experiment schließt damit nicht eine bestimmte, sondern *alle* möglichen Theorien aus, die die (Anti-)Korrelationen auf eine lokale Art und Weise erklären wollen. Mit anderen Worten: Das Experiment entscheidet in der Tat für Nichtlokalität!

Die andere Sache ist, dass die Experimente zudem die quantenmechanischen Vorhersagen bestätigten. Das sind folgende:
Die Spin-Singlett-Wellenfunktion ist, wie oben beschrieben,

$$\psi_s = \frac{1}{\sqrt{2}} \left(| \uparrow \rangle_1 | \downarrow \rangle_2 - | \downarrow \rangle_1 | \uparrow \rangle_2 \right).$$

(Wir unterdrücken hier die Ortsabhängigkeit $\psi(x_1, x_2) = \psi(x_2, x_1)$, die einfach anmultipliziert wird.) Nun berechnen wir den Erwartungswert

$$E_{a,b} = \frac{1}{4} \langle \psi_s | a \cdot \sigma^{(1)} \otimes b \cdot \sigma^{(2)} | \psi_s \rangle$$

Dieser Ausdruck ist bilinear in a, b sowie rotationsinvariant, also ein Vielfaches von $a \cdot b$, d. h. $E_{a,b} := \mu a \cdot b$, wobei wir den Proportionalitätsfaktor μ aus der Wahl $a = b$ bestimmen können, denn da muss $E_{a,b} = -1/4$ sein. Also

$$E_{a,b} = -\frac{1}{4} a \cdot b. \tag{10.5}$$

Andererseits gilt mit $P_{a,b}$ als Antikoinzidenzwahrscheinlichkeit[7]

$$E_{a,b} = -\frac{1}{4} P_{a,b} + \frac{1}{4}(1 - P_{a,b}) = -\frac{1}{2} P_{a,b} + \frac{1}{4}$$

und folglich

$$P_{a,b} = \frac{1}{2} + \frac{1}{2} a \cdot b. \tag{10.6}$$

---

[7]Das ist die Wahrscheinlichkeit, dass der a-Spin von Teilchen 1 dem b-Spin von Teilchen 2 entgegengesetzt, das Produkt der gemessenen Spin-Werte also $-1/4$ ist.

Für die Wahl $\mathbf{a}, \mathbf{b}, \mathbf{c}$ mit Zwischenwinkeln $120°$ erhält man

$$P_{\mathbf{a},\mathbf{b}} = \frac{1}{2} - \frac{1}{4} = \frac{1}{4}, \qquad P_{\mathbf{a},\mathbf{c}} = \frac{1}{4}, \qquad P_{\mathbf{b},\mathbf{c}} = \frac{1}{4}.$$

Also ergibt sich für die linke Seite von (10.4) die Zahl $\frac{3}{4}$ und damit eine deutliche Verletzung der Bellschen Ungleichung.

10.3 Folgerungen und Missverständnisse

Einstein hatte natürlich Recht mit seiner Überzeugung, dass die Quantenmechanik seiner Zeit unvollständig war. Wir haben das bereits beim Messproblem ausführlich besprochen, nur hatte das nichts mit Lokalität zu tun. Bohm, GRW und Everett haben jeweils andere Auffassungen darüber, in welchem Sinne die Quantenmechanik zu vervollständigen ist. Gerade die Bohmsche Mechanik, mit Teilchenorten als ontologischen Größen, ist das Paradigma einer Vervollständigung, aber sie ist sicherlich keine Theorie in Einsteins Sinne, denn sie ist manifest nichtlokal.

Bell, der das alles genauestens verstanden hatte, hat sich die Frage gestellt, ob eine Beschreibung der Quantenphänomene in Einsteins Sinne – also eine lokale Beschreibung – möglich ist. Die Antwortet lautet: Nein. Die Tatsache, dass die Vorhersagen der Quantenmechanik die Bellsche Ungleichung verletzen, bedeutet, dass *keine* lokale Theorie diese Vorhersagen reproduzieren kann. Und die Tatsache, dass die Experimente die Vorhersagen der Quantenmechanik – also die Verletzung der Bellschen Ungleichung – bestätigen, bedeutet, dass *keine* lokale Theorie unsere Welt beschreiben kann. Die Nichtlokalität der Natur ist damit ein für alle Mal festgeschrieben.

Diese Nichtlokalität bedeutet wohlgemerkt nicht, dass sich Signale mit Überlichtgeschwindigkeit senden lassen – was der Einsteinschen Relativitätstheorie deutlich zuwiderlaufen würde. Weiter unten, in Abschn. 10.5, werden wir zeigen, dass überlichtschnelle Kommunikation unmöglich ist, solange die Bornsche Regel gilt („*no signaling*-Theorem"). Nichtlokalität bedeutet auch nicht die Rückkehr zu einer Newtonschen Physik. Sie bedeutet aber, dass es in der Natur gewisse statistische Korrelationen zwischen entfernten Ereignissen gibt, die sich nicht ohne die Annahme erklären lassen, dass sich diese Ereignisse irgendwie beeinflussen können – obwohl sie in so großem räumlichem und so kurzem zeitlichem Abstand geschehen, dass jede maximal lichtschnelle Wechselwirkung ausgeschlossen ist.

Bohmsche Mechanik beschreibt Nichtlokalität durch die Verschränkung der Wellenfunktion und ein nichtlokales Bewegungsgesetz für die Teilchen. GRW beschreibt Nichtlokalität durch die Verschränkung der Wellenfunktion und ein nichtlokales Kollaps-Gesetz für die Lokalisierung von Materie. Andere Beschreibungen sind denkbar, das Einsteinsche Weltbild ist aber ein für alle Mal erschüttert.

Bells Argumentation ist so klar und präzise, dass man sich wundern muss, wie es darüber so viele Missverständnisse und Kontroversen geben kann. Dass eine große Zahl von Physikern die „tiefgreifendste Erkenntnis" ihrer Wissenschaft nicht versteht, oder falsch versteht, ist tragisch, aber es ist eine Tatsache, mit der wir heutzutage noch leben müssen.

Das häufigste Missverständnis besteht darin, dass Bells Theorem als reine *no hidden variables*-Aussage – wie jene in Kap. 9 – begriffen wird. Dann heißt es oft, die Verletzung der Bellschen Ungleichung bedeute, dass man entweder die Lokalität oder den „Realismus" aufgeben müsse (ein furchtbar inadäquater Begriff und man fragt sich zu Recht, wie ein derart philosophisches Konzept hier von Bedeutung sein kann).

Richtig ist: Auf die Frage, ob man den „Spin-Observablen" $\mathbf{a} \cdot \sigma^{(1)}$, $\mathbf{b} \cdot \sigma^{(2)}$ „realen" Gehalt zuschreiben kann, d. h. ob es „verborgene Variablen" $Z_{\mathbf{a}_1}^{(1)}, Z_{\mathbf{a}_1}^{(2)}$ gibt, die bei einer Spin-Messung gemessen werden, antwortet Bells Theorem mit einem klaren Nein: Es gibt keine Zufallsgrößen $Z_{\mathbf{a}_1}^{(1)}, Z_{\mathbf{a}_2}^{(2)}$, die die quantenmechanische Korrelation (10.5) reproduzieren. Wer darin die Kernaussage von Bells Theorem sieht, vergisst aber das EPR-Argument, das der ganzen Betrachtung zugrunde liegt. Die Existenz der verborgenen Variablen $Z_{\mathbf{a}_1}^{(1)}, Z_{\mathbf{a}_2}^{(2)}$ war eine *Folgerung* aus der Lokalitätsannahme. Die Unmöglichkeit solcher Variablen bedeutet also, dass die Lokalitätsannahme verletzt ist. Es bleibt nur eine der Alternativen des EPR-Dilemmas übrig, und zwar Nichtlokalität. Sprich: Wenn wir für Teilchen 1 „a-Spin UP" messen und dadurch wissen, dass Teilchen 2 den „a-Spin DOWN" hat, dann haben wir damit tatsächlich *keine* bereits vorliegende Eigenschaft von Teilchen 2 in Erfahrung gebracht. Das bedeutet aber gerade, dass erst die Messung von „a-Spin UP" für Teilchen 1 in gewissem Sinne dafür sorgt, dass eine anschließende Messung an Teilchen 2 mit Sicherheit „a-Spin DOWN" ergeben muss.

Bell selbst hat sich mehrfach deutlich gegen das weit verbreitete Missverständnis seiner Argumentation ausgesprochen. In einer Fußnote zu seinem berühmten Artikel *Bertlmann's socks and the nature of reality*[8] schreibt er:

> Mein eigener erster Artikel über dieses Thema (Physics **1**, 195 (1965)) beginnt mit einer Zusammenfassung der EPR-Erörterung von der Lokalität zu deterministischen verborgenen Variablen. Aber die Kommentatoren haben fast einhellig berichtet, dass er mit deterministischen verborgenen Variablen beginnt. (S. 176)

Und im Artikel selbst heißt es:

> Es ist wichtig zu beachten, dass in dem begrenzten Maß, in dem *Determinismus* im EPR-Argument eine Rolle spielt, er nicht vorausgesetzt, sondern *gefolgert* wird. Was heilig bleibt, ist das Prinzip der „lokalen Kausalität" – oder „keine Fernwirkung". [...] Es ist bemerkenswert schwierig, diesen Punkt zu vermitteln, dass Determinismus keine *Voraussetzung* der Analyse ist. (S. 162)

„Determinismus" meint hier dasselbe wie der „Realismus", also die Existenz verborgener Variablen, durch die die Ausgänge der Spin-Messungen auf lokale Art festgelegt sind.

---

[8]Deutsch: J.S. Bell, „Bertlmanns Socken und das Wesen der Realität". In: *Sechs mögliche Welten der Quantenmechanik*, Oldenbourg Verlag, 2012.

Schematisch dargestellt ist die logische Struktur des Bell-Argumentes also wie folgt (wobei „Exp." für die experimentellen Daten und ihre logischen Folgerungen steht):

EPR: Lokalität $\Rightarrow$ lokale verborgene Variablen

Bell: lokale verborgene Variablen $\Rightarrow$ Bellsche Ungleichung

Exp.: $\neg$Bellsche Ungleichung $\Rightarrow$ $\neg$lokale verborgene Variablen $\Rightarrow$ $\neg$Lokalität

Beginnend mit dem EPR-Argument ist die einzige physikalische Annahme, die der Herleitung der Bellschen Ungleichung zugrunde liegt, die Lokalität. Die Verletzung der Bellschen Ungleichung, die wir im Experiment beobachten, bedeutet also, dass das Lokalitätsprinzip falsifiziert ist.

10.4 CHSH-Ungleichung und das allgemeine Bell-Theorem

Am Anfang des Kapitels haben wir eine Einsicht angekündigt, „die über jeder Theorie steht". Unsere bisherigen Betrachtungen bleiben aber noch hinter diesem Anspruch zurück, denn die Herleitung der Bellschen Ungleichung (10.4) beruht auf der Annahme perfekter Spin-Antikorrelationen (10.3). Quantenmechanik sagt diese perfekten Antikorrelationen für ein EPR-Paar im Singlett-Zustand voraus. Aber Quantenmechanik könnte falsch sein – und dann stünde die Nichtlokalität als Konsequenz der Verletzung der Bellschen Ungleichung in Zweifel. Aktuelle Experimente beobachten die Antikorrelationen in etwa 97 % der Fälle. Das ist innerhalb der Fehlergrenzen konsistent mit den Vorhersagen der Quantenmechanik; empirisch wird sich Gl. (10.3) aber nie mit hundertprozentiger Zuverlässigkeit bestätigen lassen. Deshalb betrachten wir nun eine allgemeinere Version des Bell-Theorems, basierend auf der sogenannten CHSH-Ungleichung, die ohne die Annahme perfekter Antikorrelationen auskommt. Es ist die Verletzung dieser Ungleichung, die in den einschlägigen Experimenten berichtet wird. Im Zuge der nun folgenden Herleitung werden auch die relevanten Begrifflichkeiten – insbesondere der Begriff der Nichtlokalität – nochmal präziser eingeführt.

Der Ausgangspunkt der Bellschen Analyse ist die Vorhersage bzw. Beobachtung statistischer Korrelationen zwischen raumartig getrennten Ereignissen A und B. „Raumartig getrennt" bedeutet, dass keine maximal lichtschnelle Wirkung, die von einem der Ereignisse ausgeht, das andere Ereignis erreichen kann. Eine statistische Korrelation bedeutet, dass für die gemeinsame Wahrscheinlichkeit $\mathbb{P}(A, B)$ gilt:

$$\mathbb{P}(A, B) \neq \mathbb{P}(A) \cdot \mathbb{P}(B) \tag{10.7}$$

Alternativ kann man auch die *bedingte Wahrscheinlichkeit* $\mathbb{P}(A \mid B) := \frac{\mathbb{P}(A,B)}{\mathbb{P}(B)}$ betrachten. Gl. (10.7) ist dann äquivalent zu

$$\mathbb{P}(A \mid B) \neq \mathbb{P}(A) \tag{10.8}$$

sowie

$$\mathbb{P}(B \mid A) \neq \mathbb{P}(B).$$ (10.9)

Bedingen auf das Eintreffen von B erhöht oder verringert also die Wahrscheinlichkeit für das Eintreffen von A und andersherum – die beiden Ereignisse sind nicht statistisch unabhängig.

Im EPRB-Experiment haben wir folgende Situation: Es bezeichne $(A \mid a) \in \{\pm 1\}$ das Ergebnis der Spin-Messung an Teilchen 1 in Richtung a und $(B \mid b) \in \{\pm 1\}$ das Ergebnis der Spin-Messung an Teilchen 2 in Richtung b.[9] Dann gilt im Spin-Singlett-Zustand etwa: $\mathbb{P}(A = +1 \mid a) = \mathbb{P}(B = +1 \mid b) = \frac{1}{2}$, aber mit (10.6)

$$\mathbb{P}(A = +1, B = +1 \mid a, b) = \frac{1}{4}(1 - \mathbf{a} \cdot \mathbf{b}).$$ (10.10)

Sobald $\mathbf{a}$ und $\mathbf{b}$ nicht orthogonal sind, also $\mathbf{a} \cdot \mathbf{b} \neq 0$, haben wir folglich

$$\mathbb{P}(A = +1, B = +1 \mid a, b) \neq \mathbb{P}(A = +1 \mid a) \cdot \mathbb{P}(B = +1 \mid b)$$ (10.11)

und die Ergebnisse der raumartig getrennten Spin-Messungen sind (anti-)korreliert.

Derartige Korrelationen zwischen entfernten Ereignissen sind nun keinesfalls ungewöhnlich und lassen an und für sich auch nicht auf einen direkten kausalen Zusammenhang schließen. Wenn etwa zwei Systeme gemeinsam präpariert wurden oder in der Vergangenheit unter Wechselwirkung standen, dann wundert es uns nicht, wenn sie bezüglich gewisser physikalischer Eigenschaften korreliert sind, ganz gleich, wie weit die beiden Systeme nun voneinander getrennt sind. In einer *lokalen* Theorie wird dann allerdings eine vollständige Beschreibung des Systemzustandes in der Vergangenheit alle relevanten Informationen für die Vorhersage von A und B enthalten, sodass ein zusätzliches Bedingen auf das Eintreffen von B unsere Vorhersage von A nicht weiter beeinflusst und umgekehrt.

Wir können auch banalere Beispiele betrachten: Die Zahl der Autounfälle, die an einem Tag in Hannover passieren, ist statistisch korreliert mit der Zahl der Autounfälle, die am selben Tag in Berlin passieren, aber das bedeutet nicht, dass ein Unfall in Berlin einen Zusammenstoß in Hannover verursacht oder umgekehrt. Vielmehr herrschen an beiden Orten oft ähnliche Wetterbedingungen – zum Beispiel Glatteis – und an beiden Orten wird samstags mehr Alkohol konsumiert als unter der Woche. Wenn wir solche Faktoren berücksichtigen, die als *lokale Erklärung* oder *gemeinsame Ursache* eines erhöhten Unfallaufkommens dienen können, dann werden wir feststellen, dass die Unfallhäufigkeit in Hannover unabhängig davon ist, was in der rund 300 km entfernten Bundeshauptstadt geschieht.

---

[9]Wir schreiben die Parameter a, b etc. ab jetzt nicht mehr vektoriell, weil das erstens die übliche Notation ist und man zweitens vor allem an Winkel denkt (die Stern-Gerlach-Magnete werden in einer Ebene verdreht). Im Sinne der vorangegangenen Kapitel sind aber die Richtungen $\mathbf{a}$, $\mathbf{b}$ etc. der Spin-Messungen gemeint.

Anmerkung 10.1 (Zur statistischen Unabhängigkeit) Nun haben wir im Kap. 3 über den Zufall in der Physik sehr stark die Unabhängigkeit von physikalisch relevanten Vergröberungen als schwieriges Konzept betont, denn die Urbild-Mengen der Vergröberungen müssen sich in einer ganz perfekten Weise durchmischen. Man denke an die Abb. 3.1. Bei Abhängigkeit der Vergröberungen ist eine solche perfekte Durchmischung nicht gegeben. Durch Bedingen schränken wir jedoch die Urbild-Mengen ein und können Unabhängigkeit erzeugen. Unser Prototyp für unabhängige Vergröberungen sind ja die Rademacher-Funktionen $r_k, k = 1, 2, \ldots$ auf dem Intervall $[0, 1)$ mit dem Lebesgue-Maß als Inhalt. Mit ihnen können wir beispielhaft zeigen, wie Bedingen Unabhängigkeit erzeugt. Seien $X = r_1 + r_2$ und $Y = r_1 r_3$. Das sind Vergröberungen auf $[0, 1)$ mit Werten in jeweils $\{0, 1, 2\}$ und $\{0, 1\}$. Man prüft nach, dass sie nicht unabhängig sind. Dazu folgendes Beispiel (am besten skizziere man sich dazu die Graphen bzw. die Urbilder):

$$\lambda(\{x : X(x) = 0, Y(x) = 0\}) = \frac{1}{8} \neq \lambda(\{x : X(x) = 0\})\lambda(\{x : Y(x) = 0\}) = \frac{1}{4} \cdot \frac{6}{8}$$

Hier steht λ wie in Kap. 3 für das Lebesgue-Maß auf $[0, 1]$. Die „lokale Erklärung" für die Abhängigkeit ist hier augenscheinlich r_1, welche beiden Vergröberungen gemeinsam ist. Also bedingen wir unter r_1, z. B. unter $r_1 = 0$. Die eingeschränkte Menge ist dann $[0, 1/2)$. In der Tat erhalten wir darauf Unabhängigkeit, was wir hier beispielhaft vorführen. Zunächst berechnen wir die bedingten Inhalte

$$
\begin{aligned}
\lambda_b(X = 0) := \lambda(X = 0 | r_1 = 0) &= \frac{\lambda(\{x : X(x) = 0\} \cap \{x : r_1(x) = 0\})}{\lambda(\{x : r_1(x) = 0\})} \\
&= \frac{\lambda([0, 1/4))}{\lambda([0, 1/2))} = \frac{1}{4} \cdot \frac{2}{1} = \frac{1}{2} \\
\lambda_b(Y = 0) := \lambda(Y = 0 | r_1 = 0) &= \frac{\lambda(\{x : Y(x) = 0\} \cap \{x : r_1(x) = 0\})}{\lambda(\{x : r_1(x) = 0\})} \\
&= \frac{\lambda([0, 1/2))}{\lambda([0, 1/2))} = 1
\end{aligned}
$$

und nun den bedingten Inhalt der gemeinsamen Größen

$$
\begin{aligned}
\lambda_b(X = 0, Y = 0) &= \frac{\lambda(\{x : X(x) = 0, Y(x) = 0\} \cap \{x : r_1(x) = 0\})}{\lambda(\{x : r_1(x) = 0\})} \\
&= \frac{\lambda([0, 1/4))}{\lambda([0, 1/2))} = \frac{1}{2} \\
&= \frac{1}{2} \cdot 1 = \lambda_b(X = 0)\lambda_b(Y = 0).
\end{aligned}
$$

Um die Unabhängigkeit von X und Y unter dem bedingten Inhalt λ_b nun vollständig zu sehen, müssen wir natürlich den bedingten Inhalt (auch unter $r_1 = 1$) aller Wertepaare von X und Y auf Faktorisierung hin prüfen. Aber das geht analog und kann zur Übung selber durchgeführt werden.

Wenn wir uns nun wieder, etwas zielführender, den beobachteten Korrelationen im EPRB-Experiment zuwenden, dann muss uns die jeweilige Theorie sagen, was die relevanten Faktoren sind, die die korrelierten Messergebnisse auf eine lokale Beschreibung zurückführen können (in unserer obigen Bemerkung war dies offenbar im gemeinsamen Auftreten von r_1 codiert). Die Korrelationen (10.11) heißen dann *lokal erklärbar*, wenn gilt:

$$\mathbb{P}(A, B \mid a, b, \lambda) = \mathbb{P}(A \mid a, \lambda) \cdot \mathbb{P}(B \mid b, \lambda), \qquad (10.12)$$

wobei in der Variablen λ alle relevanten Größen zusammengefasst sind, die gemäß der Theorie einen Einfluss auf die Ausgänge der Spin-Messungen haben können. Diese Größen können Teilchen beschreiben oder Felder oder Strings oder Wellenfunktionen, sie können Erhaltungsgrößen beinhalten oder makroskopische Zustandsvariablen, was auch immer die jeweilige Theorie uns anbietet.[10]

Natürlich müssen wir, wenn wir über λ mitteln, wieder die ursprünglichen Wahrscheinlichkeiten erhalten, also

$$\int_\Lambda \mathbb{P}(A, B \mid a, b, \lambda) \, d\mathbb{P}(\lambda) = \mathbb{P}(A, B \mid a, b), \qquad (10.13)$$

wobei die Integration über den Wertebereich Λ der Parameter λ geht.

Diese Vorüberlegungen führen uns zu folgender präziser Definition von Lokalität bzw. Nichtlokalität.

▶ **Definition 10.1** Eine Theorie heißt dann und nur dann *nichtlokal* (im Sinne von Bell und EPR), wenn sie Korrelationen zwischen raumartig getrennten Ereignissen vorhersagt, die im Rahmen der Theorie *nicht* lokal erklärbar im Sinne von Gl. (10.12) sind.

Anmerkung 10.2 (Über den Begriff der Fernwirkung) Wir hatten oben im Zusammenhang mit Nichtlokalität von „Fernwirkung" gesprochen. Dies ist im Grunde ein problematischer Begriff, zum einen, weil er von der Einsteinschen Polemik („Geisterfelder", „spukhafte Fernwirkung") belastet ist, zum anderen, weil man damit allerhand Intuitionen über Ursache und Wirkung verbinden kann, die ggf. unangemessen sind. Am besten ist es also, alle weiter gehenden Intuitionen hintanzustellen und Nichtlokalität zunächst in diesem präzisen Sinne von Bell zu verstehen.

Dass (10.12) eine notwendige Bedingung für Lokalität darstellt, kann man folgendermaßen sehen (siehe dazu auch Abb. 10.2). Mit der Definition der bedingten Wahrscheinlichkeit gilt

$$\mathbb{P}(A, B \mid a, b, \lambda) = \mathbb{P}(A \mid B, a, b, \lambda) \, \mathbb{P}(B \mid a, b, \lambda). \qquad (10.14)$$

---

[10]Die Wahrscheinlichkeiten in (10.12) könnten wohlgemerkt auch alle 1 oder 0 sein, was insbesondere deterministische Theorien einschließt, in denen eine volständige Zustandsbeschreibung λ die Messergebnisse eindeutig festlegt.

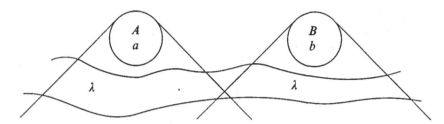

Abb. 10.2 Raumzeit-Diagramm des EPRB-Experimentes. Die diagonalen Linien markieren die Vergangenheits-Lichtkegel, die Messereignisse finden in raumartig getrennten Gebieten statt. Die Variable λ codiert alle möglichen Faktoren in der Vergangenheit der Messereignisse, die die Korrelationen „abschirmen" könnten. Quelle: J.S. Bell, *Speakable and Unspeakable in Quantum Mechanics*. 2. Auflage, Cambridge University Press, 2004

Wenn λ aber die vollständige Beschreibung des Systems in der Vergangenheit darstellt – also inbesondere alle möglichen gemeinsamen Ursachen der Ereignisse A und B beinhaltet –, dann muss in einer lokalen Theorie die zusätzliche Spezifikation des Messergebnisses B und des Kontrollparameters b für die Vorhersage von A redundant sein. Es muss also gelten: $\mathbb{P}(A \mid B, a, b, \lambda) = \mathbb{P}(A \mid a, \lambda)$. Ebenso darf die Wahrscheinlichkeit von B, bedingt auf λ, nicht zusätzlich von der Wahl des Kontrollparameters a abhängen, also $\mathbb{P}(B \mid a, b, \lambda) = \mathbb{P}(B \mid b, \lambda)$. Unter der Annahme von Lokalität wird die Identität (10.14) somit zu (10.12).

Die erste wichtige Folgerung erhalten wir nun, wenn wir obige Definition auf die Standard-Quantenmechanik anwenden. Das relevante λ umfasst hier die Spin-Wellenfunktion ψ – die gemäß der orthodoxen Theorie die vollständige mikroskopische Beschreibung des EPR-Paares darstellt – und eventuell noch „klassische" makroskopische Variablen $X_1, \dots, X_n$, die etwa den Nullzustand der Messapparaturen oder die Teilchenquelle beschreiben (in der üblichen Analyse des Experimentes aber keine explizite Rolle spielen). Aber $\lambda_{QM} = (\psi, X_1, \dots, X_n)$ reicht nicht aus, um die Korrelationen zwischen den gemessenen Teilchenspins des EPR-Paares abzuschirmen. Es gilt nach wie vor (10.10) und somit

$$\mathbb{P}(A, B \mid a, b, \lambda_{QM}) \neq \mathbb{P}(A \mid a, \lambda_{QM}) \cdot \mathbb{P}(B \mid b, \lambda_{QM}).$$

Mit anderen Worten: Die Standard-Quantenmechanik sagt die EPR-Korrelationen zwischen raumartig getrennten Messereignissen voraus, liefert aber nicht die Ressourcen, um diese Korrelationen lokal zu erklären. Demnach ist die Standard-Quantenmechanik in Bells Sinne nichtlokal. Hier gibt es nichts weiter zu beweisen oder zu diskutieren, das ist schlicht und einfach eine Anwendung der Definition.

Wir landen also, wie zuvor, beim EPR-Dilemma. Wenn die quantenmechanische Beschreibung vollständig ist, dann ist sie nichtlokal. Die Frage ist somit aufs Neue, ob man zusätzliche Variablen in die Quantenmechanik einführen (oder eine gänzliche neue Theorien finden) kann, mit deren Hilfe sich die EPR-Korrelationen lokal erklären lassen.

Die einzige zusätzliche Bedingung, die wir an diese Variablen stellen, ist, dass λ unabhängig von den Kontrollparametern a und b ist. Das ist mit anderen Worten die Annahme, dass der Experimentator die Orientierung der Stern-Gerlach-Magnete frei bzw. zufällig wählen kann. Formal:

$$\mathbb{P}(\lambda \mid a, b) = \mathbb{P}(\lambda) \tag{10.15}$$

Ein Erklärung, die diese Bedingung verletzt, nennt man *konspirativ*. Warum konspirativ? Es gibt zwei Möglichkeiten, wie (10.15) verletzt sein könnte. Entweder wir haben eine Form von *Retrokausalität*: Die Wahl der Parameter a und b in der Zukunft beeinflusst die Konfiguration von λ in der Vergangenheit. Oder wir haben eine Form von *Superdeterminismus*: Was immer den Ausgang der Spin-Messungen festlegt, legt zugleich auch fest, was für eine Messung überhaupt durchgeführt wird. Eine derartige Theorie würde aber die wissenschaftliche Methode an sich in Zweifel stellen, die auf der Annahme beruht, dass wir frei entscheiden können, welche Frage wir an das Experiment stellen. Man muss an dieser Stelle aber gar nicht über das schwierige Thema des „freien Willens" diskutieren. Im Experiment ist die Wahl der Kontrollparameter a und b meistens an einen (Quanten-)Zufallszahlengenerator gekoppelt. Eine Erklärung der Korrelationen, die darauf beruht, dass diese Zufallszahlen nicht unabhängig vom Anfangszustand der zu untersuchenden Teilchen generiert werden können (ganz gleich, was für eine Methode wir verwenden), wäre absurder als jede noch so „spukhafte Fernwirkung". Derartige Konspirationen sind also im Folgenden ausgeschlossen.

Aus diesen beiden Annahmen, der *Lokalitätsbedingung* (10.12) und der *Keine-Konspiration-Bedingung* (10.15), lässt sich nun die sogenannte CHSH-Ungleichung (nach Clauser, Horne, Shimony und Holt) herleiten. Für feste Orientierungen a, b betrachten wir den Erwartungswert des Produktes $A \cdot B$, also

$$E(a, b) := \mathbb{E}(A \cdot B \mid a, b), \tag{10.16}$$

wobei

$$\begin{aligned}
\mathbb{E}(A \cdot B \mid a, b) = {} & \mathbb{P}(A = +1, B = +1 \mid a, b) + \mathbb{P}(A = -1, B = -1 \mid a, b) \\
& - \mathbb{P}(A = +1, B = -1 \mid a, b) - \mathbb{P}(A = -1, B = +1 \mid a, b).
\end{aligned} \tag{10.17}$$

Theorem 10.1 (CHSH-Ungleichung) *Unter den Annahmen* (10.12) *(Lokalität) und* (10.15) *(keine Konspiration) gilt für vier beliebige Parameter-Werte* a, a', b, b' *und unabhängig von der Art und Verteilung von* λ *die CHSH-Ungleichung*

$$S := |E(a, b) - E(a, b')| + |E(a', b) + E(a', b')| \leq 2. \tag{10.18}$$

Der Beweis der Ungleichung ist einfach und folgt im Abschn. 10.4.1.

Die quantenmechanische Vorhersage liefert mit (10.6) oder (10.10) in (10.17) eingesetzt sofort $E(a, b) = -\cos(\sphericalangle(a, b))$. Die maximale Verletzung der CHSH-Ungleichung ergibt sich dann für $a = 90°$, $a' = 0°$, $b = 45°$, $b' = -45°$, und zwar

$$S = 2\sqrt{2}, \tag{10.19}$$

was deutlich größer ist als 2. Zahlreiche Experimente bestätigen die Verletzung der CHSH-Ungleichung (10.18) und damit die Unmöglichkeit einer lokalen (nichtkonspirativen) Erklärung der EPR-Korrelationen. Jüngste Messungen von Elektronenspins an EPR-Paaren im Abstand von 1,3 km ergaben einen Wert von $S = 2.42 \pm 0.20$ und damit eine deutliche Verletzung der CHSH-Ungleichung im Einklang mit den Vorhersagen der Quantenmechanik.[11]

Dieses Experiment von Hensen et al. gilt zudem als der erste völlig „schlupflochfreie" Test der CHSH-Ungleichung. Das bedeutet, dass zum einen lichtschnelle Einflüsse zwischen den simultanen Messereignissen – inklusive der per Zufallsgenerator gesteuerten Wahl der Kontrollparameter – ausgeschlossen und zum anderen eine hinreichend hohe Detektoreffizienz erreicht wurde, um die Möglichkeit auszuschließen, dass die Statistik durch jene Teilchen, die gar nicht beim Detektor ankommen, entscheidend verfälscht wird. Die experimentellen Befunde dürfen also als überaus stichhaltig gelten und sie entscheiden allesamt für Nichtlokalität.[12]

Also noch einmal und ganz deutlich: Die *einzigen* Annahmen, die in die Herleitung der Ungleichung (10.18) einfließen, sind die Lokalitätsannahme (10.12) und die Unabhängigkeitsbedingung (10.15). Die einschlägigen Experimente beobachten eine signifikante Verletzung der CHSH-Ungleichung. Diese Experimente schließen somit alle lokalen, nichtkonspirativen Erklärungen der EPR-Korrelationen aus. Also entweder die Natur hat sich tatsächlich gegen uns verschworen oder – und das ist die einzig ernsthafte Möglichkeit – die Natur ist nichtlokal.

10.4.1 Beweis der CHSH-Ungleichung

Wir betrachten den Erwartungswert (10.17):

$$E(a,b) = \mathbb{P}(A = +1, B = +1 \mid a,b) + \mathbb{P}(A = -1, B = -1 \mid a,b)$$
$$- \mathbb{P}(A = +1, B = -1 \mid a,b) - \mathbb{P}(A = -1, B = +1 \mid a,b) \tag{10.20}$$

Mit den Annahmen (10.12) und (10.15) können wir das schreiben als

$$E(a,b) =$$
$$\int_\Lambda \Big[\mathbb{P}(A = +1 \mid a,\lambda) - \mathbb{P}(A = -1 \mid a,\lambda) \Big] \Big[\mathbb{P}(B = +1 \mid b,\lambda) - \mathbb{P}(B = -1 \mid b,\lambda) \Big] d\mathbb{P}(\lambda).$$

---

[11]Hensen et al., „Loophole-free Bell inequality violation using electron spins separated by 1.3 kilometres". *Nature*, 526, 2015.

[12]Da in den einschlägigen Experimenten eine *lichtschnelle* Wechselwirkung zwischen den Messungen ausgeschlossen wird, kann man sich die Frage stellen – zumindest solange man nichtrelativistisch denkt –, ob nichtlokale Einflüsse tatsächlich *instantan* wirken oder mit einer endlichen (aber überlichtschnellen) Geschwindigkeit propagieren könnten. Aber nein, das könnten sie nicht, zumindest nicht, wenn überlichtschnelle Kommunikation ausgeschlossen ist. Siehe N. Gisin, „Quantum Correlations in Newtonian Space and Time". In: D. Struppa und J. Tollaksen (Hg.), *Quantum Theory: A Two-Time Success Story*, Springer, 2014.

Hier haben wir ausgenutzt, dass die gemeinsamen Wahrscheinlichkeiten nach dem Bedingen auf λ gemäß (10.12) faktorisieren. Ausmultiplizieren der Klammern und Mitteln über λ gibt folglich wieder (10.17). Die Ausdrücke in den Klammern sind nun wiederum nichts als die Erwartungswerte von A bzw. B bedingt auf λ. Mit den Abkürzungen

$$\overline{A}(a,\lambda) := \mathbb{P}(A = +1 \mid a, \lambda) - \mathbb{P}(A = -1 \mid a, \lambda)$$

$$\overline{B}(a,\lambda) := \mathbb{P}(B = +1 \mid b, \lambda) - \mathbb{P}(B = -1 \mid b, \lambda)$$

haben wir also

$$E(a,b) = \int_\Lambda \overline{A}(a,\lambda)\overline{B}(b,\lambda)\, d\mathbb{P}(\lambda),$$

wobei

$$|\overline{A}(a,\lambda)| \le 1, \quad |\overline{B}(b,\lambda)| \le 1. \tag{10.21}$$

Wir addieren/subtrahieren nun die Korrelationen für verschiedene Orientierungen a, a', b, b'. Einerseits haben wir

$$E(a,b) - E(a,b') = \int_\Lambda \overline{A}(a,\lambda)\big[\overline{B}(b,\lambda) - \overline{B}(b',\lambda)\big]d\mathbb{P}(\lambda), \tag{10.22}$$

also wegen (10.21)

$$|E(a,b) - E(a,b')| \le \int_\Lambda \big|\overline{B}(b,\lambda) - \overline{B}(b',\lambda)\big|\, d\mathbb{P}(\lambda). \tag{10.23}$$

Analog haben wir

$$E(a',b) + E(a',b') = \int_\Lambda \overline{A}(a',\lambda)\big[\overline{B}(b,\lambda) + \overline{B}(b',\lambda)\big]d\mathbb{P}(\lambda) \tag{10.24}$$

und wegen (10.21)

$$|E(a',b) + E(a',b')| \le \int_\Lambda \big|\overline{B}(b,\lambda) + \overline{B}(b',\lambda)\big|\, d\mathbb{P}(\lambda). \tag{10.25}$$

Addieren von (10.23) und (10.25) gibt somit

$$|E(a,b) - E(a,b')| + |E(a',b) + E(a',b')|$$
$$\le \int_\Lambda \big|\overline{B}(b,\lambda) - \overline{B}(b',\lambda)\big| + \big|\overline{B}(b,\lambda) + \overline{B}(b',\lambda)\big|\, d\mathbb{P}(\lambda). \tag{10.26}$$

Nun gilt folgende elementare Ungleichung: Ist $|x|, |y| \leq 1$, dann $|x-y| + |x+y| \leq 2$. Das sieht man sofort, wenn man den letzten Ausdruck quadriert. Es ist nämlich $(|x-y| + |x+y|)^2 = 2x^2 + 2y^2 + 2|x^2 - y^2|$. Das ist gleich $4x^2$ (falls $x^2 \geq y^2$) oder gleich $4y^2$ (falls $x^2 < y^2$), in jedem Fall aber kleiner oder gleich 4. Folglich gilt

$$|\overline{B}(b, \lambda) - \overline{B}(b', \lambda)| + |\overline{B}(b, \lambda) + \overline{B}(b', \lambda)| \leq 2$$

und somit folgt aus (10.26) die CHSH-Ungleichung

$$|E(a, b) - E(a, b')| + |E(a', b) + E(a', b')| \leq 2.$$

10.5 Nichtlokalität und überlichtschnelle Signale

Eine naheliegende Sorge ist, dass die Nichtlokalität der Quantenmechanik im Widerspruch zur Einsteinschen Relativität stehen könnte. Die Quantentheorien, die wir bisher betrachtet haben, waren zwar allesamt nichtrelativistisch, die Existenz nichtlokaler Korrelationen ist aber eine empirisch bestätigte Tatsache, und wenn diese Tatsache eine relativistische Beschreibung prinzipiell ausschließen würde, dann wäre damit einer der Grundpfeiler der modernen Physik erschüttert.

Nun ist es allerdings so, dass Nichtlokalität und Relativität in einem starken Spannungsverhältnis, aber nicht in direktem Widerspruch zueinander stehen. Dieses Spannungsverhältnis und wie man es möglicherweise auflösen kann, werden wir vor allem in Kap. 12 genauer beleuchten. Eine konkrete Sorge wollen wir allerdings schon jetzt aus dem Weg räumen: Man könnte daran denken, die nichtlokalen Korrelationen der Quantenmechanik auszunutzen, um *überlichtschnelle Signale* zu senden. Das ist aber, wie wir gleich sehen werden, unmöglich.

Warum sind überlichtschnelle Signale so problematisch? Es wird oft gesagt, dass die spezielle Relativitätstheorie überlichtschnelle Signalübertragung schlichtweg ausschließt. Diese Aussage ist allerdings verkürzt und bedarf genauerer Erklärung (allein schon weil der Begriff der „Signalübertragung" unscharf ist). Die grundlegende Beobachtung ist, dass es in relativistischer Raumzeit keine absolute zeitliche Ordnung zwischen raumartig getrennten Ereignissen gibt. Sind A und B zwei Ereignisse, sodass weder A im Lichtkegel von B noch B im Lichtkegel von A liegt, dann gibt es Bezugssysteme, in denen A vor B passiert, und andere Bezugssysteme, in denen B vor A passiert. Die Sorge ist nun, dass die Möglichkeit einer Signalübertragung zwischen raumartig getrennten Ereignissen zu kausalen Paradoxien führen könnte.

Man stelle sich etwa folgendes hypothetische Szenario vor: Kandidat A ist in einer Spielshow und muss sich für eine von drei Türen entscheiden. Er wählt Tor 2 in der Hoffnung auf den Hauptgewinn, zieht damit aber nur eine Niete (gemäß einer deutschen Fernsehadaption aus den 90er-Jahren wäre die Niete der „Zonk"). Nun hat sich der Kandidat aber einen schlauen Plan ausgedacht: Er hat ein verschränktes Quantensystem präpariert und sendet damit ein überlichtschnelles Signal an seinen Komplizen B, um ihn zu benachrichtigen, dass Tor 2 eine Niete ist. Im Bezugssystem von *A* kommt dieses Signal (mehr oder weniger) instantan an.

B befindet sich derweil in einem Raumschiff, dass sich annähernd mit Lichtgeschwindigkeit bewegt. Relativ zu seinem Bezugssystem kommt die Nachricht von A aus der Zukunft! Wenn er nun seinerseits ein überlichtschnelles Signal zurücksendet, kann er A vor Tor 2 warnen, *bevor* dieser in der Spielshow seine Wahl trifft. A, der den entsprechenden Tipp von B „aus der Zukunft" erhalten hat, entscheidet sich deshalb für Tor 3 und landet damit den Hauptgewinn.

Aber halt. Diese Folge von Ereignissen ist nicht nur eine gemeine Schummelei, sie ist auch logisch inkonsistent. (Wenn Kandidat A vor seiner Entscheidung benachrichtigt wurde, dass Tor 2 eine Niete enthält, dann hat er nie Tor 2 gewählt, dann hat er nie seinem Komplizen mitgeteilt, dass Tor 2 eine Niete enthält, dann hat er nie die Nachricht erhalten, dass Tor 2 eine Niete enthält usw.) Wir sollten uns deshalb vergewissern, dass unsere physikalische Theorie eine derartige Kommunikation ausschließt.

Betrachten wir zunächst einmal das EPRB-Experiment aus Sicht der Bohmschen Mechanik. Nehmen wir (absurderweise!) an, der erste Experimentator A könnte den genauen Ort der verschränkten Teilchen zum Zeitpunkt $t = 0$ kennen, wenn das System präpariert wird, und daraus die Ergebnisse der Spin-Messungen für beliebe Parametereinstellungen berechnen. Er könnte dann mit seinem Kollegen B folgendes Kommunikationsprotokoll vereinbaren: Der Stern-Gerlach-Magnet von B bleibt immer in z-Richtung orientiert. Wenn A den Spin in x-Richtung misst, wird B „Spin UP" bzw. „Spin DOWN" jeweils mit Wahrscheinlichkeit $1/2$ registrieren. Um ein Signal zu senden, kann sich A aber entscheiden, den z-Spin zu messen, und zwar genau dann, wenn er weiß, dass „Spin UP" herauskommen wird (ansonsten misst er den x-Spin). Damit erhöht er die Wahrscheinlichkeit, dass B „Spin DOWN" misst, auf $3/4$. Mit hinreichend vielen Messungen kann B also mit großer Zuverlässigkeit feststellen, ob A ein Signal sendet (den z-Spin misst) oder nicht. Durch eine binäre Folge von „Signal" und „kein Signal" (1 oder 0) könnten A und B auf diese Weise beliebig komplexe Nachrichten austauschen.

Die Unmöglichkeit dieser überlichtschnellen Signalübertragung ergibt sich aus der *absoluten Ungewissheit*, die wir in Abschn. 4.2 als Eigenschaft des Quantengleichgewichts bewiesen haben. A kann den Ort der Teilchen und damit das Ergebnis einer eventuellen Spin-Messung nicht genauer kennen als über die Bornsche Wahrscheinlichkeitsverteilung. Für zwei Teilchen im Spin-Singlett-Zustand bedeutet das, dass A keine genauere Vorhersage über das Ergebnis seiner Spin-Messung machen kann, als dass er in jedweder Richtung mit Wahrscheinlichkeit $1/2$ „Spin UP" und mit Wahrscheinlichkeit $1/2$ „Spin DOWN" messen wird.

Allgemein folgt aus der absoluten Ungewissheit, dass der Experimentator seine Parameterwahl nicht in irgendeiner Art und Weise von den Teilchenorten abhängig machen kann, die zu einer anderen Messstatistik führt als der Bornschen. In diesem Sinne – d. h. im Sinne der Bornschen Regel – sind die Ergebnisse der Spin-Messung also zufällig. Und wenn wir über alle möglichen Ausgänge mitteln (hier: $A = +1$ und $A = -1$), dann sieht man leicht, dass für die Wahrscheinlichkeiten der raumartig getrennten Messereignisse B

$$\sum_{A=\pm 1} \mathbb{P}(B \mid A, a, b)\mathbb{P}(A \mid a) = \mathbb{P}(B \mid b) \qquad (10.27)$$

gilt, unabhängig von der Parameterwahl a. Somit kann A die Messstatistik von B nicht beeinflussen und das Gleiche gilt natürlich auch umgekehrt. Gleichung (10.27) wird deshalb auch die *no signaling*-Bedingung genannt. Sie ist für quantenmechanische Korrelationen immer erfüllt, also auch für verschränkte Systeme, die die Lokalitätsbedingung (10.12) bzw. die Bell/CHSH-Ungleichung (10.18) verletzen.

Im Rahmen der GRW-Theorie ist der Status von (10.27) noch eindeutiger. Hier sind die Messergebnisse A und B intrinsisch zufällig und erst nach dem Kollaps festgelegt. Im Gegensatz zur Bohmschen Mechanik gibt es also nicht einmal etwas, was die Experimentatoren im Prinzip wissen könnten, um den Ausgang der Messung genauer vorherzusagen. In der Viele-Welten-Theorie gilt (10.27) innerhalb eines Welt-Zweiges in dem Sinne, wie die Bornsche Regel Gültigkeit hat. Im Rahmen dieser Theorie scheint man sich um überlichtschnelle Kommunikation aber ohnehin keine Sorgen machen zu müssen: Ganz gleich, was die Experimentatoren anstellen, das Ergebnis einer Spin-Messung ist immer „Spin UP" *und* „Spin DOWN".

Zusammenfassend können wir festhalten: Die Quanten-Nichtlokalität ist zuallererst im Sinne von Definition 10.1 über die Existenz nichtlokaler Korrelationen zu verstehen (man beachte auch die anschließende Bemerkung 10.2). „Signalübermittlung" setzt aber immer eine hinreichend gute (menschliche) Kontrolle über solche Korrelationen voraus, und die ist – darin sind sich alle Quantentheorien einig – unmöglich.

Überlichtschnelle Kommunikation erscheint immer wieder als das große Schreckgespenst, wenn es um vermeintlich unphysikalische Konsequenzen nichtlokaler Wechselwirkungen geht. Diese Befürchtungen hängen aber stets mit gewissen Vorstellungen von freiem menschlichem Handeln zusammen, das in hypothetischen Situationen zu kausalen Paradoxien führen könnte. Diese Vorstellungen sind möglicherweise zu naiv. Es ist denkbar – wenn auch vielleicht nicht sehr überzeugend –, dass die Natur Verletzungen relativistischer Kausalität zulässt, aber irgendein kosmologisches Prinzip waltet (etwa in Form von zusätzlichen Randbedingungen), das paradoxe Lösungen ausschließt. Wenn wir an unser obiges Beispiel denken, könnte dies etwa bedeuten, dass die Naturgesetze nur Lösungen zulassen, in denen Kandidat A sofort das richtige Tor öffnet und anschließend seinen Komplizen B darüber benachrichtigt, von dem er wiederum vor der Entscheidung den Tipp bekommen hat, dass sich hinter Tor 3 der Hauptgewinn verbirgt, was B wusste, weil A es ihm nach Öffnen des Tores kommuniziert hat. Diese Folge von Ereignissen beschreibt auch eine *kausale Schleife*, ist aber logisch konsistent.

Im Kontext einer relativistischen Beschreibung gibt es allerdings noch eine andere (bessere) Begründung für die *no signaling*-Bedingung (10.27). Wir erinnern uns, dass es in relativistischer Raumzeit keine absolute zeitliche Ordnung zwischen zwei raumartig getrennten Ereignissen A und B gibt. In manchen Bezugsystemen findet A vor B statt und in anderen Bezugsystemen B vor A (in einigen speziellen

Bezugssystemen finden beide Ereignisse gleichzeitig statt). Damit die Messstatistik überhaupt mit einer relativistischen (Lorentz-kovarianten) Beschreibung kompatibel sein kann, kann sie also nicht von einer *Reihenfolge* abhängen, in der die raumartig getrennten Messungen durchgeführt werden. Wir wissen bereits aus Kap. 7, was das formal bedeutet: Die mit den jeweiligen Messungen assoziierten Operatoren (bzw. deren Spektralschar) müssen kommutieren. Dann und nur dann gilt für beliebige Zustände ψ und Messergebnisse A, B, dass

$$\mathbb{P}(A, B) = \langle \psi \mid P_A P_B \mid \psi \rangle = \langle \psi \mid P_B P_A \mid \psi \rangle \qquad (10.28)$$

unabhängig von der Reihenfolge der Messungen. Aus der Kommutatorbedingung

$$[P_A, P_B] = 0 \qquad (10.29)$$

lässt sich die *no signaling*-Bedingung (10.27) nun ganz einfach folgern. Für zwei kommutierende Spektralscharen $(P_A^a)_A$ und $(P_B^b)_B$ (die hier noch mit Kontrollparametern a und b indiziert sind), gilt nämlich

$$\sum_A \mathbb{P}(B \mid A, a, b)\, \mathbb{P}(A \mid a) = \sum_A \frac{\langle \psi \mid P_B^b P_A^a \mid \psi \rangle}{\langle \psi \mid P_A^a \mid \psi \rangle} \langle \psi \mid P_A^a \mid \psi \rangle = \sum_A \langle \psi \mid P_B^b P_A^a \mid \psi \rangle$$

$$= \sum_A \langle \psi \mid P_A^a P_B^b \mid \psi \rangle = \langle \psi \mid \Big(\sum_A P_A^a \Big) P_B^b \mid \psi \rangle$$

$$= \langle \psi \mid P_B^b \mid \psi \rangle = \mathbb{P}(B \mid b),$$

wobei wir benutzt haben, dass die Summe über alle Projektoren $\left(\sum_A P_A^a \right)$ den Identitätsoperator liefert.

Im Kontext des EPRB-Experimentes ist die Kommutativität der Spin-Observablen leicht zu sehen, da die Operatoren jeweils auf nur eine Komponente der Spin-Wellenfunktion wirken. Somit gilt:

$$\left(\sigma_a^{(1)} \otimes 1 \right) \left(1 \otimes \sigma_b^{(2)} \right) = \sigma_a^{(1)} \otimes \sigma_b^{(2)} = \left(1 \otimes \sigma_b^{(2)} \right) \left(\sigma_a^{(1)} \otimes 1 \right)$$

Eine abschließende Warnung: Aus den eben dargelegten Gründen wird in der relativistischen Quantenfeldtheorie stets die Kommutatorbedingung (10.29) für Operatoren gefordert, die mit Messungen in raumartig getrennten Gebieten assoziiert sind. Häufig ist dafür in der Literatur der irreführende Name „Lokalitätsbedingung" gebräuchlich, weil es sich um eine Bedingung an lokale Operatoren handelt. Wie wir gesehen haben, garantiert (10.29) aber keineswegs Lokalität im Sinne von Bell (diese ist auch in relativistischen Quantentheorien verletzt, und wenn nicht, wären diese Theorien falsch), wohl aber die relativistische Konsistenz der Messstatistiken und, gemäß obigem Beweis, die Unmöglichkeit überlichtschneller Signalübermittlung.

Relativistische Quantentheorie

11

I don't think we have a completely satisfactory relativistic quantum-mechanical model, even one that doesn't agree with nature, but, at least, agrees with the logic that the sum of probability of all alternatives has to be 100%. Therefore, I think that the renormalization theory is simply a way to sweep the difficulties of the divergences of electrodynamics under the rug. I am, of course, not sure of that.[1]

– Richard P. Feynman, Festvortrag zur Verleihung des Nobelpreises 1965[2]

Dieses ist ein sehr schwieriges Kapitel. Nicht, weil die Mathematik so abstrakt und technisch wäre, denn Mathematik, egal wie abstrakt, ist leicht erlernbar, wenn die zugrunde liegende Physik klar ist, also die Notwendigkeit der Abstraktion einsichtig ist. Es ist schwierig aus zwei Gründen. Der eine ist, dass es bisher keine fundamentale, mathematisch kohärente und konsistente Formulierung einer relativistischen Theorie mit Wechselwirkung gibt, die uns eine zu den vorhergehenden Kapiteln analoge Analyse ermöglichen würde. Das erklären wir gleich genauer. Der zweite Grund ist, dass es eine Spannung zwischen der besprochenen Nichtlokalität der Natur und der relativistischen Physik gibt. Denn es ist allgemeines folkloristisches Wissen, dass relativistische Physik eines insbesondere bedeutet: Signale können bestenfalls mit Lichtgeschwindigkeit übersandt werden. Dies lässt

---

[1]Ich glaube nicht, dass wir ein vollkommen befriedigendes, relativistisches quantenmechanisches Modell haben, wenigstens eines, das nicht mit der Natur übereinstimmt, aber zumindest mit der Logik, dass die Summe der Wahrscheinlichkeiten aller Alternativen 100 % sein muss. Deshalb glaube ich, dass die Renormierungstheorie einfach ein Weg ist, um die Schwierigkeiten der Divergenzen der Elektrodynamik unter den Teppich zu kehren. Ich bin mir dessen, natürlich, nicht sicher.

[2]Online-Version: http://www.nobelprize.org/nobel_prizes/physics/laureates/1965/feynman-lecture.html

© Springer-Verlag GmbH Deutschland 2018
D. Dürr, D. Lazarovici, *Verständliche Quantenmechanik*,
https://doi.org/10.1007/978-3-662-55888-1_11

sich leicht überlesen als: Wechselwirkungen können bestenfalls mit Lichtgeschwindigkeit stattfinden, und schon ist man bei einem Rätsel, gegeben die Nichtlokalität der Natur. Wie ist das also vereinbar?

Nun haben wir bereits in Abschn. 10.5 besprochen, dass sich die Nichtlokalität der Quantenmechanik nicht zur überlichtschnellen Kommunikation ausnutzen lässt. Tatsächlich gehören Signalübertragungen im Sinne der Relativitätstheorie in eine andere Kategorie (eine thermodynamische) als Wechselwirkungen, die fundamental sind. Dennoch scheinen die nichtlokalen Korrelationen im Sinne von Bell eine Art Synchronisierung oder absoluter Gleichzeitigkeit vorauszusetzen, die den Grundprinzipien der Relativitätstheorie widersprechen könnten. Es besteht also allemal eine Spannung zwischen Relativität und Nichtlokalität.[3] Diese genauer zu verstehen, ist das Ziel des nächsten Kapitels.

Zuvor aber wollen wir unsere Eingangsbehauptung, es gäbe keine fundamentale, mathematisch kohärente und konsistente Formulierung einer relativistischen Theorie mit Wechselwirkung, genauer erläutern. Immerhin gibt es Kursvorlesungen zur Quantenfeldtheorie, die ein Synonym für relativistische Quantenphysik ist und vor allem jene Quantenfeldtheorien, die das Standardmodell der Teilchenphysik bilden, sind empirisch überaus erfolgreich. Was also genau meinen wir?

11.1 Schwierigkeiten „erster" und „zweiter Klasse"

1963 erschien in der Zeitschrift *Scientific American* ein berühmt gewordener, weil oft zitierter Aufsatz von Paul A.M. Dirac unter dem Titel „The evolution of the physicist's picture of nature". Darin beschreibt er den damaligen Zustand der Quantentheorie, insbesondere der relativistischen Quantentheorie, und benennt die wichtigsten offenen Probleme, die er in „Schwierigkeiten erster Klasse" und „Schwierigkeiten zweiter Klasse" („Class One" und „Class Two difficulties", Bell spricht später von „first class" und „second class") einteilt. Die Schwierigkeiten erster Klasse sind vor allem jene, die wir in diesem Buch bisher besprochen haben: das Messproblem oder die fehlende Ontologie der Quantenmechanik. Dazu sagt Dirac, dass man erst dann zu einer Lösung dieser Probleme kommen wird, wenn man die Schwierigkeiten zweiter Klasse gelöst hat.

11.1.1 Unendliche Masse

Diese Schwierigkeiten zweiter Klasse sind zunächst technischer Natur und betreffen die Formulierungen von relativistischen Feldtheorien, die i.A. unendliche Ausdrücke enthalten, so etwas wie eins geteilt durch null, von dem wir alle wissen, dass das mathematisch problematisch ist. Die erste solche Schwierigkeit ist ein bekanntes Ärgernis, das in der ersten relativistischen Theorie, nämlich im

---

[3]Vgl. T. Maudlin, *Quantum Non-Locality and Relativity*. 3. Auflage, Wiley-Blackwell, 2011.

Maxwell-Lorentz-Elektromagnetismus, ziemlich schnell auftritt. Man nennt es eine *Ultraviolett-Divergenz*, weil sie mit sehr hohen Energien (respektive kleinen Längenskalen) zu tun hat und hochenergetische Strahlung ins ultraviolette Spektrum übergeht. Oft hört man als Antwort auf diese Schwierigkeit, dass diese Divergenz niemanden wundern sollte, weil die Maxwell-Lorentz-Theorie nur eine Approximation für niedrige Energien einer fundamentaleren Theorie sei, wohl in dem Sinne, dass gewisse Situationen, in denen nur niedrige Energien eine Rolle spielen, durch die Maxwell-Lorentz-Theorie behandelt werden können. Das könnten Situationen sein, in denen der fundamentale Charakter der Elementarladungen keine Rolle spielt, wie z. B. im Elektromagnetismus für Ingenieure. Wie dem auch sei, bisher hat sich Diracs Hoffnung auf eine mathematisch konsistente Theorie nicht erfüllt und man hat allenthalben mit dieser Ultraviolett-Divergenz zu kämpfen – auch in der Quantenfeldtheorie. Wir wollen das einfachste Beispiel kurz besprechen.

Es hat mit dem Coulomb-Feld einer elektrischen Punktladung, also beispielsweise des Elektrons, zu tun.[4] Die Coulombsche Feldenergie, die das Elektron begleitet, divergiert am Ort $r = 0$ des Elektrons mit Ladung e wie $\sim \frac{e^2}{r}$. Gemäß der relativistischen Energie-Masse-Äquivalenz $E = m_F c^2$ trägt das Feld zur Masse des Elektrons dann einen divergenten Beitrag $m_F \sim \lim_{r \to 0} \frac{e^2}{rc^2} = \infty$ bei, den man auch die elektromagnetische Masse des Elektrons nennt. Danach hätte ein Elektron, das ja mit seinem Coulomb-Feld untrennbar verbunden ist, eine unendliche Masse. Das entspricht aber nicht den Gegebenheiten. Also sagt man, die gemessene Masse m des Elektrons habe zwei Anteile, einmal die nackte Masse m_0 und dazuaddiert die Feldmasse m_F, also $m = m_0 + m_F$. Da die gemessene Masse endlich ist und $m_F = +\infty$, muss $m_0 = -\infty + m$ sein, d. h., die nackte Masse ist unendlich negativ und zwar genau so, dass man in der Summe die gemessene Elektronmasse erhält.

Nun weiß man vielleicht aus Vorlesungen, dass Energie weggeeicht werden kann, d. h., man zieht einfach eine (ggf. unendliche) Konstante ab und betrachtet nur die Differenz als physikalische Energie. In diesem Sinne könnte man auf die Idee kommen, die divergente Selbstenergie einfach wegzueichen, was gleichbedeutend ist mit der Annahme, dass ein Elektron nicht mit seinem eigenen Coulomb-Feld wechselwirkt. Doch das funktioniert nicht ohne Weiteres, denn die Feldmasse taucht als träge Masse in der Dynamik der Punktladung tatsächlich auf: Wenn eine Ladung beschleunigt wird, dann strahlt sie und verliert dadurch Energie. Dieser Energieverlust muss sich in einer Abbremsung der Ladung widerspiegeln, d. h., der Beschleunigung der Ladung sollte eine durch die Strahlung verursachte Reibung entgegengesetzt sein. Wenn man den Reibungseffekt aber berechnet, der ja von der Wirkung des abgestrahlten Feldes auf die Ladung selbst herrührt (man nennt das Selbstwechselwirkung), dann spielt die Selbstenergie als Beitrag zur trägen Masse tatsächlich eine Rolle.

---

[4]Wir wollen hier die Annahme einer Punktladung nicht weiter problematisieren. Es genügt zunächst die Einsicht, dass ein Punkt eine relativistisch invariante Form hat. Abänderungen in der Form (auch in relativistisch invarianter Weise) sind denkbar, doch führten keine von denen bisher zu einer empirisch adäquaten Formulierung.

In der quantentheoretischen Beschreibung tritt dieser Reibungseffekt als Verbreiterung der Spektrallinien im sogenannten Lamb-Shift auf, bei dessen Berechnung diese $m_0 = -\infty + m$-Setzung genauso benutzt wird. Diese Vorgehensweise ist ein Beispiel für die sogenannte *Renormierung*, um aus unendlichen Ausdrücken endliche Ausdrücke zu bekommen, die durch messbare Größen (wie die Elektronmasse) geeicht werden können. Renormierung ermöglicht dadurch äußerst präzise Voraussagen und hat die Quantenphysik in den vergangenen Jahrzehnten zu einer empirisch hervorragend bestätigten Theorie werden lassen.

Wenn man also heute von Quantenfeldtheorie spricht, dann meint man damit insbesondere auch dieses Regelwerk, mit dem man Unendlichkeiten auf eine sehr geschickte Art wegschafft, um zu experimentellen Vorhersagen zu kommen.

11.1.2 Unendliche Paar-Erzeugung

Wir besprechen gleich noch eine weitere Unendlichkeit, nämlich die Unendlichkeit von Teilchenzahlen. Diese hat ebenfalls mit Dirac zu tun, der nach einer relativistischen Schrödinger-Gleichung suchte, die einen zeitgerichteten Viererstrom $j^\mu, \mu = 0, 1, 2, 3$ induziert (die Verallgemeinerung des Quantenflusses (1.5), der als Viererstrom $j = (j^0, \mathbf{j})$ die Null-Komponente $j^0 = \rho = |\psi|^2$ hat). Schrödinger selbst hatte vor der berühmten Schrödinger-Gleichung, die in der Galileischen Raumzeit ihren Platz hat, eine relativistische Gleichung aufgeschrieben, die später als Klein-Gordon-Gleichung bekannt wurde. Dies ist eine Wellengleichung zweiter Ordnung und sie hat den Nachteil, dass sie i.A. keinen zukunftsgerichteten Fluss erlaubt, der Viererstrom also gegebenenfalls in die Vergangenheit zeigt.

Jedenfalls gelang es Dirac, eine relativistische Gleichung aufzustellen, die einen zeitgerichteten Fluss erlaubt. Diese ist als *Dirac-Gleichung* für das Elektron bekannt. In nicht manifest relativistischer Schreibweise und in einem externen elektromagnetischen Feld sieht die Dirac-Gleichung folgendermaßen aus:

$$\mathrm{i}\frac{\hbar}{mc^2}\frac{\partial \psi(t,\mathbf{x})}{\partial t} = -\sum_{k=1}^{3}\alpha_k\left(\mathrm{i}\frac{\hbar}{mc}\partial_k + \frac{e}{mc}A_k(t,\mathbf{x})\right)\psi(t,\mathbf{x}) + \left(\frac{e}{mc^2}A_0\mathbf{E} + \beta\right)\psi(t,\mathbf{x})$$

$$\equiv (D^0 + \tilde{A}(t,\mathbf{x}))\psi(t,\mathbf{x}))\tag{11.1}$$

Wir erklären: Bezüglich des gegebenen Bezugssystems ist t die zeitliche Koordinate und $\mathbf{x} = (x_1, x_2, x_3)$ die räumlichen. ∂_k steht kurz für die partiellen Ableitungen $\frac{\partial}{\partial x_k}$. m, e sind (gemessene) Masse und Ladung des Elektrons und c die Lichtgeschwindigkeit. α_k sind 4×4-Matrizen, die aus den Pauli-Matrizen zusammengesetzt sind, $\mathbf{E}$ ist die 4×4-Einheitsmatrix und

$$\beta = \begin{pmatrix} 1 & 0 & 0 & 0 \\ 0 & 1 & 0 & 0 \\ 0 & 0 & -1 & 0 \\ 0 & 0 & 0 & -1 \end{pmatrix}.$$

Zuletzt ist $A = (A_0, A_1, A_2, A_3) = (A_0, \mathbf{A})$ das aus der Elektodynamik bekannte Vierer-Potential, dessen Ableitungen das elektrische und magnetische Feld ergeben. Insbesondere ist das magnetische Feld $\mathbf{B} = \nabla \times \mathbf{A}$. Darauf nehmen wir nachher Bezug. Die Aufspaltung in D^0 und $\tilde{A}$ ist selbsterklärend, D_0 ist dabei der freie Dirac-Hamiltonian ohne äußeres Feld. ψ ist keine komplexwertige Funktion mehr, sondern ein Spinor, aber anders als im Fall der Pauli-Gleichung ein Spinor mit vier Komponenten! Man kann sich grob den Dirac-Spinor als aus zwei Pauli-Spinoren zusammengesetzt denken.

Der Vorteil der obigen Schreibweise ist nun, dass man in Analogie zum Schrödinger-Fall den Operator auf der rechten Seite von (11.1) als Energieoperator ansehen kann, was wir auch gleich tun werden. Das genaue Aussehen der Matrizen ist für unsere Zwecke dabei gar nicht wichtig. Alles, was wir hier zur Kenntnis nehmen wollen ist, dass sie folgende Vertauschungsrelation erfüllen, was wir später benutzen werden:

$$\alpha_j \beta = -\beta \alpha_j \qquad (11.2)$$

Der von der Dirac-Gleichung erhaltene Viererstrom hat die Form (mit dem Spinor-Skalarprodukt $(\cdot, \cdot)$, vgl. (1.27))

$$j^\mu = ((\psi, \psi), (\psi, \alpha_1 \psi), (\psi, \alpha_2 \psi), (\psi, \alpha_3 \psi)),$$

wobei man an der Positivität der Null-Komponente (ψ, ψ) erkennt, dass der Fluss zeitgerichtet ist.

Man könnte an dieser Stelle noch einige interessante Bemerkungen machen, etwa über die Herleitung der Dirac-Gleichung als „Quadratwurzel" der Klein-Gordon-Gleichung, die mathematische Beschreibung des Vierer-Potentials als kovariante Ableitung oder die Dirac-Spinoren als Darstellung der Lorentz-Gruppe. Aber diese Themen sind für unsere Zwecke nicht entscheidend und in vielen guten Lehrbüchern zu finden.

Anmerkung 11.1 (Dirac-Gleichung in relativistischer Notation) Stattdessen geben wir, im Vorgriff auf spätere Diskussionen, die Dirac-Gleichung in manifest Lorentz-invarianter Notation an. Dazu definiert man zunächst die Dirac-Matrizen $\gamma^0 := \beta, \gamma^k := \beta \alpha_k, k = 1, 2, 3$, die aus den oben eingeführten α, β-Matrizen zusammengesetzt sind. Aus (11.2) folgen die Vertauschungsrelationen

$$\{\gamma^\mu, \gamma^\nu\} = \gamma^\mu \gamma^\nu + \gamma^\nu \gamma^\mu = 2\eta^{\mu\nu}, \qquad (11.3)$$

wobei $\eta^{\mu\nu} = \text{diag}(1, -1, -1, -1)$ die Minkowski-Metrik ist. Mit diesen neuen Matrizen lässt sich die Dirac-Gleichung (11.1) auf die einfache Form

$$\left(\gamma^\mu (\mathrm{i}\partial_\mu - eA_\mu) - m\right) \psi = 0 \qquad (11.4)$$

bringen, wobei über doppelte Indizes (hier $\mu = 0, 1, 2, 3$) summiert wird und die Einheiten nun so gewählt sind, dass die Lichtgeschwindigkeit und das Wirkungsquantum 1 sind. Gl. (11.4) ist die relativistische Form der Dirac-Gleichung, (11.1) nennt man auch die Schrödinger-Form.

Der Viererstrom lässt sich kompakt als

$$j^{\mu} = \overline{\psi} \gamma^{\mu} \psi \tag{11.5}$$

schreiben, mit $\overline{\psi} := \psi^{+} \gamma^{0}$. Aus der Dirac-Gleichung folgt leicht die Erhaltung des Stroms, also das Verschwinden der Vierer-Divergenz

$$\partial_{\mu} j^{\mu} = 0 \,. \tag{11.6}$$

Wenn man den Viererstrom bezüglich eines ausgezeichneten Bezugssystems als $j^{\mu} = (\rho, \mathbf{j})$ schreibt, dann erkennt man darin die Verallgemeinerung der Quantenflussgleichung $\partial_{t}\rho + \mathrm{div}\,\mathbf{j} = 0$.

Jetzt machen wir aber weiter mit dem Energiespektrum und bemerken Folgendes: Im Ruhesystem des Elektrons, d. h. wenn der Impuls null ist, und wenn wir annehmen, dass das A-Feld ebenfalls verschwindet, dann können die α-Anteile in der Dirac-Gleichung null gesetzt werden. Als Eigenwertgleichung für die Ruhe-Energiewerte bleibt dann nurmehr

$$E\psi = mc^{2} \beta \psi \,,$$

wobei β die Eigenwerte $1, 1, -1, -1$ mit den kanonischen Eigenvektoren $\mathbf{e}_{n}$, $n = 1, 2, 3, 4$ hat. Wenn man nun in bewegte Bezugssysteme geht, dann kommen als mögliche Energiewerte alle Werte in $(-\infty, -mc^{2}) \cup (mc^{2}, +\infty)$ vor.[5]

Warum ist das gut und zugleich schlimm? Es ist schlimm, weil durch das nach unten unbeschränkte Spektrum ein einzelnes Elektron eine unbegrenzte Menge an Energie abstrahlen könnte. Das würde zwar sämtliche Energieprobleme der Welt lösen, ist aber offenbar unphysikalisch. Es ist andererseits gut, weil das Nachdenken über dieses Problem Paul Dirac dazu brachte, ein Phänomen zu beschreiben, welches unser Weltverständnis nachhaltig verändert hat. Das ist die *Paar-Erzeugung und -Vernichtung*. Diracs Idee war nämlich, dass ein Elektron deshalb nicht unbegrenzt ins negative Energiespektrum abrutschen kann, weil die negativen Energiezustände bereits mit Teilchen besetzt sind, und zwar dem Paulischen Prinzip Rechnung tragend, wonach die Vielteilchen-Wellenfunktion antisymmetrisch sein muss, sodass niemals zwei Elektronen den gleichen Zustand besetzen können. Wir haben bis heute kein metaphysisch befriedigendes Argument dafür, warum die Antisymmetrie gilt; wir haben nur unschlagbar klare, empirische Belege, dass sie gilt. Was die Aussage „alle Zustände negativer Energie sind besetzt" genau bedeuten soll, ist erstmal gar nicht so klar, aber man denke an ein neutrales Atom mit hoher Kernladungszahl. Da sind alle Zustände, nach Energie und Drehimpuls und Spin

---

[5]Wenn man noch ein von null verschiedenes A-Feld hat, dann gibt es auch i.A. keine „spektrale Lücke" von $-mc^{2}$ nach mc^{2} mehr.

gestaffelt, mit exakt so vielen Elektronen besetzt, wie die Kernladungszahl es angibt. Und wenn man nun an den Hilbert-Raum als Vektorraum denkt, von dem die Wellenfunktionen mit negativer Energie die Elemente sind, dann kann man sich darin eine Basis denken, etwa $\varphi_1, \varphi_2, \ldots$, und sagen, dass jedes Basiselement (analog zu den besetzten Atomzuständen) die Wellenfunktion eines Teilchens ist (vgl. Abschn. 11.3).

Im Unterschied zum Atom hat man nun also unendlich viele Teilchen, wobei es noch einen weiteren Unterschied gibt: Das Atom ist neutral, hier aber gibt es keine unendlich hohe positive Ladung, um die sich die Elektronen sammeln. Man nennt dieses Konstrukt den *Dirac-See*. Er ist mathematisch äquivalent zu dem sogenannten Vakuum in der Quantenfeldtheorie der Dirac-Gleichung (Quantenelektrodynamik). Es ist wichtig, dass diese mathematische Äquivalenz hier hervorgehoben wird, denn oftmals liest man, dass der Dirac-See ein altes Bild sei, das in der modernen Literatur durch das Vakuum abgelöst wird, wobei suggeriert wird, dass der See problematisch gewesen sei, wohingegen das Vakuum völlig in Ordnung ist. Darum nochmal: Mathematisch sind beide Zugänge äquivalent.

Man hat nun also einen See mit unendlich vielen Elektronen. Durch die Antisymmetrie der Wellenfunktion oder, äquivalent, durch das Pauli-Prinzip können die Elektronen (ähnlich wie wir es vom Atom her kennen) bei voll besetztem See nicht tiefer ins negative Energiespektrum absinken und dabei Licht abstrahlen. Aber eine große Frage bleibt: Wieso macht uns der See nicht anderweitig zu schaffen? Da ist immerhin eine unendliche Menge an Ladung und Masse, die müssten wir doch spüren. Die Diracsche Meinung, die wohl auch die akzeptierte Meinung ist, besagt, dass die Verteilung der Teilchen im See derart homogen ist, dass sich alle möglichen Einflüsse, die der See haben könnte, herausmitteln. Aber ab und zu, in „gewissen physikalischen Situationen", bemerken wir doch etwas vom Dirac-See, nämlich dann, wenn man ein Teilchen aus dem See zu positiven Energien ($\geq mc^2$) hebt. Dann taucht plötzlich ein Elektron auf und im See bleibt ein unbesetzter Zustand zurück, der sich effektiv wie ein Elektron mit positiver Ladung beschreiben lässt. Bezeichnet man diesen Zustand als *Positron*, dann haben wir das Phänomen der Paar-Erzeugung: Aus dem unsichtbaren See entsteht ein Elektron und ein Positron. Wenn andererseits ein Platz im See frei ist („ein Loch", sagt man), dann kann ein sichtbares Elektron in das Loch fallen: Paar-Vernichtung. Dabei gehorchen alle Teilchen der Dirac-Gleichung.

Wir haben in dieser Konstruktion gar nicht berücksichtigt, dass die Ladungen miteinander wechselwirken, nämlich durch Entsenden und Empfangen elektromagnetischer Strahlung, welche quantenmechanisch durch Photonen repräsentiert wird. Der Grund für die Auslassung ist, dass bereits in der einfachen Beschreibung mit einem von außen vorgegebenen elektromagnetischen Feld (das A-Feld in (11.1)) unendliche Probleme auftauchen. Schon das schwächste Feld reicht nämlich aus, um unendlich viele Teilchen aus dem See zu heben. Wie kann man das sehen? Indem man sich klarmacht, was die Bedingungen dafür sind, dass ein Elektron aus dem See nach oben geholt wird. Kehren wir zu unserer einfachen Einsicht des ruhenden Teilchens zurück, dann müssten sich die negative Energie-Eigenvektoren e_3, e_4 unter Einfluss des A-Feldes durch die Dirac-Gleichung (11.1) in positive

Energiekomponenten entwickeln. Nun taucht das **A**-Feld in der Dirac-Gleichung in Kombination mit den α-Matrizen als

$$\frac{e}{mc}\,\boldsymbol{\alpha}\cdot\mathbf{A} := \frac{e}{mc}\sum_{k=1}^{3}\alpha_k A_k(t,\mathbf{x})$$

auf. Denken wir an die Vertauschungsrelation (11.2), dann erkennen wir, dass $\beta\alpha_j\mathbf{e}_3 = -\alpha_j\beta\mathbf{e}_3 = \alpha_j\mathbf{e}_3$ was bedeutet, dass $\alpha_j\mathbf{e}_3$ ein Eigenvektor mit positiver Energie wird. Kurzum, $\mathbf{A} \neq 0$ verursacht „Drehungen" von negativen Eigenvektoren hin zu positiven. Dabei ist es egal, wie groß $|\mathbf{A}|$ ist; solange es ungleich null ist, gibt es diese Verdrehung, und das bedeutet: Es erscheinen unendlich viele Paare. Die lassen sich mathematisch nicht mehr im quantenmechanischen Formalismus von Hilbert-Raum (bzw. Fock-Raum, das sind Hilbert-Räume variabler Teilchenzahl) und unitärer Zeitentwicklung behandeln.[6]

Nun kann aber auch hier wieder die Unendlichkeit der Paar-Erzeugung für experimentelle Vorhersagen renormieren. Zum Beispiel macht man Messungen i.A. in Streusituationen, das sind Situationen in denen zu sehr frühen und sehr späten Zeiten das **A**-Feld in der Dirac-Gleichung null sein sollte. Man denke z.B. an ein Streuexperiment, bei dem Teilchen aufeinander geschossen werden und ihre Wechselwirkung nur auf einen kurzen Moment beschränkt ist. Da kann man dann grob so denken: Die unendlich vielen Paare sind nur für die kurze Zeit der Wechselwirkung da und vorher und nachher ist alles mehr oder weniger (d.h. bis auf endlich viele erzeugte Paare) wieder im Dirac-See verschwunden. Deswegen benutzt man häufig den Begriff von virtuellen Teilchen, weil die nur kurz da sind, um mathematische Schwierigkeiten zu machen, aber in den Reaktionsprodukten nicht auftauchen.

Nun bilden Mathematik und Physik aber eine Einheit und wenn uns die mathematische Beschreibung aus den Händen gleitet, dann haben wir auch mit dem physikalischen Weltbild Probleme. Vor allem kann sich eine ontologisch vollständige Theorie, die den Anspruch hat, die Welt prinzipiell zu jeder Tages- und Nachtzeit zu beschreiben, nicht auf die Beschreibung von Streusituationen beschränken.

Wir fassen also nochmal zusammen: Die große Innovation der relativistischen Quantentheorie ist zunächst einmal, dass Teilchen erzeugt und vernichtet werden können (so sieht es zumindest für uns aus). Das Dirac-See-Bild erklärt dieses Phänomen dadurch, dass die Teilchen immer schon vorhanden sind (sie werden also nicht im wahrsten Sinne des Wortes „erzeugt" und „vernichtet"), wir aber jeweils nur jene Teilchen bemerken, die sich von einem homogenen Gleichgewichtszustand – dem Dirac-See – abheben. Die mathematische Beschreibung des unendlichen Teilchensees ist aber problematisch, weil schon milde Wechselwirkungen zu unendlicher Paar-Erzeugung führen.

---

[6]In der Quantenfeldtheorie ist das entsprechende Resultat auch als Haagsches Theorem bekannt. Man formuliert es dort z.B. in der Art, dass freie und wechselwirkende Feldoperatoren zu nicht unitär äquivalenten Darstellungen der kanonischen Vertauschungsrelationen führen. Im Dirac-See Bild hat dieses abstrakte Resultat eine anschauliche, physikalische Interpretation in Form der unendlichen Paar-Erzeugung.

Eine andere Denkmöglichkeit – die durch den Begriff *Quantenfeldtheorie* suggeriert wird – ist, dass die Teilchenontologie durch eine Feldontologie zu ersetzen ist, wobei der Teilchenbegriff (wenn wir etwa von einem „Elektron" sprechen) nur mehr bestimmte Feldzustände meint.

11.2   Feldontologie – was genau ist das?

Das ist nun so gesagt worden, aber es wird nicht allen sofort klar sein, was „Feldontologie" im Zusammenhang mit Quantenfeldern überhaupt meint. Wir erlauben uns deshalb, den Rahmen dieses Buches mit einer Bemerkung etwas zu sprengen, um eine Perspektive zu besprechen, die einerseits physikalisch naheliegend, andererseits aber mathematisch sehr fordernd ist. In diesem Teil ist etwas Mut zur mathematischen Abstraktion von Vorteil.

In Analogie zur Quantenmechanik kann man sich der Feldontologie so nähern: Bei einem N-Teilchen-System hat man eine Wellenfunktion auf dem Konfigurationsraum der N Teilchen: $\psi(\mathbf{q}_1, \ldots, \mathbf{q}_N, t)$. Wenn man jetzt von Feldkonfigurationen statt Teilchenkonfigurationen sprechen möchte, dann ersetzt man den Konfigurationsraumpunkt $(\mathbf{q}_1, \ldots, \mathbf{q}_N)$ durch eine Feldkonfiguration, und das bedeutet nun Folgendes. Ein physikalisches Feld ist erstmal nur eine Funktion $f : \mathbb{R}^3 \to \mathbb{R}^n$, wobei $n = 1, 2, \ldots$ sein kann. Für $n = 1$ spricht man von einem skalaren Feld. Das elektrische Feld dagegen ist ein vektorwertiges Feld, es nimmt Werte in $\mathbb{R}^3$ an. Physikalische Felder sind also nur Funktionen auf dem physikalischen Raum. Die können weitere Eigenschaften haben wie z. B. differenzierbar zu sein, aber solche Feinheiten lassen wir zunächst außer Acht. Die Menge aller Funktionen (für ein festes n) nennen wir $\mathscr{D}$.

$\mathscr{D}$ ersetzt den N-Teilchen Konfigurationsraum $\mathbb{R}^{3N}$, d. h., ein Element $f \in \mathscr{D}$ ist eine Feldkonfiguration! Die Wellenfunktion wird dann eine „Superwellenfunktion" $\Psi : \mathscr{D} \to \mathbb{C}^k$, wobei k den Spinor-Charakter der Wellenfunktion erfasst. Statt $\psi(\mathbf{q}_1, \ldots, \mathbf{q}_N, t)$ mit $(\mathbf{q}_1, \ldots, \mathbf{q}_N) \in \mathbb{R}^{3N}$ nun also $\Psi(f, t)$ mit $f \in \mathscr{D}$.

Nun weiter mit der Analogie. In der quantenmechanischen Mathematik wird, wie wir im Eingangskapitel kurz erwähnt haben, dem generischen Teilchenort ein Orts-Operator zugeordnet, einfach durch die Definition

$$\hat{\mathbf{X}}\psi(\mathbf{x}) := \mathbf{x}\psi(\mathbf{x}),$$

die besagt, dass $\hat{\mathbf{X}}$ ein Multiplikationsoperator ist. Entsprechend werden den Feldern f operatorwertige Felder, *Quantenfelder* $\hat{F}(\mathbf{x})$, zugeordnet:

$$\hat{F}(\mathbf{x})\Psi(f(\mathbf{x})) := f(\mathbf{x})\Psi(f(\mathbf{x}))$$

Wir wissen ebenfalls (vgl. (1.37)), dass die Operatoren die klassischen Bewegungsgleichungen als Operatoren erfüllen. Und im gleichen Sinne erfüllt ein Quantenfeld die klassische Feldgleichung – etwa die Maxwell-Gleichungen, deren Quantisierung man durchgeführt hat. So kann man sich prinzipiell (alle technischen Details ignorierend) die Quantenversion des elektromagnetischen Feldes vorstellen.

Wir besprechen im anschließenden Unterkapitel 11.3 den Fock-Raum der Dirac-Theorie für Elektronen, die ebenfalls unter den Begriff der Quantenfeldtheorie fällt. Da taucht sofort die Frage auf, wie denn in diesem Falle die Feldkonfigurationen aussehen. Man könnte ja daran denken, dass die Feldkonfigurationen in irgendeiner Form die Teilchenkonfigurationen darstellen, etwa als prägnante „Buckel-Konfiguration" im Feld. Da müssen wir enttäuschen, denn eine Diracsche Superwellenfunktion auf Feldern im hier besprochenen Sinne gibt es nicht. Die Beschreibung durch Fock-Raum-Elemente (wie im kommenden Abschn. 11.3) ist hier die wahrlich angemessene. Der Grund dafür ist, dass die Elektronen Fermionen sind, deren Mehrteilchen-Wellenfunktion immer antisymmetrisch sein muss (vgl. Abschn. 4.4), und diese Antisymmetrie steht der Darstellung durch Superwellenfunktionen, wie eben besprochen, entgegen. Fermionen widersetzen sich einer naiven Feldontologie, Bosonen nicht. Man könnte meinen, Fermionen sind in der Tat Teilchen, Bosonen dagegen eher nur eine Sprechweise.

Aber Bosonen werden dennoch im landläufigen Sinne als Teilchen gehandelt, etwa die Photonen, die Quanten des elektromagnetischen Feldes! Ein erster Gedanke ist: Man kann die Bosonen in der Feldkonfiguration sehen. Nein, das kann man nicht. Den Grund erklären wir nachher und machen erst mit Feldontologie weiter.

Eine Bohmsche Feldontologie etwa wäre ganz analog zur Teilchenontologie zu behandeln. Statt eines Vektorfeldes auf dem Konfigurationsraum, welches die Bahnen der Teilchen bestimmt, hat man nun ein Vektorfeld auf dem (unendlich-dimensionalen) Funktionenraum $\mathscr{D}$. Statt der partiellen Ableitung muss man nun zur Funktionalableitung[7] $\frac{\delta}{\delta f}$ greifen, sodass die Analogie sich wie folgt ausdrückt. Schreibe wie gehabt (Gl. (4.2)) Ψ in Polarform

$$\Psi(f,t) = R(f,t)\mathrm{e}^{\mathrm{i}S(f,t)}$$

und benutze die Phase S, um die Bewegung der aktuellen Feldkonfiguration zu definieren, d. h., setze für die aktuelle Feldkonfiguration $F(\mathbf{x}, t)$ die Führungsgleichung

$$\frac{\partial F(\mathbf{x},t)}{\partial t} = \frac{\delta S(f,t)}{\delta f}\bigg|_{f=F(\mathbf{x},t)}$$

an, wobei die Superwellenfunktion Ψ einer zur Schrödinger-Gleichung analogen, unendlichdimensionalen partiellen Differentialgleichung – einer *funktionalen*

---

[7]Das ist eine ganz natürliche Verallgemeinerung der Richtungsableitung von Funktionen mehrerer Variablen, in der die Ableitung eine lineare Abbildung des Richtungsvektors auf einen reellen Wert (geometrisch gesehen der Wert einer Steigung) ist. Kurz: $\langle \nabla F(\mathbf{x}), h \rangle$ ist die Ableitung von F in Richtung h an der Stelle $\mathbf{x}$. Hier hat man nun eine überabzählbare Menge an Variablen und der Richtungsvektor wird entsprechend eine Funktion, während die Skalarproduktsumme durch ein Integral ersetzt wird. Die Definition ist wie folgt: Für Testfunktionen h ist

$$\int \frac{\delta H(f)}{\delta f}\bigg|_{f=F(\mathbf{x})} h(\mathbf{x})\,\mathrm{d}x^n = \lim_{\varepsilon \to 0} \frac{H(F(\mathbf{x}) + \varepsilon h(\mathbf{x})) - H(F(\mathbf{x}))}{\varepsilon}.$$

Schrödinger-Gleichung – gehorchen würde. Wenn wir oben von den „second class" Schwierigkeiten sprachen, dann beinhalten die hier vor allem die mathematische Wohldefiniertheit einer solchen unendlichdimensionalen partiellen Differentialgleichung in physikalisch relevanten Situationen, oder mehr oder weniger äquivalent dazu, die Definition einer unitären Zeitentwicklung für Superwellenfunktionen, die man als Elemente eines Hilbert-Raumes sehen möchte.

Auch dazu müssen wir etwas sagen. Ein Hilbert-Raum von Superwellenfunktionen bräuchte ja ein Skalarprodukt, welches eine unendlichdimensionale Verallgemeinerung des uns bekannten Skalarproduktes

$$\langle \psi | \varphi \rangle = \int_{\mathbb{R}^{3N}} \psi^*(\mathbf{q}_1, \dots, \mathbf{q}_N) \varphi(\mathbf{q}_1, \dots, \mathbf{q}_N) \, dq^{3N}$$

des N-Teilchen-Hilbert-Raumes darstellt. Man erinnere sich, dass dem die Bedeutung von $|\psi(\mathbf{q}_1, \dots, \mathbf{q}_N)|^2 \, dq^{3N}$ als Wahrscheinlichkeitsverteilung der N Teilchenorte zugrunde liegt. Welcher Ausdruck könnte das auf dem unendlichdimensionalen Raum von Feldkonfigurationen verallgemeinern? In der Maß- und Integrationstheorie lernt man das Volumenmaß als Lebesgue-Maß kennen und man wird nicht besonders erstaunt sein, wenn man hört, dass es kein unendlichdimensionales Lebesgue-Maß gibt. Wie denn auch? Wenn wir das Volumen „Länge mal Breite mal Höhe" auf unendlich viele Koordinatenachsen erweitern, bekommt man entweder null, eins oder unendlich. Kurzum, es gibt kein solches (translations- und rotationsinvariantes) Volumenmaß auf dem Funktionenraum $\mathscr{D}$.

Es gibt aber dennoch Maß- und Integrationstheorie auf Funktionenräumen. Es mag erstaunen, dass deren mathematische Entwicklung einst ebenfalls von Albert Einstein begründet wurde, nämlich durch die von ihm beschriebene Brownsche Bewegung, die zur Akzeptanz des Atomismus in der Physik führte. Wir können das hier nicht ausweiten, aber wer die Brownsche Bewegung kennt, mag sich daran erinnern, dass ein Brownsches Teilchen völlig regellose (stetige, aber nirgendwo differenzierbare) Pfade durchläuft. Auf diesen regellosen Pfaden kann man ein Maß konstruieren, das ist ein unendlichdimensionales Gaußsches Maß auf den stetigen Funktionen auf $\mathbb{R}$, Wiener-Maß μ_W genannt (nach Norbert Wiener (1894–1964), der sich um die Konstruktion dieses Maßes verdient gemacht hat).

Um die Sache nicht ganz fleischlos zu lassen, geben wir beispielhaft das Wiener-Maß μ_W auf einer sogenannten Zylindermenge an. Das ist eine Menge im Raum der Pfade, die durch endlich viele (Zeit-)Punkte $t_1, \dots, t_n$ spezifiziert wird, in denen ihre Elemente, das sind Pfade $B : \mathbb{R} \to \mathbb{R}$, Werte in den infinitesimalen Intervallen $dx_1, \dots, dx_n$ annehmen:

$$\mu_W \left(\{ B(t_1) \in dx_1, B(t_2) \in dx_2, \dots, B(t_n) \in dx_n \} \right)$$

$$= \frac{\exp\left(-\frac{x_1^2}{2Dt_1}\right)}{\sqrt{2\pi D t_1}} \frac{\exp\left(-\frac{(x_2-x_1)^2}{2D(t_2-t_1)}\right)}{\sqrt{2\pi D(t_2-t_1)}} \cdots \frac{\exp\left(-\frac{(x_n-x_{n-1})^2}{2D(t_n-t_{n-1})}\right)}{\sqrt{2\pi D(t_n-t_{n-1})}} \, dx_1 \dots dx_n$$

Dieses ist ein n-dimensionales Gaußsches Maß mit der „Diffusionskonstanten" $D > 0$. Wenn man nun die Abstände zwischen den Stützpunkten t_i gegen null gehen lässt und die Anzahl entsprechend erhöht, sodass man sich dem Kontinuum nähert, können wir „Schläuche" im Funktionenraum betrachten. Das Wiener Maß bestimmt dann den Inhalt von Schläuchen.

Man kann, wenn man in Integration von Gaußschen Verteilungen geübt ist, überdies sofort sehen, dass der Erwartungswert

$$\mathbb{E}\left[(B(t) - B(s))^2\right] = \int_{\mathbb{R}} (x_2 - x_1)^2 \frac{\exp\left(-\frac{(x_2 - x_1)^2}{2D(t-s)}\right)}{\sqrt{2\pi D(t-s)}} \, dx_2 = D \cdot (t-s)$$

ist. Daraus können wir, wenigstens moralisch, sehen, dass sich $B(t) - B(s)$ wie $\sqrt{t-s}$ verhält, was wiederum besagt, dass

$$\frac{B(t) - B(s)}{t - s} \sim \frac{1}{\sqrt{t-s}},$$

also der Differenzenquotient für $t \to s$ unendlich wird. Das heißt, die Brownschen Pfade sind *nirgendwo differenzierbar*, wie wir oben schon sagten.

Wenn $\mathscr{C}$ die Menge der stetigen Funktionen bezeichnet, dann kann man mit dem Wiener Maß nun tatsächlich den Hilbert-Raum $L^2(\mathscr{C}, d\mu_W)$ von quadratintegrierbaren Superwellenfunktionen auf „Brownschen Pfaden", also Feldern über $\mathbb{R}$, definieren. Analog versucht man ein Gaußsches Maß auf den physikalischen Feldkonfigurationen zu konstruieren, welches die Rolle des Volumenmaßes übernehmen soll, damit man das Absolutquadrat der Superwellenfunktion als eine Wahrscheinlichkeitsdichte auf Feldkonfigurationen definieren kann. Als Ziel hat man also einen Hilbert-Raum von Superwellenfunktionen im Kopf, die quadratintegrierbar bezüglich des zu konstruierenden Gaußschen Maßes μ auf dem Feldraum $\mathscr{D}$ sind. Kurzum, man versucht einen Hilbert-Raum $L^2(\mathscr{D}, d\mu)$ zu konstruieren.

Eine Erkenntnis, die aus diesem Programm erwuchs, ist, dass die typischen Feldkonfigurationen von Feldern auf dem $\mathbb{R}^3$ keine Funktionen, sondern Distributionen sind. Das bedeutet, dass der obige so nonchalant erwähnte Feldraum $\mathscr{D}$ es in sich hat. (Für dessen genaue Definition ist ziemlich viel Funktionalanalysis vonnöten.) Das sollte einen nicht zu sehr überraschen, wenn man an die Nichtdifferenzierbarkeit der Brownschen Pfade denkt, die wie gesagt als Felder über $\mathbb{R}$ angesehen werden können. Oder, wenn man die Konstruktion des Lebesgue-Maßes einmal verfolgt hat, dann erinnert man sich daran, dass die „schönen" Punkte der reellen Achse, nämlich die rationalen Zahlen, eine Nullmenge bezüglich des Maßes bilden. Das Maß wird allein von den irrationalen Punkten, und darunter sogar nur von den transzendenten Zahlen getragen. Distributionen als Träger der Maße auf Feldern sind in dem Sinne analog zu den transzendenten Zahlen. Was lernen wir daraus? Die typischen Feldkonfigurationen sind so wilde Objekte, dass die Hoffnung, Teilchen in Feldkonfigurationen als „Buckel" sehen zu können, zunichtegemacht wird.

Bleibt als Frage: Wie kommt man dann auf die berühmten Photonen, die Lichtteilchen, in einer solchen Quantentheorie von Feldern? Weil man den Hilbert-Raum $L^2(\mathscr{D}, d\mu)$, zumindest in Studienbeispielen, als isomorph zu einem passenden FockRaum erkennen kann, in dem die Beschreibung durch Feldkonfigurationen in eine

Beschreibung durch Teilchenzahlen übergeht. Wir lernen anschließend den Fermionen-Fock-Raum kennen, der aus der direkten Summe von antisymmetrischen (den fermionischen) Wellenfunktion besteht. Der Fock-Raum, der die Bosonen repräsentiert, besteht im Gegensatz dazu aus der direkten Summe von symmetrischen Wellenfunktionen. Jeder Summand repräsentiert dabei eine Teilchenanzahl. Die Abbildung wird auf Basiselementen des Hilbert-Raumes $L^2(\mathscr{D}, \mathrm{d}\mu)$ definiert. Diese lassen sich durch (mit Multiindizes indizierte) Hermite-Polynome ausdrücken, die in ihrer einfachsten, eindimensionalen Version als Eigenfunktionen des harmonischen Oszillators aus der Quantenmechanik-Vorlesung bekannt sind. Die Multiindizes $(n_1, \ldots, n_k), k \in \mathbb{N}$ lassen sich durch ihre Summenwerte $N = \sum_{i=1}^{k} n_i$ ordnen und die Hermite-Polynome, deren Multiindex den Summenwert N haben, werden auf die Basiselemente des N-Teilchen-Sektors des Fock-Raumes abgebildet.

Dass sich die multiindizierten Hermite-Polynome im unendlichdimensionalen Hilbert-Raum als Basis ergeben, liegt, wenn man der Sache auf den Grund gehen möchte, daran, dass sich die funktionale Schrödinger-Gleichung für die Superwellenfunktion, als lineare Wellengleichung (wenn auch unendlichdimensional) verstanden, unter Fourier-Transformation als Gleichung für unendlich viele harmonische Oszillatoren schreiben lässt. Wir müssen es allerdings an dieser Stelle bei der rein sprachlichen Ausführung belassen, weil eine mathematische Formalisierung den Rahmen des Buches sprengen und dabei auch nur die Formalisierung eines unvollendeten Programmes darstellen würde.

Besagtes Programm fällt unter den Begriff der „konstruktiven Quantenfeldtheorie". Wenn Dirac von den Schwierigkeiten zweiter Klasse spricht, dann gelten die ebenfalls für dieses Programm. Es gibt also verschiedenste Ansätze, die Quantenfeldtheorie zu formulieren, aber die Unendlichkeiten, die man gerne unter den Teppich kehren möchte, tauchen stets an irgendeiner Stelle wieder auf. Am Ende des Tages muss man erkennen, dass es eben nicht nur darum geht, die richtige mathematische Sprache zu finden, sondern dass die relativistische Quantentheorie ein neues Denken über Physik erfordert. Die Unendlichkeiten, die überall im Programm auftauchen, sind also nicht bloß mathematische Schwierigkeiten, denen man mit neuen Techniken beikommen muss, sondern ganz eklatant fundamentale Probleme, die dafür sorgen, dass man den Begriff von physikalischer Theorie immer mehr entfremdet, wenn man diese Schwierigkeit kleinreden möchte: Nicht konvergente Störungsentwicklungen, unaussprechbare Limiten von Renormierungsverfahren werden zum Ersatz von den zwei oder drei Grundgleichungen, die vielleicht drei Zeilen eines Blattes einnehmen und in denen die Physik niedergelegt ist, wie zum Beispiel bei Newton oder Einstein. Um von den erhofften Grundgleichungen zu den beobachtbaren Phänomenen zu kommen, braucht es dann immer (womöglich immens) schwere Analysis, aber als Physikerin oder Physiker scheut man diese Mühen nicht, wenn die physikalische Theorie klar vor Augen liegt.

Wenn also Dirac in seiner Arbeit meint, dass die Schwierigkeiten der ersten Klasse erst angegangen werden sollen, nachdem die Schwierigkeiten zweiter Klasse behoben wurden, dann stimmen wir dem zu, zumindest wenn es um relativistische

Quantenphysik geht. Aber wir können trotz des offenen Problems einer mathematisch konsistenten Beschreibung der relativistischen Quantenphysik mit Wechselwirkung etwas über die zu erhoffende physikalisch vollständige Beschreibung zu sagen. Bevor wir dazu mehr ausführen, gehen wir aber noch auf das Quantenfeld von Fermionen ein.

11.3 Der fermionische Fock-Raum

Dieses Unterkapitel ist ein weiterer mathematischer Einschub, der uns in den entscheidenden Fragen nicht wirklich voranbringt. Es dient aber vor allem zwei Zwecken. Erstens möchten wir einige gängige Begriffe der relativistischen Quantenmechanik – *Fock-Raum, Zweitquantisierung, Erzeugungs- und Vernichtungsoperatoren* – so weit verstehen, dass sie ihr Mysterium verlieren. Zweitens möchten wir uns vergewissern, dass die Beschreibung der Paar-Erzeugung und -Vernichtung im Dirac-See-Bild, das wir oben besprochen haben, zu der üblicheren Sprechweise über Teilchen und Anti-Teilchen tatsächlich äquivalent ist.

In der relativistischen Quantenmechanik können also Teilchen „erzeugt" und „vernichtet" werden, zumindest effektiv. Um dies mathematisch zu beschreiben, benutzt man einen Hilbert-Raum mit variabler Teilchenzahl. Diesen nennt man auch einen *Fock-Raum*. Die Fock-Raum-Beschreibung wird häufig auch als *Zweitquantisierung* bezeichnet, das ist aber ein blöder Begriff, der letztlich nichts anderes aussagt, als dass eben Teilchen erzeugt und vernichtet werden können.

Wir wollen bei der Konstruktion des Fock-Raumes gleich berücksichtigen, dass unsere Teilchen, die Elektronen, Fermionen sind, die immer durch eine antisymmetrische Wellenfunktion beschrieben werden (siehe Abschn. 4.4). Dazu führen wir zunächst das *antisymmetrische Produkt* von Wellenfunktionen ein. Es sei $\mathcal{H} = L^2(\mathbb{R}^3, \mathbb{C}^k)$ der Ein-Teilchen-Hilbert-Raum. Für zwei Vektoren $\varphi_1, \varphi_2 \in \mathcal{H}$ ist das antisymmetrische Produkt definiert als

$$\varphi_1 \wedge \varphi_2 := \frac{1}{\sqrt{2}} \left(\varphi_1 \otimes \varphi_2 - \varphi_2 \otimes \varphi_1 \right).$$

Auf der rechten Seite steht jeweils das Tensorprodukt der beiden Vektoren (die Spin-Freiheitsgrade werden multipliziert). Wenn wir uns auf die Ortsanteile konzentrieren, können wir das aber einfach als punktweises Produkt lesen, also $\varphi_1 \wedge \varphi_2(x, y) = \frac{1}{\sqrt{2}} (\varphi_1(x)\varphi_2(y) - \varphi_2(x)\varphi_1(y))$. Für N-Teilchen lautet der allgemeine Ausdruck

$$\varphi_1 \wedge \varphi_2 \wedge \ldots \wedge \varphi_N = \frac{1}{\sqrt{N!}} \sum_{\sigma \in S_N} (-1)^\sigma \varphi_{\sigma(1)} \otimes \varphi_{\sigma(2)} \otimes \ldots \otimes \varphi_{\sigma(N)}. \tag{11.7}$$

Dabei geht die Summe über alle möglichen Permutationen und $(-1)^\sigma$ ist positiv bzw. negativ, je nachdem, ob die Permutation aus einer geraden oder ungeraden Anzahl von Transpositionen (Vertauschungen zweier Indizes) besteht. Man kennt das vielleicht aus der Linearen Algebra und der Definition der Determinante. Es genügt aber, wenn wir uns merken: Vertauschen zweier Indizes ändert das Vorzeichen

$$\varphi_1 \wedge \dots \wedge \varphi_i \wedge \dots \wedge \varphi_j \wedge \dots \wedge \varphi_N = -\varphi_1 \wedge \dots \wedge \varphi_j \wedge \dots \wedge \varphi_i \wedge \dots \wedge \varphi_N,$$

und wenn zwei Vektoren gleich sind (oder allgemeiner, wenn $\varphi_1, \dots, \varphi_N$ linear abhängig sind), dann ist das antisymmetrische Produkt null.

Ist nun $\{\varphi_1, \varphi_2, \varphi_3, \dots\}$ eine beliebige Basis des Ein-Teilchen-Hilbert-Raumes $\mathcal{H}$, dann wird der N-Teilchen-Hilbert-Raum für Fermionen durch die N-fachen antisymmetrischen Produkte aufgespannt:

$$\bigwedge^N \mathcal{H} := \text{span} \left\{ \varphi_{i_1} \wedge \varphi_{i_2} \wedge \dots \wedge \varphi_{i_N} \mid i_1 < i_2 \dots < i_N \right\} \tag{11.8}$$

Man bedenke aber immer: Ein typischer N-Teilchen-Zustand ist kein Produktzustand, sondern eine Linearkombination (Superposition) von Produktzuständen.

Nun definieren wir den *fermionischen Fock-Raum*, indem wir einfach das kartesische Produkt über alle N-Teilchen-Hilbert-Räume für $0 \le N < \infty$ bilden:

$$\mathscr{F} := \bigoplus_{N=0}^{\infty} \bigwedge^N \mathcal{H} \tag{11.9}$$

Ein typischer Fock-Raum-Zustand ist also eine Superposition von Zuständen mit unterschiedlicher Teilchenzahl. Der „Null-Teilchen-Hilbert-Raum" ist isomorph zum Körper der komplexen Zahlen $\mathbb{C}$, darin wird die 1 als *Vakuumzustand* bezeichnet. Man kann das einfach als nützliche mathematische Konvention hinnehmen.

Anmerkung 11.2 Man beachte, dass die Fock-Raum-Zustände jeweils zu einer gemeinsamen Zeit definiert sind, die Konstruktion ist deshalb nicht manifest relativistisch. Zumindest in der Streutheorie, wenn man Übergangsamplituden zwischen $t = -\infty$ und $t = +\infty$ berechnet, macht das aber nichts.

Da der Fock-Raum Zustände verschiedener Teilchenzahlen beinhalten kann, ist es nützlich, Abbildungen einzuführen, die einen N-Teilchen-Zustand in einen Zustand mit $N + 1$ oder $N - 1$ Teilchen überführen. Das sind die sogenannten *Erzeugungs-* und *Vernichtungsoperatoren*. Für beliebiges $\chi \in \mathcal{H}$ definiert man

$$a^*(\chi)\varphi_{i_1} \wedge \dots \wedge \varphi_{i_N} := \chi \wedge \varphi_{i_1} \dots \wedge \varphi_{i_N} \tag{11.10}$$

$$a(\chi)\varphi_{i_1} \wedge \dots \wedge \varphi_{i_N} := \sum_{k=1}^{N} (-1)^{k+1} \langle \chi, \varphi_{i_k} \rangle \, \varphi_{i_1} \wedge \dots \wedge \cancel{\varphi_{i_k}} \wedge \dots \wedge \varphi_{i_N}. \tag{11.11}$$

Zur Übung prüfe man einmal die Antikommutator-Relation $\{a(\chi), a^*(\phi)\} = \langle \chi, \phi \rangle$ nach. Man sagt nun, der Operator $a^*(\chi)$ „erzeuge" ein Teilchen im Zustand χ und der Operator $a(\chi)$ „vernichte" ein entsprechendes Teilchen. Man versteht, wo diese

Sprechweise herkommt, sollte sie aber *cum grano salis* nehmen. Natürlich erzeugt ein Operator keine Teilchen, sondern dient bloß der mathematischen Notation. Mithilfe der Erzeugungs- und Vernichtungsoperatoren kann man übrigens auch lineare Abbildungen von $\mathcal{H}$ auf den Fock-Raum heben. Der Operator $\hat{A} = \sum_{i,j} \alpha_{ij} |\varphi_j\rangle\langle\varphi_i|$ auf $\mathcal{H}$ wird dann zum Operator $\hat{\hat{A}} = \sum_{i,j} \alpha_{ij}\, a^*(\varphi_j) a(\varphi_i)$ auf $\mathcal{F}$. Das nennt man auch die „Zweitquantisierung" des Operators, vermutlich weil wir dem A noch ein zweites Hütchen aufgesetzt haben. Das ist alles, wie man sieht, ein etwas aufgeblasener, aber doch nützlicher mathematischer Formalismus. Man sollte sich davon nicht einschüchtern lassen.

11.3.1 Teilchen und Anti-Teilchen

Wenn wir nun den Fock-Raum der Dirac-Theorie (also der Quantenelektrodynamik) beschreiben wollen, kommt eine weitere Komplikation hinzu. Wir haben gesehen, dass der Dirac-Hamiltonian (11.1) ein negatives Energiespektrum hat, das nach unten unbeschränkt ist. Gekoppelt an ein elektromagnetisches Feld würde das zur *Strahlungskatastrophe* führen, denn ein einzelnes Elektron könnte eine unbegrenzte Menge an Energie abstrahlen. Wir haben das oben bereits mit der Idee des Dirac-Sees als Problemlösung angesprochen. Diese Idee nehmen wir nachher noch einmal in ihrem Bezug zur Fock-Raum-Konstruktion auf. Die übliche *Ad-hoc*-Lösung der Fock-Raum-Konstruktion besteht nun aber darin, die negativen Energiezustände des Elektrons in positive Energiezustände eines Teilchen mit entgegengesetzter Ladung zu transformieren. Dieses *Anti-Teilchen* nennt man dann das *Positron*. Formal führt man dazu eine sogenannte *Ladungskonjugation* ein. Das ist eine antiunitäre Abbildung $\mathscr{C}$, sodass gilt: Ist ψ eine Lösung der Dirac-Gleichung mit negativer Energie, dann ist $\mathscr{C}\psi$ eine Lösung der Dirac-Gleichung mit umgekehrten Ladungs-Vorzeichen und positiver Energie. Wir zerlegen den Ein-Teilchen-Hilbert-Raum nun in die Unterräume positiver und negativer Energien bezüglich des freien Dirac-Hamiltonians D_0:

$$\mathcal{H} = \mathcal{H}_+ \oplus \mathcal{H}_- \tag{11.12}$$

Im Teilchen-/Anti-Teilchen-Bild enthält dann $\mathcal{H}_+$ die Elektron-Zustände und $\mathscr{C}\mathcal{H}_-$ die Positron-Zustände. Nun definieren wir den Fock-Raum der QED (Quantenelektrodynamik) als:

$$\mathcal{F} = \bigoplus_{m,n=0}^{\infty} \bigwedge^m \mathcal{H}_+ \otimes \bigwedge^n \mathscr{C}\mathcal{H}_- \tag{11.13}$$

Das *Vakuum* ist der „Null-Teilchen"-Zustand $\Omega := 1 \otimes 1 \in \mathbb{C} \otimes \mathbb{C}$ (für $m = n = 0$).

Es sei nun $\{e_1, e_2, e_3, \dots\}$ eine Basis von $\mathcal{H}_+$ und $\{e_0, e_{-1}, e_{-2}, e_{-3}, \dots\}$ eine Basis von $\mathcal{H}_-$. Man denke zum Beispiel an Energie-Eigenvektoren, gestaffelt nach dem Eigenwert. Ein typischer Fock-Raum-Zustand ist dann eine Linearkombination von Produktwellenfunktionen der Form

$$e_{i_1} \wedge e_{i_2} \wedge \ldots \wedge e_{i_m} \wedge \mathscr{C} e_{j_1} \wedge \mathscr{C} e_{j_2} \wedge \ldots \wedge \mathscr{C} e_{j_n} , \qquad (11.14)$$

mit $0 < i_1 < i_2 < \ldots < i_m$ und $0 \geq j_1 > j_2 > \ldots > j_n$. Dabei ist die Teilchenzahl $N = m + n$ variabel (aber die Ladungszahl $c = n - m$ ist eine Erhaltungsgröße und daher in der Regel konstant). Mit den Erzeugungsoperatoren

$$a^*(e_k) e_{i_1} \wedge e_{i_2} \wedge \ldots \wedge e_{i_m} := e_k \wedge e_{i_1} \wedge e_{i_2} \wedge \ldots \wedge e_{i_m}$$
$$b^*(e_{-k}) \mathscr{C} e_{j_1} \wedge \mathscr{C} e_{j_2} \wedge \ldots \wedge \mathscr{C} e_{j_n} := (-1)^m \mathscr{C} e_{-k} \wedge \mathscr{C} e_{j_1} \wedge \ldots \wedge \mathscr{C} e_{j_n},$$

wobei $k > 0$ und m die Anzahl der vorhandenen Elektronen ist, kann man (11.14) auch schreiben als

$$a^*(e_{i_1}) \cdots a^*(e_{i_m}) b^*(e_{j_1}) \cdots b^*(e_{j_n}) \Omega . \qquad (11.15)$$

In der oben eingeführten Sprechweise erzeugt $a^*(\cdot)$ also einen Elektron-Zustand und $b^*(\cdot)$ einen Positron-Zustand und wir erhalten die Basis-Vektoren des fermionischen Fock-Raumes, indem wir diese Erzeugungsoperatoren sukzessive auf den Vakuum-Zustand Ω anwenden.

11.3.2 Der Fock-Raum als Dirac-See

Zu guter Letzt betrachten wir noch einmal den Dirac-See in mathematisch rigoroser Form, indem wir den Fock-Raum mittels des Sees konstruieren. Das physikalische Bild ist nun also ein anderes als zuvor. Statt einer variablen Zahl von Elektronen und Positronen haben wir immer eine unendliche Anzahl von Elektronen, von denen fast alle (also alle bis auf endliche viele) negative Energiezustände besetzen. Die Schönheit dieses Zugangs besteht jedoch darin, dass weder Teilchen aus dem Nichts kreiert werden noch im Nichts verschwinden, sondern Teilchen immer schon da sind, nur meistens für uns nicht sichtbar.[8] Der Zugang bietet auch ein klareres Verständnis der „second class"-Schwierigkeit, QED auf einem Fock-Raum zu konstruieren. Darüber sagen wir am Schluss noch etwas mehr.

Den Grundzustand unseres Dirac-Sees – das ist der Zustand, in dem alle negativen Energiezustände besetzt und keine Teilchen sichtbar sind – schreiben wir jetzt als unendliches antisymmetrisches Produkt:

$$\tilde{\Omega} = e_0 \wedge e_{-1} \wedge e_{-2} \wedge e_{-3} \wedge \ldots \qquad (11.16)$$

Als mathematisch sensibilisierter Mensch wird man sich Sorgen machen, ob so ein unendlicher Ausdruck überhaupt wohldefiniert ist. Tatsächlich ist das aber unproblematisch, weil man das antisymmetrische Produkt von abzählbar vielen Vektoren

---

[8]Vgl. D.-A. Deckert, M. Esfeld und A. Oldofredi, „A persistent particle ontology for QFT in terms of the Dirac sea". Erscheint in: *The British Journal for the Philosophy of Science*, Online-Version: arXiv:1608.06141, 2016.

projektiv (also modulo einer Konstante) mit dem Unterraum identifizieren kann, der von diesen Vektoren aufgespannt wird. In diesem Sinne entspricht das unendliche Produkt dem Unterraum $\mathscr{H}_-$ der negativen Energiezustände und (11.16) ist, bis auf eine Konstante, unabhängig von der Wahl der Basis. Für eine präzise mathematische Definition verweisen wir auf die Arbeit *Time Evolution in the external field problem of Quantum Electrodynamics.*[9]

Nun können wir auch für den Dirac-See Erzeugungs- und Vernichtungsoperatoren einführen. Für $e_k \in \mathscr{H}_+$ füge $\tilde{a}^*(e_k)$ dem See ein Elektron im positiven Energiezustand e_k hinzu, also:

$$\tilde{a}^*(e_k)\, e_0 \wedge e_{-1} \wedge e_{-2} \wedge \ldots := e_k \wedge e_0 \wedge e_{-1} \wedge e_{-2} \wedge \ldots$$

Für $e_{-k} \in \mathscr{H}_-$ entferne $\tilde{b}(e_{-k})$ das Teilchen im negativen Energiezustand e_{-k}, also:

$$\tilde{b}(e_{-k})\, e_0 \wedge e_{-1} \wedge e_{-2} \wedge \ldots := (-1)^k e_0 \wedge e_{-1} \wedge \ldots \wedge \cancel{e_{-k}} \wedge e_{-(k+1)} \wedge \ldots \, ,$$

wobei der Ausdruck null ist, wenn die rechte Seite den Zustand e_{-k} nicht mehr enthält. Die möglichen Zustände des Dirac-Sees sind nun Linearkombinationen von Zuständen der Form

$$\tilde{a}^*(e_{i_1}) \cdots \tilde{a}^*(e_{i_m}) \tilde{b}(e_{j_1}) \cdots \tilde{b}(e_{j_n})\, \tilde{\Omega} \qquad (11.17)$$

mit $0 < i_1 < \ldots < i_m$ und $0 \geq j_1 > \ldots > j_n$, was man mit (11.15) vergleichen sollte. Ein solcher Zustand enthält nun m Elektronen positiver Energie und n „Löcher", also unbesetzte Zustände negativer Energie. Die Anzahl der sichtbaren Teilchen (inklusive den Löchern) ist somit $N = m + n$ und die Netto-Ladung, relativ zum Grundzustand $\tilde{\Omega}$, ist $c = n - m$.

Definieren wir nun eine lineare Abbildung über

$$\begin{aligned} F : \tilde{a}^*(e_{i_1}) \cdots \tilde{a}^*(e_{i_m}) \tilde{b}(e_{j_1}) \cdots \tilde{b}(e_{j_n})\, \tilde{\Omega} \\ \longmapsto a^*(e_{i_1}) \cdots a^*(e_{i_m}) b^*(e_{j_1}) \cdots b^*(e_{j_n})\, \Omega \end{aligned} \qquad (11.18)$$

dann sehen wir sofort, dass der Hilbert-Raum der Dirac-See-Zustände isomorph zum fermionischen Fock-Raum ist. Genauer: Der Grundzustand $\tilde{\Omega}$ entspricht dem Vakuum Ω. Die besetzten Zustände positiver Energie entsprechen den Elektronen. Und die Löcher im Dirac-See, also die unbesetzten Zustände im negativen Spektrum, werden im Teilchen/Anti-Teilchen-Bild zu Positronen mit positiver Energie und Ladung.

Zum Abschluss noch eine mathematische Bemerkung. Der Vernichtungsoperator $\tilde{b}(\cdot)$ wird unter dem Isomorphismus zum positronischen Erzeugungsoperator $b^*(\cdot)$. Die physikalische Intuition dahinter ist mittlerweile klar. Aus mathematischer Sicht

---

[9]D. Lazarovici, *Time Evolution in the external field problem of Quantum Electrodynamics.* Diplomarbeit, LMU München, 2011. Online-Version: arXiv:1310.1778.

ist aber folgender Konsistenzcheck wichtig: Ein Erzeugungsoperator ist normalerweise *linear* in seinem Argument, es gilt z. B. $a^*(\lambda\varphi + \psi) = \lambda a^*(\varphi) + b^*(\psi)$ für beliebiges $\lambda \in \mathbb{C}$ und analog für $\tilde{a}^*$. Ein Vernichtungsoperator ist normalerweise antilinear in seinem Argument, d. h. $\tilde{b}(\lambda\varphi + \psi) = \lambda^*\tilde{b}(\varphi) + \tilde{b}(\psi)$, wobei λ^* die komplex konjugierte Konstante ist. Der positronische Erzeuger $b^*(\cdot)$ ist aber ebenfalls antilinear, denn er beinhaltet die antilineare Ladungskonjugation $\mathscr{C}$ (siehe (11.3.2)). Was will uns die Mathematik damit sagen? Vielleicht gerade dies, dass die „Erzeugung" eines Positrons in Wirklichkeit ein Elektron ist, das aus dem Dirac-See gehoben wird.

Anmerkung 11.3 (Renormierung der unendlichen Paar-Erzeugung) Nun hatten wir eingangs schon erwähnt, dass typischerweise durch ein magnetisches Feld unendliche viele Teilchen aus dem Dirac-See gehoben werden, d. h., dass mit dem Dirac-See eine unendliche Paar-Erzeugung einhergeht. Das bedeutet, dass die mathematische Beschreibung wechselwirkender Dirac-Teilchen, wobei die Wechselwirkung eben durch elektromagnetische Strahlung vermittelt wird, zu einer Unendlichkeit von Teilchenzahlen führt, die wir unter Diracs Schwierigkeiten zweiter Klasse eingeordnet haben. Wenn man in den Vorlesungen die übliche Fock-Raum-Konstruktion aus dem Vakuum kennenlernt, kann man zu der Meinung kommen, dass in dieser Beschreibung, in der es keinen Dirac-See gibt, sondern nur das Vakuum, diese Unendlichkeit beseitigt wird. Deswegen ist dieser Abschnitt von besonderer Bedeutung. Da sich die Dirac-See-Konstruktion als mathematisch äquivalent zum besprochenen Fock-Raum herausstellt, ist klar, dass die Unendlichkeit auch in der heute üblichen Fock-Raum-Beschreibung zutage tritt. Dort sagt man dann, dass die quantenmechanische Zeitentwicklung von wechselwirkenden Fermionen nicht auf dem Fock-Raum darstellbar ist (vgl. Fußnote 6). Mit anderen Worten: QED ist nicht auf einem Fock-Raum konstruierbar. Auch dafür gibt es eine Medizin, die man am einfachsten wieder mit dem Dirac-See versteht: Wie wir oben gesehen haben, „verdreht" (im Energiespektrum) ein Magnetfeld alle Zustände im See. Deswegen hat man zunächst unendlich viele Teilchen mit positiver Energie. Man kann dann aber im Wesentlichen den „verdrehten" Dirac-See als neuen Dirac-See hernehmen, damit immer nur endlich viele Teilchen „oberhalb des Sees" liegen. In der Fock-Raum-Sprache bedeutet dies, dass man das Vakuum jeweils passend neu definieren muss. Die genaue Ausarbeitung dieses Kunstgriffes muss allerdings in einem anderen Buch geschehen.

11.4 Die Mehr-Zeiten-Wellenfunktion

Wir bleiben nun zunächst bei einer eher technischen Frage, nähern uns aber langsam den Problemen erster Klasse. Wir haben in früheren Kapiteln gesehen, dass die große Revolution der Quantenmechanik in der Wellenfunktion zu suchen ist, die zur quantenmechanischen Verschränkung und damit zur Nichtlokalität führt. In der nichtrelativistischen Theorie ist die Wellenfunktion auf dem Konfigurationsraum eines N-Teilchen-Systems definiert. Aber dieser Konfigurationsraum ist ein eklatant nichtrelativistisches Konstrukt, weil er die möglichen Ortskonfigurationen der Teilchen zu *einem gemeinsamen Zeitpunkt* codiert und damit eine absolute Gleichzeitigkeit voraussetzt, die in der relativistischen Raumzeit nicht gegeben ist. Die Frage, der wir uns jetzt zuwenden wollen, ist also nicht mehr die Erzeugung und Vernichtung von Teilchen, sondern wie man überhaupt (für gegebene Teilchenzahl *N*) zu einer ernsthaft relativistischen Beschreibung der Wellenfunktion kommt.

Wir können das Problem formaler betrachten. Eine relativistische Theorie (wir meinen hier immer die spezielle Relativität) muss invariant sein unter Lorentz-Transformationen $x = (t, \mathbf{x}) \rightarrow \Lambda x$, die einen Wechsel des Bezugssystems in der vierdimensionalen Minkowski-Raumzeit beschreiben. Eine Ein-Teilchen-Wellenfunktion $\varphi(t, \mathbf{x}) = \varphi(x)$ in relativistischer Raumzeit transformiert sich unter einer Lorentz-Transformation gemäß

$$\varphi(x) \xrightarrow{\Lambda} S[\Lambda]\varphi(\Lambda^{-1}x)\,, \tag{11.19}$$

wobei Λ^{-1} als 4×4-Matrix wirkt, während $S[\Lambda]$ die Darstellung der Lorentz-Transformation auf den Spinor-Komponenten bezeichnet. Für ein *N*-Teilchen-System schreibe man die gemeinsame Wellenfunktion zu einer festen Zeit t zunächst in der Form

$$\psi(t, \mathbf{x}_1, \mathbf{x}_2, \dots, \mathbf{x}_N) = \psi(t, \mathbf{x}_1, t, \mathbf{x}_2, \dots, t, \mathbf{x}_N). \tag{11.20}$$

Die *N* Teilchen-Koordinaten transformieren sich unter der Lorentz-Transformation wie

$$(t, \mathbf{x}_1, \dots, t, \mathbf{x}_N) \xrightarrow{\Lambda} \left(\Lambda^{-1}(t, \mathbf{x}_1), \dots, \Lambda^{-1}(t, \mathbf{x}_N)\right) = (\tilde{t}_1, \tilde{\mathbf{x}}_1, \dots, \tilde{t}_N, \tilde{\mathbf{x}}_N)\,, \tag{11.21}$$

wobei die Zeiten $\tilde{t}_1, \dots, \tilde{t}_N$ nun *alle verschieden* sind (sofern $\mathbf{x}_1, \dots, \mathbf{x}_N$ verschieden waren). Die *N*-Teilchen-Wellenfunktion ψ müsste in den neuen Minkowski-Koordinaten also natürlicherweise die Gestalt

$$\psi(t, x_1, t, x_2, \dots, t, x_N) \xrightarrow{\Lambda} \underbrace{S[\Lambda] \otimes \dots \otimes S[\Lambda]}_{N\text{–mal}} \psi\left(\Lambda^{-1}(t, x_1), \dots, \Lambda^{-1}(t, x_N)\right)$$
$$= S[\Lambda] \otimes \dots \otimes S[\Lambda]\psi\left(\tilde{t}_1, \tilde{\mathbf{x}}_1, \dots, \tilde{t}_N, \tilde{\mathbf{x}}_N\right) \tag{11.22}$$

annehmen – und das ist keine *N*-Teilchen-Wellenfunktion zu einer gemeinsamen Zeit mehr.

Der naheliegende Lösungsvorschlag, der ebenfalls auf Dirac zurückgeht, ist nun, die Wellenfunktion (11.20) als Spezialfall eines allgemeineren Objektes zu betrachten, nämlich einer *Mehr-Zeiten-Wellenfunktion* (*multi-time wave function*)

$$\psi : \Gamma \subseteq \underbrace{\mathbb{R}^4 \times \dots \times \mathbb{R}^4}_{N\text{–mal}} \rightarrow \underbrace{\mathbb{C}^4 \otimes \dots \otimes \mathbb{C}^4}_{N\text{–mal}}; \quad (x_1, \dots, x_N) \mapsto \psi(x_1, \dots, x_N)\,,$$

in der jedes Teilchen seine eigene Zeitkoordinate erhält:

$$\psi(x_1, \dots, x_N) = \psi(t_1, \mathbf{x}_1, \dots, t_N, \mathbf{x}_N)$$

Der natürliche Definitionsbereich – zumindest wenn man von Ein-Zeiten-Wellenfunktionen der Form (11.20) ausgeht – ist dabei nicht der gesamte $\mathbb{R}^{4N}$, sondern die Menge der *raumartigen Konfigurationen*

$$\Gamma := \left\{ (x_1, \dots, x_N) \in \mathbb{R}^{4N} \mid \forall i \neq j : (x_i - x_j)^2 < 0 \right\}, \qquad (11.23)$$

wobei $(x_i - x_j)^2 = (t_i - t_j)^2 - (\mathbf{x}_i - \mathbf{x}_j)^2$ das Skalarprodukt bezüglich der Minkowski-Metrik ist.

Jede Konfiguration $(x_1, \dots, x_N) \in \Gamma$ liegt auf einer (i.A. gekrümmten) raumartigen Hyperfläche $\Sigma \subset \mathcal{M}$, wobei wir mit $\mathcal{M}$ die Raumzeit-Mannigfaltigkeit (Minkowski-Raum) bezeichnen. Andersherum können wir für $(x_1, \dots, x_N) \in \Sigma^N$ die Mehr-Zeiten-Wellenfunktion auch mit $\psi_\Sigma(x_1, \dots, x_N)$ notieren und so darüber denken: während die nichtrelativistische Wellenfunktion mit dem Zeitparameter t indiziert ist – entsprechend der Blätterung der Newtonschen Raumzeit in absolute Gleichzeitigkeitsflächen –, ist die relativistische Mehr-Zeiten-Wellenfunktion auf beliebigen raumartigen Hyperflächen definiert.

Um die entsprechenden Hilbert-Räume zu definieren, führen wir zunächst einmal den N-Teilchen-Strom ein:

$$j_\psi^{\mu_1 \dots \mu_N}(x_1, \dots x_N) := \overline{\psi}(x_1, \dots, x_N) \gamma_1^{\mu_1} \cdots \gamma_N^{\mu_N} \psi(x_1, \dots, x_N) \qquad (11.24)$$

mit $\overline{\psi} = \psi^* \gamma_1^0 \cdots \gamma^0$, wobei die Matrizen $\gamma_i^{\mu_i}$ jeweils auf die Spinor-Komponente des i-ten Teilchens wirken. Entlang einer Hyperfläche Σ können wir diesen Strom wie folgt integrieren:

$$\int_\Sigma d\sigma_1(x_1) \dots \int_\Sigma d\sigma_N(x_N)\, n_{\mu_1}(x_1) \dots n_{\mu_N}(x_N) j_\psi^{\mu_1 \dots \mu_N}(x_1, \dots x_N) \qquad (11.25)$$

Hierbei bezeichnet $d\sigma$ das Oberflächenelement und n_μ das Normalenvektorfeld zu Σ, das in jedem Punkt zukunftsgerichtet ist und senkrecht auf der Hyperfläche steht. Die Kontraktion

$$\rho_\Sigma(x_1, \dots, x_N) := n_{\mu_1}(x_1) \dots n_{\mu_N}(x_N) j_\psi^{\mu_1 \dots \mu_N}(x_1, \dots, x_N) \qquad (11.26)$$

definiert also für jede Konfiguration $(x_1, \dots, x_N) \in \Sigma^N$ eine *Durchstoßungspunkt-dichte*, die über die Hyperflächen integriert wird (vergleiche Abb. 11.1).

Man prüfe nun einmal Folgendes nach: Ist Σ in einem ausgezeichneten Bezugssystem eine Hyperebene konstanter t-Koordinaten, also $\Sigma = \{(t, \mathbf{x}) : \mathbf{x} \in \mathbb{R}^3\}$, dann entspricht (11.25) der üblichen $|\psi|^2$-Norm

$$\int d^3 x_1 \dots \int d^3 x_N\, \psi^*(x_1, \dots x_N) \psi(x_1, \dots, x_N). \qquad (11.27)$$

Abb. 11.1 Der Tensorstrom
definiert eine
Durchstoßungspunktdichte,
die über die Hyperfläche
integriert wird. Hier sind
beispielhaft drei Flusslinien
eingezeichnet

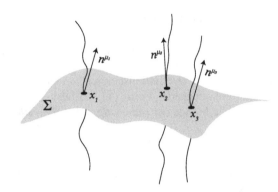

Das motiviert uns, die Wellenfunktion im allgemeinen Fall gemäß (11.25) = 1 zu normieren und (11.26) analog zur Bornschen Regel als Wahrscheinlichkeitsdichte auf Σ^N zu interpretieren – eine Interpretation, die jedoch nicht ganz unproblematisch ist, wie wir später besprechen werden. Ferner möchten wir (11.25) analog zu (11.27) als Skalarprodukt lesen. Dazu führen wir als Verallgemeinerung von (11.24) den Tensorstrom

$$j^{\mu_1\cdots\mu_N}[\phi,\psi](x_1,...,x_N) := \overline{\phi}(x_1,...,x_N)\gamma_1^{\mu_1}\cdots\gamma_N^{\mu_N}\psi(x_1,...,x_N) \qquad (11.28)$$

ein. Dies ist eine quadratische Form zweier Wellenfunktionen ϕ, ψ, sodass $j_\psi^{\mu_1\cdots\mu_N} = j^{\mu_1\cdots\mu_N}[\psi,\psi]$. Damit definieren wir nun die Hilbert-Räume

$$\mathscr{H}_\Sigma := L^2(\Sigma^N, \langle\cdot,\cdot\rangle_\Sigma) \qquad (11.29)$$

mit dem Lorentz-invarianten Skalarprodukt

$$\langle\phi,\psi\rangle_\Sigma := \int_\Sigma d\sigma_1(x_1)... \int_\Sigma d\sigma_N(x_N)\, n_{\mu_1}(x_1)... n_{\mu_N}(x_N) j^{\mu_1\cdots\mu_N}[\phi,\psi](x_1,...,x_N).$$

Die Wellenfunktionen werden also gemäß $\|\psi\|_\Sigma := \sqrt{\langle\psi,\psi\rangle_\Sigma} = 1$ normiert.

11.4.1 Zeitentwicklung

Wir müssten nun eigentlich über die Dynamik der Mehr-Zeiten-Wellenfunktion sprechen. Wir möchten eine relativistische Wellengleichung, die eine unitäre Entwicklung zwischen raumartigen Hyperflächen definiert, d. h., eine Familie von unitären Operatoren $U(\Sigma, \Sigma') : \mathscr{H}_{\Sigma'} \to \mathscr{H}_\Sigma$, sodass für beliebige raumartige Hyperflächen $\Sigma, \Sigma', \Sigma'' \subset \mathscr{M}$ gilt:

(i) $U(\Sigma, \Sigma) = \mathbf{1}$
(ii) $U(\Sigma, \Sigma')U(\Sigma', \Sigma'') = U(\Sigma, \Sigma'')$
(iii) $\|U(\Sigma, \Sigma')\psi\|_\Sigma = \|\psi\|_{\Sigma'}$

Die Unitarität ist dabei gleichbedeutend mit der Erhaltung des N-Teilchen-Stroms (11.24). In relativistischer Notation bekommen wir damit N Kontinuitätsgleichungen

$$\partial_{\mu_k} j^{\mu_1..\mu_k..\mu_N} = 0, \quad k = 1, \ldots, N, \tag{11.30}$$

aus denen wiederum die Erhaltung des Gesamtmaßes (11.25) abzuleiten ist.

Nun müssen wir aber schlichtweg sagen: Wir wissen nicht, wie das angemessene Gesetz aussieht – eine realistische und mathematisch konsistente Gleichung für Viel-Teilchen Wellenfunktionen ist bisher nicht bekannt. Wir können an dieser Stelle nur die *freie* Entwicklung ohne Wechselwirkungen hinschreiben. Diese ist gegeben durch ein System von N Dirac-Gleichungen (eine für jede Zeitkoordinate)

$$
\begin{aligned}
i\frac{\hbar}{c}\frac{\partial}{\partial t_1}\psi &= H_1\,\psi \\
i\frac{\hbar}{c}\frac{\partial}{\partial t_2}\psi &= H_2\,\psi \\
&\vdots \\
i\frac{\hbar}{c}\frac{\partial}{\partial t_N}\psi &= H_N\,\psi,
\end{aligned}
\tag{11.31}
$$

wobei

$$H_k = D^0 = -\sum_{l=1}^{3} \alpha_l^k i\hbar \frac{\partial}{\partial_{k,l}} + mc\beta \tag{11.32}$$

die freien Dirac-Hamiltonians (ohne Feld) sind (vgl. (11.1)). In der freien Theorie lassen sich alle gewünschten Eigenschaften – etwa die Erhaltung des Maßes – leicht nachprüfen, sie ist aber nur von theoretischem Interesse, da wir offenbar in einer Welt mit – z. B. elektromagnetischen – Wechselwirkungen leben.

Die große Frage ist nun also, wie man Wechselwirkungen in relativistischer Raumzeit mathematisch konsistent beschreiben kann. Dazu gibt es verschiedene Ansätze, die wir hier nicht im Detail besprechen können, aber noch keine befriedigende Antwort. Der kanonische Ansatz der Quantenfeldtheorie besteht darin, die Dirac-Hamiltonians an ein elektromagnetisches Feld zu koppeln und eine „Zweitquantisierung" dieses Feldes durchzuführen: in Photonen, die erzeugt und vernichtet werden und dabei eine Wechselwirkung zwischen den Elektronen vermitteln. Diese Theorie ist aber nicht wohldefiniert, sie beinhaltet die bereits besprochene Ultraviolett-Divergenz, die man nur durch Renormierungstricks beseitigen kann. Wir lassen an dieser Stelle die Tricksereien und geben einfach zu, dass wir noch nicht wissen, was die korrekte Theorie ist.

Weiterführende Gedanken

12

> *[The usual quantum] paradoxes are simply disposed of by the 1952 theory of Bohm, leaving as* the *question, the question of Lorentz invariance. So one of my missions in life is to get people to see that if they want to talk about the problems of quantum mechanics – the real problems of quantum mechanics – they must be talking about Lorentz invariance.*[1]
> – John S. Bell, Interview mit Renée Weber[2]

Wir haben vieles in unserer Aufarbeitung des gegenwärtigen Standes der Konstruktion von relativistischer Quantentheorie ausgelassen. Zum Beispiel die Pfadintegral-Darstellung, die man gerne als manifest relativistische Darstellung der Quantenfeldtheorie zitiert. Aber in Wahrheit ist sie nur eine technische Umformulierung der handelsüblichen Quantenfeldtheorien und beinhaltet mindestens all deren Probleme. Wir haben auch nicht über String-Theorie gesprochen, denn deren Anliegen, eine Quantentheorie der Gravitation zu werden, sprengt den Rahmen eines Textbuches zum Verständnis der Quantentheorie.

Es mag auch der Eindruck entstehen, dass wir einer sinnlos rigorosen mathematischen Formulierung physikalischer Theorien anhängen. Aber der Eindruck ist falsch. Wenn man an Hilbert-Raum und selbstadjungierte Observable denkt, dann ist es uns in der Tat egal, wie genau etwa der Definitionsbereich der Operatoren aussieht. Wer der Meinung ist, dass in solchen Auslassungen Potential für das Verständnis der Quantentheorie liegt, der liegt mit Sicherheit falsch. Es geht uns nicht

---

[1] Die üblichen Quanten-Pradoxien werden durch die 1952-Theorie von Bohm einfach aufgehoben, sodass die Frage der Lorentz-Invarianz als *die* Frage übrig bleibt. Eine meiner Lebensaufgaben besteht also darin, den Leuten klarzumachen, dass sie, falls sie über die Probleme der Quantenmechanik sprechen wollen – die wahren Probleme der Quantenmechanik –, über Lorentz-Invarianz sprechen müssen.

[2] Zitiert nach: M. Bell und S. Gao (Hg.), *Quantum Nonlocality and Reality: 50 years of Bell's theorem*. Cambridge University Press, 2016, S. 369.

© Springer-Verlag GmbH Deutschland 2018
D. Dürr, D. Lazarovici, *Verständliche Quantenmechanik*,
https://doi.org/10.1007/978-3-662-55888-1_12

um mathematische Pedanterie, sondern um die Formulierung eines physikalischen Gesetzes, das Sinn macht, das nicht nur irgendwelche asymptotischen Streuzustände beschreibt, sondern uns sagt, wie die Welt tatsächlich funktionieren könnte.

Noch einmal Dirac über relativistische Quantentheorie aus dem vielfach erwähnten *Scientific American*-Artikel:

> It seems to be quite impossible to put this theory on a mathematically sound basis. At one time physical theory was all built on mathematics that was inherently sound. I do not say that physicists always use sound mathematics; they often use unsound steps in their calculations. But previously when they did so it was simply because of, one might say, laziness. They wanted to get results as quickly as possible without doing unnecessary work. It was always possible for the pure mathematician to come along and make the theory sound by bringing in further steps, and perhaps by introducing quite a lot of cumbersome notation and other things that are desirable from a mathematical point of view in order to get everything expressed rigorously but do not contribute to the physical ideas. The earlier mathematics could always be made sound in that way, but in the renormalization theory we have a theory that has defied all the attempts of the mathematician to make it sound. I am inclined to suspect that the renormalization theory is something that will not survive in the future, and that the remarkable agreement between its results and experiment should be looked on as a fluke.[3]

Die vergangenen Jahrzehnte, die Dirac nicht mehr erlebt hat, haben sowohl die experimentelle Übereinstimmung der renormierten Quantenfeldtheorie eindrucksvoll bestätigt als auch seine Einschätzung, dass sich die Theorie einer mathematisch konsistenten Formulierung widersetzt. Man kann die Errungenschaften der Quantenfeldtheorie dabei nicht mehr in Abrede stellen. Dass das Standardmodell der Teilchenphysik empirisch derart erfolgreich ist, bedeutet, dass da viel Wahres dran sein muss und es sich deswegen lohnt, die Sache deutlich tiefer zu studieren, als wir es im Rahmen dieses Buches leisten können. Das Ziel der Physik muss es aber letztlich sein, diesen erfolgreichen Formalismus in eine fundamentale Theorie einzubetten, die mathematisch konsistent und physikalisch klar ist.

Nun nehmen wir einmal an, dass demnächst ein neuer Einstein oder ein neuer Dirac daherkommt und die richtige Gleichung für die relativistische Mehr-Zeiten-Wellenfunktion hinschreibt; eine Gleichung, die Wechselwirkungen in

---

[3]Es scheint praktisch unmöglich, diese Theorie auf eine mathematisch solide Grundlage zu stellen. Es gab eine Zeit, da war alle physikalische Theorie auf solider Mathematik aufgebaut. Ich behaupte nicht, dass Physiker immer saubere Mathematik benutzen; sie benutzen oft unsaubere Schritte in ihren Rechnungen. Aber wenn sie das früher taten, dann sozusagen einfach aus Faulheit. Sie wollten so schnell wie möglich zu Ergebnissen kommen, ohne unnötige Arbeit. Dem reinen Mathematiker war es immer möglich, daherzukommen und die Theorie zu fundieren, durch zusätzliche Schritte und viel umständliche Notation und andere Dinge, die aus mathematischer Sicht wünschenswert scheinen, um alles rigoros auszudrücken, aber zu den physikalischen Ideen nichts beitragen. Die frühere Mathematik konnte immer auf diese Weise solide gemacht werden, aber in der Renormierungstheorie haben wir eine Theorie, die allen Versuchen der Mathematiker, sie solide zu machen, getrotzt hat. Ich bin geneigt zu vermuten, dass die Renormierungstheorie in Zukunft nicht überleben wird und dass die bemerkenswerte Übereinstimmung zwischen ihren Resultaten und dem Experiment als glücklicher Zufall betrachtet werden sollte. [Übersetzung der Autoren]

relativistischer Raumzeit beschreibt und dabei sowohl die Unendlichkeiten der Paar-Erzeugung als auch jene der Selbstwechselwirkung umgeht. Wir sind dann trotzdem nicht ganz am Ziel, denn wir müssen uns noch den Problemen erster Klasse zuwenden, also das Messproblem lösen und die relativistische Wellenmechanik mit einer klaren Ontologie unterlegen. Mit anderen Worten: Wir müssen verstehen, wie sich die drei präzisen Quantentheorien, die wir in diesem Buch besprochen haben (oder zumindest eine davon), auf die relativistische Raumzeit erweitern lassen.

Wir werden uns nun zum Schluss Gedanken über mögliche Ansätze machen, die unfertig und spekulativ sind, aber den interessierten Leserinnen und Lesern helfen, ein Bild der Gesamtproblematik, die mit der relativistischen Formulierung einhergeht, zu entwickeln. Diese Ansätze zeigen bereits deutlich, dass wir auch in der relativistischen Quantentheorie nicht den Anspruch einer klaren Ontologie und einer objektiven Naturbeschreibung aufgeben müssen. Sie zeigen aber auch, dass noch viel Arbeit nötig sein wird, um zu Theorien zu gelangen, die so befriedigend und gut verstanden sind wie in der nichtrelativistischen Quantenphysik.

12.1 Viele-Welten-Interpretation der relativistischen Quantentheorie

Anhänger der Everettschen Interpretation behaupten gerne, dass die Viele-Welten-Theorie die einzige sei, die auch schon als relativistische Quantentheorie existiert. Dass dies nicht richtig sein kann, sehen wir schon daran, dass in der Viele-Welten-Theorie alles durch die universelle Wellenfunktion und ihre unitäre Zeitentwicklung beschrieben wird. Wenn wir aber nicht wissen, welches relativistische Gesetz diese Zeitentwicklung bestimmt und wie überhaupt eine relativistische Wellenfunktion zu „endlichen Zeiten" aussehen soll, dann kann es auch noch keine relativistische Viele-Welten-Theorie geben. Zielführender ist folgende Aussage: Wenn wir ein mathematisch konsistentes Gesetz mit Wechselwirkungen für die relativistische Wellenfunktion hätten, analog zur Schrödingerschen Wellenmechanik, dann ließe sich die Viele-Welten-Interpretation prinzipiell darauf anwenden. Eine Analyse der relativistischen Quantentheorie sollte dann ein ähnliches Bild ergeben wie die nichtrelativistische Quantenmechanik: eine sich durch Dekohärenz verzweigende Wellenfunktion, in der man eine Vielzahl gleichermaßen realer Welten identifizieren kann.

An dieser Stelle müssen wir allerdings darauf eingehen, dass es verschiedene Auffassungen darüber gibt, wie die Aufspaltung der Welten genau zu verstehen ist. Es ist ärgerlich, dass die Viele-Welten-Interpretation hier keine eindeutige Antwort gibt, sondern sozusagen selbst wieder eine Vielzahl verschiedener Interpretationen zulässt. Von diesen wollen wir nun aber zwei herausheben und schematisch anhand eines Beispieles diskutieren. Wir betrachten dazu einen Messapparat (wir nennen ihn den Φ-Apparat) mit Nullzustandswellenfunktion Φ_0 und ein zweites, raumartig getrenntes System (das ψ-System) mit Wellenfunktion ψ_0. Nun finde mit dem Φ-Apparat eine „Messung" statt mit den möglichen Anzeigen Φ_1 und Φ_2. Bevor der

Φ-Apparat und das ψ-System miteinander wechselwirken, entwickelt sich ihre gemeiname Wellenfunktion (wir ignorieren hier den Rest des Universums sowie die Normierungskonstanten) zu

$$\Phi_0\psi_0 \longrightarrow (\Phi_1 + \Phi_2)\psi_0 = \Phi_1\psi_0 + \Phi_2\psi_0 \,. \tag{12.1}$$

Und nun die Frage: Gibt es das ψ-System jetzt einmal oder zweimal?

Aus der „$3N$-dimensionalen" Perspektive würden wir sagen, dass die rechte Seite von 12.1 zwei getrennte Zweige der Wellenfunktion beschreibt (Φ_1 und Φ_2 haben makroskopisch disjunkte Träger, also sind die beiden Wellenanteile auf der rechten Seite von 12.1 auf dem Konfigurationsraum getrennt), die wir mit jeweils einer Welt identifizieren müssen. Also existiert das ψ-System in zwei Welten, einmal gemeinsam mit dem Φ-Apparat, der auf „1" zeigt, und einmal gemeinsam mit dem Φ-Apparat, der auf „2" zeigt. In diesem Sinne ist die Aufspaltung in Welten ein globaler Prozess, der das gesamte Universum auf einmal erfasst. Aber diese Sichtweise ist schwer mit einer relativistischen Beschreibung zu vereinbaren, denn ob die Messung mit dem Φ-Apparat schon stattgefunden hat oder noch nicht, hängt von der Wahl des Bezugssystems oder, allgemeiner, von der Hyperfläche ab, entlang derer wir die universelle Wellenfunktion betrachten.

Wir wollen deshalb ein anderes Kriterium hervorheben und sagen: In 12.1 hat sich der Messapparat aufgespalten, aber das benachbarte System im Zustand ψ_0 kann zu diesem Zeitpunkt noch mit beiden Wellenanteilen Φ_1 und Φ_2 wechselwirken. Es hat die Aufspaltung deshalb noch nicht mitgemacht und es macht keinen Sinn zu fragen, ob es in der Φ_1-Welt oder der Φ_2-Welt existiert.[4]

Das entspricht (zumindest grob) einer Auffassung, die vor allem von David Wallace vertreten wird[5] und die versucht, die Viele-Welten-Theorie raumzeitlich zu denken: In dem Raumzeit-Gebiet, in dem die Messung stattfindet, existiert der Φ-Apparat, der auf „1" zeigt, *und* der Φ-Apparat, der auf „2" zeigt; aber im raumartig getrennten Gebiet, wo das ψ-System steht, hat zunächst noch keine Aufspaltung stattgefunden und das entsprechende System (ein zweiter Messapparat oder ein „Beobachter" oder ein Baum oder was auch immer) existiert dort nur einmal.

Nun wechselwirken die beiden Anteile der Φ-Wellenfunktion aber jeweils mit der Umgebung, und sei es auch nur mit Luftmolekülen oder dem Photonenfeld (die Umgebung „misst" sozusagen die Zeigerstellung). Die Verzweigung breitet sich dabei immer weiter aus und erfasst irgendwann auch das ψ-System. Nach einer entsprechenden Zeit ist die Gesamtwellenfunktion dann so etwas wie $\Phi_1\psi_1 + \Phi_2\psi_2$, wobei ψ_1 und ψ_2 jetzt mit unterschiedlichen Zeigerstellungen des ϕ-Apparates verschränkt sind (im banalsten Fall ist das ψ-System einfach der Experimentator, der nachschaut, was das Messergebnis war). Gemäß der raumzeitlichen Sichtweise sollten wir erst *jetzt* sagen, dass das ψ-System die Verzweigung mitgemacht hat. Es

---

[4]Oder aber die Eigenschaft, zu einer Welt zu gehören, ist nicht transitiv: Φ_1 und ψ_0 gehören zu einer Welt, Φ_2 und ψ_0 gehören zu einer Welt, aber Φ_1 und Φ_2 nicht.

[5]Siehe D. Wallace, *The Emergent Multiverse: Quantum Theory According to the Everett Interpretation*. Oxford University Press, 2012.

existiert dann einmal im Zustand ψ_1 in einer Welt (oder besser: Historie), in der Φ_1 gemessen wurde, und einmal im Zustand ψ_2 in einer Welt, in der Φ_2 gemessen wurde.

Der Vorteil dieser Sichtweise ist nun, dass sich die Dekohärenz in einer relativistischen Quantentheorie maximal mit Lichtgeschwindigkeit ausbreiten kann, sodass sich auch die Verzweigung der Welten, die von lokalen Ereignissen ausgeht, maximal mit Lichtgeschwindigkeit fortpflanzt. Und überhaupt: Nur in dem Maße, wie man die Viele-Welten-Theorie raumzeitlich denken kann, macht es überhaupt Sinn, von einer ernsthaft relativistischen Theorie zu sprechen (sonst bedeutet der Begriff nicht mehr, als dass die Wellengleichung – zufällig – eine Lorentz-Symmetrie hat).

Und trotzdem hat der Begriff der „Welt" auch hier einen eklatant nichtlokalen Charakter. Man denke dazu wieder an das EPR-Experiment, wobei die beiden Spin-Messungen in raumartig getrennten Gebieten A und B stattfinden. Die Wellenfunktion nach der Messung schreiben wir als

$$|\Psi\rangle = a|\Uparrow\rangle_A|\Downarrow\rangle_B + b|\Downarrow\rangle_A|\Uparrow\rangle_B\,, \tag{12.2}$$

wobei die Zustände $|\Uparrow\rangle_A$, $|\Downarrow\rangle_B$ etc. hier für makroskopische Messapparate in den jeweiligen Raumzeit-Regionen stehen, die „Spin UP" bzw. „Spin DOWN" registriert haben. Nun würden wir sagen, dass der Apparat $|\Uparrow\rangle_A$ in A und der Apparat $|\Downarrow\rangle_B$ in B zu einer Welt gehören, während die Apparate $|\Downarrow\rangle_A$ in A und $|\Uparrow\rangle_B$ in B zu einer anderen Welt gehören. Und dies ist ein eklatant nichtlokales Faktum, es ist weder durch eine lokale Wechselwirkungen zustande gekommen, noch als lokale Eigenschaft der Raumzeit-Gebiete A und B beschreibbar.

Wir beenden diese schwierige (und nicht abschließend geklärte) Diskussion und halten fest: In dem Maße, wie die Viele-Welten-Interpretation in der nichtrelativistischen Quantenmechanik sinnvoll und empirisch adäquat ist, ließe sie sich auch auf eine relativistische Quantentheorie anwenden. Das ginge, zumindest mathematisch, einfacher als mit der Bohmschen Mechanik oder GRW-Theorie, weil man hier nichts mehr zur Wellenfunktion und ihrer linearen Zeitentwicklung hinzufügen muss, wobei die Schwierigkeit wieder darin besteht, wie man überhaupt von der Wellenfunktion zu einer Beschreibung lokalisierter Objekte in Raum und Zeit gelangt. Die vielen Welten wären dann jedenfalls der Preis, den man zahlen muss, um Quantenmechanik und Relativität miteinander zu vereinen.

Ist das die einzig mögliche Schlussfolgerung? Nein, ist es nicht. Relativistische Verallgemeinerungen der Bohmschen Mechanik und der GRW-Theorie sind ebenfalls möglich – haben aber auch jeweils ihren Preis. Das wollen wir im Folgenden besprechen.

12.2 Relativistische Bohm-Dirac-Theorie

Wenn man an die Bohmsche Mechanik und GRW zurückdenkt, dann hat die Wellenfunktion in den nichtrelativistischen Theorien zuallererst die Aufgabe, die Bewegung bzw. das Auftauchen der ontologischen Größen (die Teilchen in der Bohmschen Mechanik bzw. *flashes* in der GRWf-Theorie) miteinander zu synchronisieren. Dieser Umstand ist entscheidend, um die Nichtlokalität zu verstehen, die wir in Kap. 10 ausführlich besprochen haben. Wie diese nichtlokalen Gesetze relativistisch zu verallgemeinern sind, ist aber nicht offensichtlich, da es in relativistischer Raumzeit keine absoluten Gleichzeitigkeitsflächen gibt, entlang derer die Bewegung der Bohmschen Teilchen oder die Lokalisierung der GRW-*flashes* synchronisiert werden könnte.

Betrachten wir zunächst einmal die Bohmsche Theorie. In der nichtrelativistischen Bohmschen Mechanik folgt die Teilchenkonfiguration einem Geschwindigkeitsfeld, das proportional zum erhaltenen Quantenfluss $j^\psi = (\mathbf{j}_1, \ldots, \mathbf{j}_N)$ ist, der duch die gemeinsame Wellenfunktion der Teilchen definiert wird. Wir schreiben das mal in relativistischer Notation: $j_\psi^{\mu_1 \ldots \mu_N} := j_1^{\mu_1} \otimes \ldots \otimes j_N^{\mu_N}$, $\mu_k \in 0, 1, 2, 3$, wobei wir als Nullkomponente der Vierer-Vektoren jeweils $j_k^0 = \rho = |\psi|^2$ setzen. „$\otimes$" bezeichnet das Tensorprodukt, wir können hier aber einfach an eine normale Multiplikation der Koordinaten denken. Nun können wir die Bohmsche Führungsgleichung (4.6) schreiben als

$$\dot{Q}_k^{\mu_k}(t) = \frac{j_\psi^{0 \ldots \mu_k \ldots 0}}{j_\psi^{0 \ldots 0 \ldots 0}}(q_1, \ldots, q_N)\bigg|_{q_i = Q_i(t)}, \qquad (12.3)$$

wobei wir $Q_k^0(t) \equiv t$ setzen. In der relativistischen Theorie definiert die Mehr-Zeiten-Wellenfunktion ebenfalls einen erhaltenen Quantenfluss in Form des Viererstrom-Tensors (11.24). Das klassische Führungsfeld (12.3) wird nun aber an den N Teilchenorten zur selben Zeit t ausgewertet. In der relativistischen Theorie müssten wir diese Gleichzeitigkeit durch eine *raumartige Hyperfläche* $\Sigma \subset \mathcal{M}$ ersetzen. Ist $X_k = X_k^{\mu_k}$ die Weltlinie des k-ten Teilchens, dann notieren wir mit $X_k(\Sigma)$ jenen Raumzeitpunkt, in dem sie die Hyperfläche Σ schneidet. Die natürliche relativistische Verallgemeinerung der Bohmschen Führungsgleichung sieht dann folgendermaßen aus:

$$\frac{\mathrm{d}}{\mathrm{d}\tau_k}X_k^{\mu_k}(\tau_k) \propto j_\psi^{\mu_1 \ldots \mu_k \ldots \mu_N}(x_1, \ldots, x_N) \prod_{j \neq k} n_{\mu_j}(x_j)\bigg|_{x_j = X_j(\Sigma)} \qquad (12.4)$$

Hierbei steht τ_k für die Eigenzeit des k-Teilchens und der Proportionalitätsfaktor auf der rechten Seite wird so gewählt, dass die Vierer-Geschwindigkeit die Minkowski-Länge 1 hat.[6] $n_\mu(x)$ bezeichnet das Normalenvektorfeld zur Hyperfläche Σ, das in jedem Punkt zeitartig und zukunftsgerichtet ist (vgl. 11.25). Ist Σ in einem ausgezeichneten Bezugssystem eine Ebene konstanter Zeit-Koordinate, $\Sigma = \{(s, \mathbf{x}) : s =$

---

[6]Die Weltlinie kann beliebig umparametrisiert werden, der Proportionalitätsfaktor ändert sich dann entsprechend. Die Vierer-Geschwindigkeit muss aber immer parallel zum Ausdruck auf der rechten Seite sein.

t}, dann ist $n_\mu \equiv (1, 0, 0, 0)$ und wir erhalten bei Kontraktion die Null-Komponenten wie in (12.3). Man nennt (12.4) auch die *Hyperflächen-Bohm-Dirac-Gleichung*.

Nun haben wir aber ein Problem. Wir wollen z. B. die Vierer-Geschwindigkeit des k-ten Teilchens im Raumzeitpunkt $X_k^{\mu_k}(\tau_k)$ bestimmen. Aber dieser Raumzeit-punkt liegt auf unendlich vielen verschiedenen raumartigen Hyperflächen, die die Trajektorien der anderen Teilchen in verschiedenen Punkten schneiden. Entlang welcher Hyperfläche Σ sollen wir die rechte Seite von (12.4) also auswerten? Da-mit (12.4) wohldefiniert ist, müssen wir eine Familie von Flächen auszeichnen, also eine sogenannte *Blätterung* (engl. *foliation*) der Raumzeit einführen, die den vierdimensionalen Minkowski-Raum in dreidimensionale, raumartige Untermann-nigfaltigkeiten partitioniert:

$$\mathfrak{B} := (\Sigma_t)_{t \in \mathbb{R}}, \quad \bigcup_{t \in \mathbb{R}} \Sigma_t \cong \mathcal{M} \tag{12.5}$$

Eine solche Konstruktion scheint nun aber der Relativität zuwiderzulaufen, da sie praktisch eine absolute Gleichzeitigkeit über die Hintertür wiedereinführt. Wenn oft gesagt wird, dass man Bohmsche Mechanik nicht relativistisch machen kann, dann meint man genau dieses Problem.

Das Urteil ist aber voreilig. Zum einen muss man bemerken, dass eine solche, für die Dynamik bevorzugte Blätterung nicht zu *empirischen* Widersprüchen mit dem Relativitätsprinzip führt. Das Geschwindigkeitsfeld entlang der Blätterung ist nämlich nicht messbar (vgl. Abschn. 7.3), die empirischen Vorhersagen der Theorie betreffen allein die Statistiken von Messexperimenten, und diese können in jedem beliebigen Bezugssystem aus dem kovarianten Wahrscheinlichkeitsmaß (11.26) ab-geleitet werden. Mit anderen Worten: Die „Gleichzeitigkeitsflächen" (wenn wir die Blätter so nennen wollen) lassen sich nicht experimentell bestimmen.

Zweitens muss die bevorzugte Blätterung nicht einfach vom Himmel fallen – sie könnte nämlich selber durch ein Lorentz-invariantes Gesetz bestimmt sein oder von der Wellenfunktion erzeugt werden. Die Rolle der Wellenfunktion ist ja ohne-hin, den Teilchen den Weg zu weisen, also Pfade in der Raumzeit zu bestimmen. Wenn nun für deren Bestimmung eine weitere Struktur benötigt wird, die aber ebenfalls durch die Wellenfunktion selbst gegeben wird, dann hat man wenig Grund zur Klage. Die Führungsgleichung (12.4) würde dann nur Strukturen be-nutzen, die in der Wellenfunktion ohnehin schon vorhanden sind. Zum Beispiel definiert die Wellenfunktion (am einfachsten im zweitquantisierten Formalismus) einen Lorentz-kovarianten *Energie-Impuls-Tensor*, der wiederum so etwas wie das Schwerpunktssystem des Universums auszeichnet – eine Blätterung der Raumzeit in Flächen mit verschwindendem räumlichem Gesamtimpuls. Man kann das ein wenig (aber auch nur ein wenig) in Anlehnung an die allgemeine Relativitäts-theorie denken: Dort bestimmt der Energie-Impuls-Tensor die Raumzeit-Geometrie über die Metrik, hier ist es eine zusätzliche geometrische Struktur in Gestalt einer bevorzugten Blätterung.

Die entsprechende Hyperflächen-Bohm-Dirac-Theorie ist Lorentz-invariant. Sie ist relativistisch in dem Sinne, dass sich massive Teilchen langsamer als das Licht bewegen und überlichtschnelle Signalübertragungen im Quantengleichgewicht ausgeschlossen sind. Und sie ist relativistisch in dem Sinne, dass alle Bezugssysteme für empirische Vorhersagen gleichwertig sind.

Der Preis, den man für die Versöhnung von Relativität und Nichtlokalität zahlen muss, ist aber die ausgezeichnete Blätterung der Raumzeit, die für die Formulierung des Bewegungsgesetzes notwendig erscheint. Man kann sich auf den Standpunkt stellen, dass eine solche Struktur, wenn nicht dem Buchstaben, dann doch zumindest dem Geist der Relativitätstheorie widerspricht.

Anmerkung 12.1 (Statistische Analyse der Hyperflächen-Bohm-Dirac- Theorie)
Wir haben oben die Dichten $\rho_\Sigma(x_1, \ldots, x_N) = n_{\mu_1}(x_1) \cdots n_{\mu_N}(x_N) j_\psi^{\mu_1 \ldots \mu_N}$ $(x_1, \ldots, x_N)$ als relativistische Verallgemeinerung der $|\psi|^2$-Dichte eingeführt. Man möchte dem entsprechenden Maß nun gerne eine statistische Interpretation geben, sodass

$$\mathbb{P}(X_i(\Sigma) \in d\sigma(x_i), \forall 1 \leq i \leq N) = \rho_\Sigma(x_1, \ldots, x_N) \, d\sigma(x_1) \ldots d\sigma(x_N) \qquad (12.6)$$

die Wahrscheinlichkeit liefert, dass die N Weltlinien der Teilchen die Hyperfläche Σ (mit Normalenvektorfeld n^μ) in den Volumenelementen $d\sigma(x_1), \ldots, d\sigma(x_N)$ schneiden. Wir erinnern uns aber an die Begründung der Bornschen Regel in der Bohmschen Mechanik: Um ρ_Σ als Gleichgewichtsverteilung für die relativistischen Bohmschen Teilchen zu interpretieren, muss das Maß insbesondere äquivariant sein, also mit der Teilchendynamik transportiert werden.

Ist also $T_\Sigma^{\Sigma'} : \Sigma^N \to \Sigma'^N$ die Zeitentwicklung der Teilchen zwischen den Hyperflächen Σ und Σ' (der relativistische Fluss), sodass $T_\Sigma^{\Sigma'}(X_1(\Sigma), \ldots, X_N(\Sigma)) = X_1(\Sigma'), \ldots, X_N(\Sigma')$, dann müsste sich die Dichte gemäß $\rho_{\Sigma'} = \rho_\Sigma \circ T_{\Sigma'}^{\Sigma}$ entwickeln, was gleichbedeutend mit der Existenz einer Kontinuitätsgleichung ist. Nun stellt man aber fest: Abgesehen vom speziellen Fall, in dem die Wellenfunktion eine Produktstruktur hat (und sich die Teilchen unabhängig voneinander bewegen), kann die Äquivarianz nicht entlang beliebiger Hyperflächen gelten. Sie gilt i.A. nur entlang der ausgezeichneten Blätterung, auf der die Hyperflächen-Bohm-Dirac-Gleichung (12.4) definiert ist. Mit anderen Worten: Die Durchstoßungspunktdichte eines Ensembles relativistischer Bohm-Dirac-Teilchen ist nur dann typischerweise durch ρ_Σ gegeben, wenn die Hyperfläche Σ zur ausgezeichneten Blätterung $\mathfrak{B}$ gehört.

Warum lassen sich diese ausgezeichneten Hyperflächen dann nicht empirisch bestimmen? Weil die Ausgänge von Messexperimenten immer in makroskopischen Materiekonfigurationen codiert sind – ein Zeiger, der nach links oder nach rechts zeigt, ein Detektor, der klickt oder nicht klickt, etc. –, und diese Tatsachen sind unabhängig vom Bezugssystem. Wenn die Statistik eines Messexperimentes also bezüglich *eines* Bezugssystems durch ρ_Σ gegeben ist und sich das Maß kovariant transformiert, dann sind die Messstatistiken bezüglich *jedes* beliebigen Bezugssystems, also jeder beliebigen Blätterung, mit dem entsprechenden Maß konsistent. Anders gesagt: ρ_Σ beschreibt nicht auf jeder Hyperfläche die tatsächliche Ortsverteilung der Teilchen, kann aber trotzdem verwendet werden, um die Statistik von Messexperimenten vorherzusagen.

12.3 Nichtlokalität durch Retrokausalität

Wir wollen nochmal einen Schritt zurücktreten und die Spannung zwischen Relativität und Nichtlokalität aus einem möglichst allgemeinen Blickwinkel betrachten. Wir denken dazu wieder an die Situation des EPR-Experimentes, mit korrelierten Messereignissen $\mathscr{A}$ und $\mathscr{B}$ in raumartig getrennten Raumzeit-Gebieten. Dass die Ereignisse raumartig getrennt sind, bedeutet, dass kein maximal lichtschnelles Signal zwischen ihnen vermitteln kann. In relativistischer Raumzeit bedeutet es aber insbesondere, dass es *keine absolute zeitliche Ordnung* zwischen ihnen gibt. In manchen Bezugssystemen passiert $\mathscr{A}$ vor $\mathscr{B}$ und in anderen Bezugssystemen $\mathscr{B}$ vor $\mathscr{A}$, wie in Abb. 12.1 schematisiert. Wie können wir dann erklären, dass sich die Messereignisse dennoch nichtlokal beeinflussen?

Einem einfachen Argument von Gisin[7] folgend, gibt es zwei Annahmen, die gemeinsam im Widerspruch zu Bells Theorem und den experimentell beobachteten Verletzungen der Bellschen Ungleichungen stehen:

I Jedes Bezugssystem ist für die Vorhersage von (Wahrscheinlichkeiten von) Messergebnissen gleichwertig.

II In jedem Bezugssystem ist die Vorhersage für ein Messergebnis unabhängig von zukünftigen Ereignissen.

Wie kann man das sehen? Nehmen wir an, unsere Theorie erfülle beide Annahmen I und II. Wie in Kap. 10 notieren wir mit $A, B \in \{\pm 1\}$ das Ergebnis der jeweiligen Spin-Messungen in den frei wählbaren Richtungen a bzw. b. Unsere Messereignisse sind also $\mathscr{A} = (A, a)$ und $\mathscr{B} = (B, b)$. Wir betrachten nun die Situation zunächst in einem Bezugssystem, in dem $\mathscr{A}$ vor $\mathscr{B}$ passiert. Dann sind, nach Annahme II, die Wahrscheinlichkeitsvorhersagen der Theorie für A unabhängig von (B, b), weil das Ergebnis B und die Wahl von b in der Zukunft liegen. Wir notieren diese Vorhersage mit $\mathbb{P}_1(A \mid B, b, a, \lambda_1) = \mathbb{P}_1(A \mid a, \lambda_1)$, wobei λ_1 (analog zur Notation in Kap. 10) alle

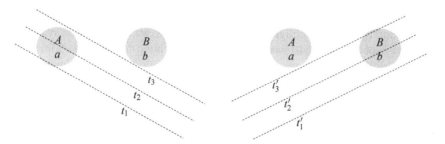

Abb. 12.1 Raumzeit-Diagramm des EPR-Experimentes in zwei verschiedenen Bezugssystemen. Im ersten Bezugssystem (links) passiert (A, a) vor (B, b), im zweiten (rechts) (B, b) vor (A, a)

---

[7]N. Gisin, „Impossibility of covariant deterministic nonlocal hidden-variable extensions of quantum theory". *Physical Review A*, 83, 2011.

Variablen beinhaltet, die für die Vorhersage relevant sein können, aber unabhängig ist von a und b. Die Betrachtung umfasst wohlgemerkt auch *deterministische* Theorien à la Bohm, dann ist die „Wahrscheinlichkeitsvorhersage" für das Messergebnis immer 1 oder 0 (sofern λ_1 eine vollständige Zustandsbeschreibung darstellt).

Nach Annahme I können wir die Situation nun aber auch in einem Bezugssystem betrachten, in dem $\mathscr{B}$ vor $\mathscr{A}$ geschieht. Dann ist, laut Annahme II, die Vorhersage von B unabhängig von (A, a), also $\mathbb{P}_2(B \mid A, a, b, \lambda_2) = \mathbb{P}_2(B \mid b, \lambda_2)$. Aber beides zusammengenommen definiert mit $\lambda = \lambda_1 \cup \lambda_2$ ein *lokales* Modell (vgl. (10.12)), und das kann laut Bells Theorem nicht die richtigen statistischen Vorhersagen machen, wenn wir über λ mitteln.

Das Hyperflächen-Bohm-Dirac-Theorie löst diesen Widerspruch auf, indem sie Annahme I negiert: Nicht alle Bezugssysteme sind gleichwertig, es gibt eine bevorzugte Foliation, die für die Teilchendynamik ausgezeichnet ist.

Eine andere logische Möglichkeit, auf die wir hier hinweisen wollen, ist, dass Annahme II verletzt ist, die Vorhersage der Messergebnisse also tatsächlich von Ereignissen in der Zukunft abhängen kann. Solche *retrokausalen* Einflüsse könnten in einer relativistischen (und deterministischen) Theorie durch *avancierte* Wechselwirkungen realisiert werden – das sind Wirkungen entlang der Rückwärts-Lichtkegel im Gegensatz zu *retardierten* Wirkungen, die sich sozusagen mit Lichtgeschwindigkeit „in die Zukunft" ausbreiten. Das bedeutet zum Beispiel im Fall der EPR-Korrelationen, dass das Messereignis $\mathscr{A}$ vom Zustand des verschränkten Systems nach der Messung $\mathscr{B}$ abhängen kann und umgekehrt. Der Reiz solcher Modelle liegt darin, dass die Lichtkegel-Struktur – im Gegensatz zur bevorzugten Blätterung in Gleichzeitigkeitsflächen – in relativistischer Raumzeit natürlicherweise vorhanden ist. Solche Theorien könnten demnach komplett relativistisch formuliert werden. Wenn man zudem davon ausgeht, dass die fundamentalen Naturgesetze zeitsymmetrisch sind – also keinen *A-priori*-Unterschied zwischen Vergangenheit und Zukunft machen –, scheint es in einer relativistischen Theorie naheliegend, avancierte und retardierte Effekte gleichberechtigt zuzulassen. Man denke an die klassische Elektrodynamik, wo die Maxwell-Gleichungen sowohl avancierte als auch retardierte Lösungen haben. Dort sagt man meistens, dass die avancierten Lösungen „unphysikalisch" seien und deshalb vernachlässigt werden sollen. Wenn man das Gesetz aber ernst nimmt, ist es eine wichtige und schwierige Frage, warum wir keine avancierte Strahlung beobachten. Sie ist wesentlich mit der Brechung der Zeitumkehrinvarianz und der Erklärung des zweiten Hauptsatzes der Thermodynamik verbunden, was wir kurz auch in Unterkapitel 3.5.3 angesprochen haben.

Eine Denkmöglichkeit wäre jedenfalls, dass in der relativistischen Quantentheorie retrokausale Effekte zum Tragen kommen und – gemeinsam mit der verschränkten Wellenfunktion – die nichtlokalen Korrelationen erklären. (Dabei müsste man natürlich auch hier erklären, warum wir auf makroskopischer Ebene keine Retrokausalität beobachten.) Es gibt einige Modelle, die auf dieser Idee beruhen, etwa von Goldstein und Tumulka,[8] die das Bohmsche Geschwindigkeitsfeld entlang des

---

[8] S. Goldstein und R. Tumulka, „Opposite arrows of time can reconcile relativity and nonlocality". *Classical and Quantum Gravity* 20(3), 2003.

Zukunfts-Lichtkegels auswerten. Andere Modelle nehmen zwei Wellenfunktionen an: eine avancierte Welle, die von der Zukunft in die Vergangenheit propagiert, und eine retardierte Welle, die von der Vergangenheit in die Zukunft propagiert.[9] Das Problem solcher Ansätze ist in aller Regel die statistische Beschreibung: Es ist nicht klar, wie man ein äquivariantes Maß für ein avanciertes Bohmsches Bewegungsgesetz formulieren kann oder wie man eine statistische Hypothese über Wellenfunktionen „aus der Zukunft" begründen soll. Es gibt deshalb noch keine wirklich ausgearbeitete, retrokausale Theorie, die in der Lage wäre, einen relativistischen Quantenformalismus zu begründen. Aber wie gesagt, es ist eine Denkmöglichkeit.

Nun hatten wir bei der Diskussion der Retrokausalität vor allem deterministische Theorien im Sinn oder zumindest solche, die die nichtlokalen Korrelationen durch irgendeine Form von Wechselwirkung erklären wollen. Unsere allgemeine Betrachtung galt aber ebenso für stochastische Theorien: Die Wahrscheinlichkeitsvorhersagen können nicht unabhängig vom Bezugssystem und unabhängig von (im jeweiligen Bezugssystem) zukünftigen Ereignissen sein. In einer fundamental stochastischen Theorie ist der Status unserer Widerspruchsannahmen I und II aber unklarer als im deterministischen Fall. Das Naturgesetz produziert dann einfach Korrelationen zwischen raumartig getrennten Ereignissen, und wahrscheinlich ist es besser, den Kausalitätsbegriff hier ganz aufzugeben, als sich über „Retrokausalität" zu wundern. In Abschn. 12.5 werden wir jedenfalls eine stochastische Kollaps-Theorie besprechen, die Nichtlokalität und Relativität erfolgreich miteinander vereint, und zwar dadurch, dass die Wahrscheinlichkeiten der Messergebnisse A bzw. B von raumartig entfernten Kollaps-Ereignissen abhängen können. In gewissem Sinne verletzt diese Theorie damit *beide* Annahmen I und II und es ist spannend, sich zu überlegen, warum das in dem Fall gar nicht so schlimm erscheint.

12.4 Bohmsches „Urknall"-Modell

Wir betrachten nun, als kleinen Einschub, ein Bohmsches Spielzeugmodell, das manchmal auch als Bohmsches „Urknall"-Modell bezeichnet wird. Wir sprechen hier von einem „Spielzeugmodell", weil es sich nicht um einen realistischen Kandidaten für eine fundamentale Naturbeschreibung handelt. Das Modell ist dennoch interessant und lehrreich. Zum einen zeigt es, dass es tatsächlich keinen prinzipiellen Widerspruch zwischen Relativität und Nichtlokalität gibt – auch nicht in einer deterministischen Theorie von Teilchen. Zum anderen dient es uns als Vorbereitung für die relativistische GRW-Theorie, die einen entscheidenden Kniff dieses Spielzeugmodelles aufnehmen wird.

---

[9]Siehe z. B. R.I. Sutherland, „Causally symmetric Bohm model". *Studies in History and Philosophy of Modern Physics*, 39(4), 2008. Vgl. auch B. Reznik und A. Aharonov, „On a Time Symmetric Formulation of Quantum Mechanics". *Physical Review A*, 52, 1995.

Zur Formulierung des Modelles nehmen wir an, es gebe in der Minkowski-Raumzeit einen ausgezeichneten Punkt $\mathcal{O}$, aus dem alle Teilchentrajektorien entspringen. Das bedeutet insbesondere, dass sämtliche Trajektorien im Vorwärts-Lichtkegel von $\mathcal{O}$ liegen. Wenn wir den Ursprung unseres Koordinatensystems auf $\mathcal{O}$ legen, dann spielt sich unser gesamtes Teilchenuniversum innerhalb der Menge $\mathcal{M}_0 = \{x^\nu \mid x^\mu x_\mu > 0, x^0 > 0\}$ ab und wir können uns vorstellen, dass $\mathcal{M}_0$ unsere komplette Raumzeit ist. Aus naheliegenden Gründen nennt man das Ereignis $\mathcal{O}$ auch „Urknall"; unser Spielzeugmodell entspricht aber nicht dem richtigen Urknall Modell der Kosmologie, sondern dem (empirisch nicht haltbaren) „Milne-Universum", das insbesondere den Einfluss der Materie auf die Krümmung und Expansion der Raumzeit vernachlässigt.

Der Witz des Spielzeugmodelles ist jedenfalls, dass es auf unserer beschnittenen Raumzeit $\mathcal{M}_0$ nun eine natürliche, Lorentz-invariante Blätterung gibt, und zwar

$$\mathcal{M}_0 = (\Sigma_s)_{s>0}; \quad \Sigma_s := \{x \in \mathbb{R}^4 : |x| = \sqrt{x^\mu x_\mu} = s, \, x^0 > 0\}. \tag{12.7}$$

Die Blätter Σ_t sind also die Hyperboloiden von konstantem, zeitartigem Abstand t zum Ursprung, siehe Abb. 12.2. Wir betrachten außerdem nur die Flächen in der Zukunft von $\mathcal{O}$.

Technischer ausgedrückt, sind die Hyperboloiden Äquipotentialflächen zur Funktion $\varphi(x) = \sqrt{x^\mu x_\mu}$. Das dazugehörige Normalenvektorfeld ist dann parallel zum Gradienten $n^\mu(x) = \partial^\mu \varphi(x) = \frac{x^\mu}{|x|}$. Wir sehen insbesondere, dass das Normalenvektorfeld überall zeitartig und zukunftsgerichtet ist, was insbesondere bedeutet, dass die Hyperflächen Σ_s tatsächlich raumartig sind. Der Einfachheit halber können wir den Ordnungsparameter $s \in \mathbb{R}^+$ auch benutzen, um die Trajektorien zu parametrisieren, d. h., wir schreiben $X_k^\mu(s) := X_k^\mu(\Sigma_s)$. Im Rückblick auf (12.4) können wir die Führungsgleichung nun definieren als

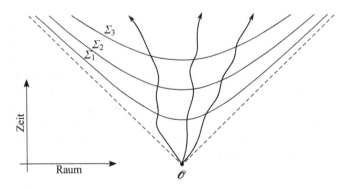

Abb. 12.2 Bohmsches „Urknall"-Modell: Die gestrichelten Linien symbolisieren den Zukufts-Lichtkegel des „Urknalls" $\mathcal{O}$. Die Führungsgleichung ist entlang der Lorentz-invarianten Hyperboloiden Σ_t definiert

$$\frac{d}{ds}X_k^{\mu_k}(s) \propto j_\psi^{\mu_1..\mu_k..\mu_N}(x_1, ..., x_N) \prod_{j \neq k} \frac{x_{j,\mu_j}}{|x_j|} \Big|_{x_j = X_j(s)}. \tag{12.8}$$

Diese Gleichung benutzt keine zusätzliche geometrische Struktur, sondern allen die Lorentz-invarianten Hyperboloiden, die durch den Abstand zum Urknall gegeben sind und entlang derer die rechte Seite ausgewertet wird. Man beachte, dass der Ursprung $\mathscr{O}$ eine Singularität darstellt (ähnlich wie der echte Urknall).

12.5   Relativistische GRW-Theorie

Nun möchten wir noch in aller Kürze über eine mögliche relativistische Ver-allgemeinerung der GRW-Theorie sprechen. Das entsprechende Modell wurde erstmals von Roderich Tumulka formuliert.[10] Wir wollen hier nicht auf alle tech-nischen Details eingehen, sondern uns auf folgende kritische Frage konzentrieren: Wie wirkt der Kollaps in relativistischer Raumzeit? In der nichtrelativistischen GRW-Theorie kollabiert die Wellenfunktion beim Auftreten eines *flashes* $(\mathbf{X}, T)$ in-stantan, also (raumzeitlich gedacht) entlang der Gleichzeitigkeitsfläche $t = T$. In der relativistischen Raumzeit haben wir aber keine absolute Gleichzeitigkeit und somit ist zunächst nicht klar, wie die „spontane Lokalisierung" der Wellenfunktion überhaupt vonstattengehen soll. Tumulkas Idee ist es nun, die Lorentz-invarianten Hyperboloiden auszunutzen, die wir gerade beim Bohmschen Urknall-Modell ein-geführt haben. Bei diesem Spielzeugmodell war es entscheidend, dass wir einen ausgezeichneten Raumzeitpunkt haben, der als Ursprung der Hyperboloiden dient. In der GRW-Theorie haben wir aber natürlicherweise ausgezeichnete Raumzeit-punkte in Form der *flashes* – das sind die Kollaps-Zentren, die wir gleichsam als Materiepunkte interpretieren.

Die relativistische GRW-Theorie mit *flash*-Ontologie (rGRWf) lässt sich nun folgendermaßen charakterisieren:

1. Wir beginnen mit einer Mehr-Zeiten-Wellenfunktion ψ_0 und einer Menge von Ursprungs-*flashes* $X_1, X_2, ..., X_N \in \mathscr{M}$, einen *flash* für jeden Teilchenfreiheits-grad.
2. Die Wellenfunktion definiert eine Wahrscheinlichkeitsverteilung für das Auftau-chen neuer *flashes* auf den in 3. definierten Kollapsflächen.
3. Tritt ein neuer *flash* auf, sagen wir für den i-ten Freiheitsgrad im Raumzeitpunkt $\tilde{X}_i$, dann kollabiert die Wellenfunktion entlang des Lorentz-invarianten Hyper-boloiden $\Sigma(X_i, \tilde{X}_i) = \{y \in \mathscr{M} : |y - X_i| = |\tilde{X}_i - X_i|, (y - X_i)^0 > 0\}$. (Siehe Abb. 12.3.)
4. Wir erhalten also eine neue Generation von *flashes* $\tilde{X}_1, \tilde{X}_2, ..., \tilde{X}_N \in \mathscr{M}$ und eine kollabierte Wellenfunktion ψ_1 auf $\Sigma(X_1, \tilde{X}_1) \times ... \times \Sigma(X_N, \tilde{X}_N)$, die wir mit der (freien) Zeitentwicklung auf ganz $\mathscr{M}^N$ erweitern. Damit wiederholen wir den Prozess, um die nächste Generation von *flashes* zu erhalten usw.

---

[10]R. Tumulka, „A relativistic version of the Ghirardi-Rimini-Weber model". *Journal of Statistical Physics*, 135(4), 2006.

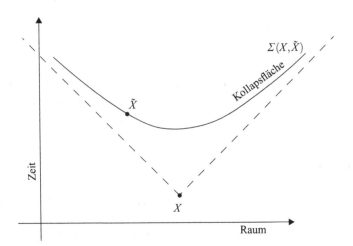

Abb. 12.3 Kollaps in rGRWf: Die Wellenfunktion kollabiert entlang des Hyperboloiden konstanten zeitartigen Abstandes zwischen zwei Kollaps-Ereignissen (*flashes*)

Man beachte: Dieses Modell definiert *keine* eindeutige Lorentz-invariante Entwicklung der Wellenfunktion zwischen beliebigen Hyperflächen. Das Modell definiert aber eine Lorentz-invariante Wahrscheinlichkeitsverteilung für das Auftauchen der *flashes* (die auch unabhängig ist von der Einteilung der *flashes* in „Generationen"). Wir müssen die rGRWf-Theorie also als eine Theorie *über* flashes ernst nehmen, in der die Wellenfunktion nur da ist, um das Wahrscheinlichkeitsgesetz zu formulieren.

Die relativistische GRW-Theorie erlaubt auch keine „kausale" Erklärung nichtlokaler Korrelationen. Sind zwei Messergebnisse in raumartig getrennten Gebieten $\mathscr{A}$ und $\mathscr{B}$ korreliert – wie im EPR-Experiment –, dann können wir nicht sagen, ob das Ereignis in $\mathscr{A}$ das Ereignis in $\mathscr{B}$ verursacht hat oder umgekehrt. Wir können nur darauf vertrauen, dass die Theorie die statistischen Korrelationen für das Auftauchen der *flashes* richtig vorhersagt.

Der Preis, den wir hier für die Versöhnung von Relativität und Nichtlokalität zahlen müssen, ist also ein fundamental stochastisches Gesetz, die exotische Ontologie von *flashes* als diskrete Materiepunkte und die Aufgabe kausaler Erklärungen von nichtlokalen Korrelationen. Ein handfesteres Problem, auf das wir hier nicht näher eingehen können, ist die Behandlung von identischen Teilchen, denn das Kollaps-Gesetz bezieht sich auf *flashes*, die jeweils zu ein und demselben „Teilchen"-Freiheitsgrad gehören. Aber während es bei der Hyperflächen-Bohm-Dirac-Theorie umstritten ist, ob sie als ernsthaft relativistisch gelten kann und es bei der Viele-Welten-Theorie umstritten ist, ob sie die statistischen Vorhersagen der Quantentheorie reproduzieren kann, sind im rGRWf-Modell beide Anforderungen nachweislich erfüllt – zumindest für die freie Zeitentwicklung der Wellenfunktion.

Nachwort

So gehört es sich, dass du alles erfährst: einerseits das unerschütterliche Herz der wirklich überzeugenden Wahrheit, andererseits die Meinungen der Sterblichen, denen keine wahre Verlässlichkeit innewohnt. Gleichwohl wirst du auch hinsichtlich dieser Meinungen verstehen lernen, dass das Gemeinte gültig sein muss, insofern es allgemein ist.

– Parmenides, Fragment B 1[1]

Wir haben in diesem Buch drei Formulierungen der Quantenmechanik besprochen, die das Messproblem lösen und die statistischen Vorhersagen der Quantenmechanik in einer objektiven und kohärenten Naturbeschreibung gründen. Nun möchte man natürlich fragen: Welche ist denn nun die richtige Theorie? Und wenn wir Quantenmechanik jetzt wirklich verstehen, warum haben wir dann drei Versionen davon, statt einer „endgültigen" Fassung?

Nun haben wir unsere Diskussion mit dem Messproblem begonnen, aus dem sich drei mögliche Lösungswege ergeben, die jeweils in der Bohmschen Mechanik, der GRW-Theorie und der Viele-Welten-Interpretation realisiert sind. Das bedeutet aber nicht notwendigerweise, dass alle drei Möglichkeiten gleichwertig sind. Dem aufmerksamen Leser wird nicht entgangen sein (und es soll auch nicht verheimlicht werden), dass die Autoren eine Präferenz für die Bohmsche Mechanik haben. Quantenmechanik *ist* für uns Bohmsche Mechanik. Das Ziel dieses Buches war es aber nicht, die Leserinnen und Leser von dieser Sichtweise zu überzeugen, sondern ihnen das nötige Wissen mitzugeben, um zu einem eigenen Urteil zu gelangen. Die Situation in der Wissenschaft ist letztlich immer die, dass die beobachtbaren Phänomene die „richtige" Theorie nicht vorgeben, sondern nur einschränken. Das gilt insbesondere in der Quantenphysik, wo der Beobachtbarkeit der mikroskopischen Gegebenheiten eine prinzipielle Grenze gesetzt ist. Deshalb bemühen wir Kriterien wie Schönheit, Einfachheit, Schlüssigkeit. Aber diese Kriterien sind subjektiv und führen deshalb nicht immer zum Konsens. Ockhams Rasiermesser – das philosophische Prinzip, dass man von allen möglichen Erklärungen die einfachste bevorzugen sollte, oder genauer, dass man die zur Erklärung genutzten Größen

---

[1]Zitiert nach: Parmenides, *Über das Sein*. Reclam, 1981, S. 7. Übersetzung von Jaap Mansfeld, Nummerierung nach Diels/Kranz.

© Springer-Verlag GmbH Deutschland 2018
D. Dürr, D. Lazarovici, *Verständliche Quantenmechanik*,
https://doi.org/10.1007/978-3-662-55888-1

nicht über das nötige Maß vermehren sollte – kann wahlweise gegen die Bohmschen Trajektorien, die zusätzlichen Parameter der GRW-Theorie oder die vielen Welten der Everettschen Interpretation angewendet werden. Es bleibt deshalb letztendlich stumpf.

Im Sinne einer Konsensfindung, kann man aber darauf verweisen, dass sich Bohm, GRW und Everett in vielen entscheidenden Punkten einig sind. Wenn man diese gemeinsame Botschaft der drei Theorien verinnerlicht, ist man einem kohärenten Verständnis der Quantenmechanik schon ein großes Stück näher.

Alle drei Theorien sind eine „Quantentheorie ohne Beobachter", d. h., sie liefern eine objektive Naturbeschreibung, in der dem „Beobachter" keine herausgehobene Rolle zukommt (Kap. 2).

Alle drei Theorien beinhalten eine Form von Nichtlokalität, was sie im Sinne des Bellschen Theorems auch müssen, um die Phänomene korrekt zu beschreiben (Kap. 10).

Alle drei Theorien sind sich darin einig, dass die Observablen-Operatoren nicht grundlegend sind, sondern ein nützlicher Formalismus zur Buchhaltung der Statistik (Kap. 7). Sie machen auch deutlich, warum die „Messgrößen" i.A. keine vorliegenden Eigenschaften des gemessenen Systems widerspiegeln, sondern durch den Messprozess erst hervorgebracht werden (Kap. 9).

In allen drei Theorien müssen wir die Wellenfunktion auf dem Konfigurationsraum ernst nehmen (Kap. 1). Das bedeutet auch, dass die „Ortsdarstellung" immer ausgezeichnet ist, denn am Ende des Tages wollen wir die Wellenfunktion irgendwie auf Objekte beziehen, die im dreidimensionalen physikalischen Raum angesiedelt sind. Vor allem aber ist die Wellenfunktion nicht nur „Information" oder statistische Buchführung, sondern ein realer physikalischer Freiheitsgrad und zumindest Teil der objektiven Zustandsbeschreibung eines physikalischen Systems. Sie wird bei der Messung oder Präparierung eines Systems verändert. Sie stellt eine reale, physikalische Verbindung zwischen verschränkten Systemen dar. Sie erzeugt in gewissem Sinne die Messwerte, anstatt nur ihre Statistik zu beschreiben. Es gibt derzeit eine große philosophische Debatte über die Metaphysik der Wellenfunktion,[2] aber wir können Quantenmechanik nicht verstehen, ohne die Wellenfunktion in diesem physikalischen Sinne ernst zu nehmen.[3]

Uneinig sind sich die Theorien in der Frage des Zufalls (Kap. 3). Das ist bemerkenswert, weil die folkloristische Auffassung im Zufall oder Indeterminismus das entscheidende Novum der Quantenmechanik sieht. Bohmsche Mechanik und die Viele-Welten-Theorie sind aber fundamental deterministisch. Bohmsche Mechanik enthält den „Zufall" nur im Sinne einer praktischen *Unvorhersagbarkeit*, nicht aber im Sinne einer prinzipiellen *Unbestimmtheit*. Kollaps-Theorien wie GRW sind fundamental indeterministisch, enthalten also einen echten, irreduziblen Zufall.

---

[2]Siehe z. B. A. Ney und D.Z. Albert (Hg.), *The Wave Function: Essays On The Metaphysics Of Quantum Mechanics*. Oxford University Press, 2013.

[3]Ein viel beachteter Versuch, die „Realität" der Wellenfunktion in diesem Sinne mit einem mathematischen Beweis zu untermauern, ist das sogenannte PBR-Theorem: M.F. Pusey, J. Barrett und T. Rudolph, „On the reality of the quantum state". *Nature Physics* 8, 2012.

Interessanterweise sind das aber auch jene Theorien, deren Vorhersagen prinzipiell von denen der Standard-Quantenmechanik abweichen. In diesem Sinne könnte man also sagen: Wenn die Quantenmechanik tatsächlich indeterministisch ist, dann ist sie nicht exakt.

Der aktuelle Stand in den Grundlagen der Quantenmechanik ist also folgender: Wenn man den Schutt der letzten hundert Jahre beiseiteräumt, dann bleiben im Großen und Ganzen drei ernst zu nehmende Kandidaten für eine präzise Formulierung der nichtrelativistischen Quantenmechanik übrig. Eine experimentelle Unterscheidung zwischen Theorien mit und ohne spontanem Kollaps ist prinzipiell möglich und könnte in absehbarer Zeit (d. h. zumindest in den nächsten Jahrzehnten) gelingen. Falls wir Belege für den spontanen Kollaps finden, ist GRW – bzw. eine daraus entwickelte, kontinuierliche Kollaps-Theorie – unser bestes Pferd im Stall. Wobei sich spätestens dann die Frage stellt, ob der stochastische Kollaps-Mechanismus tatsächlich ein fundamentales Naturgesetz ist oder doch nur eine effektive Beschreibung, die sich auf eine fundamentalere Theorie zurückführen lässt.

Wenn das Superpositionsprinzip für die Wellenfunktion uneingeschränkt gilt, dann sind Bohmsche Mechanik und die Viele-Welten-Theorie die besten bekannten Alternativen. Bohmsche Mechanik kann man so weit verstehen, dass im Rahmen der nichtrelativistischen Quantenmechanik keine ernsthaften Probleme offen bleiben. Die Viele-Welten-Theorie kann man womöglich auch so weit verstehen, den Autoren dieses Buches ist dies allerdings noch nicht gelungen. Vielleicht konnten wir aber genug Vorarbeit leisten, damit die Leserin oder der Leser selbst zu einem solchen Verständnis gelangt.

Abschließend würden wir aber allen Studierenden der Physik davon abraten, auch die nächsten hundert Jahre mit Debatten über die Grundlagen der nichtrelativistischen Quantenmechanik zu verbringen. Die wichtigen offenen Fragen finden sich heute in der relativistischen Quantenphysik, und vielleicht liegt das große Verdienst der präzisen nichtrelativistischen Theorien letztlich darin, dass sie uns aufzeigen, was die richtigen Fragen sind und wie Ansätze für zukünftige Fortschritte aussehen können.

Stichwortverzeichnis

© Springer-Verlag GmbH Deutschland 2018
D. Dürr, D. Lazarovici, *Verständliche Quantenmechanik*,
https://doi.org/10.1007/978-3-662-55888-1

Willkommen zu den Springer Alerts

- Unser Neuerscheinungs-Service für Sie:
  aktuell *** kostenlos *** passgenau *** flexibel

Springer veröffentlicht mehr als 5.500 wissenschaftliche Bücher jährlich in gedruckter Form. Mehr als 2.200 englischsprachige Zeitschriften und mehr als 120.000 eBooks und Referenzwerke sind auf unserer Online Plattform SpringerLink verfügbar. Seit seiner Gründung 1842 arbeitet Springer weltweit mit den hervorragendsten und anerkanntesten Wissenschaftlern zusammen, eine Partnerschaft, die auf Offenheit und gegenseitigem Vertrauen beruht.

Die SpringerAlerts sind der beste Weg, um über Neuentwicklungen im eigenen Fachgebiet auf dem Laufenden zu sein. Sie sind der/die Erste, der/die über neu erschienene Bücher informiert ist oder das Inhaltsverzeichnis des neuesten Zeitschriftenheftes erhält. Unser Service ist kostenlos, schnell und vor allem flexibel. Passen Sie die SpringerAlerts genau an Ihre Interessen und Ihren Bedarf an, um nur diejenigen Information zu erhalten, die Sie wirklich benötigen.

Mehr Infos unter: springer.com/alert

Printed in the United States
By Bookmasters